Andreas Stadler

Analysen für Chalkogenid-Dünnschicht-Solarzellen

VIEWEG+TEUBNER RESEARCH

Andreas Stadler

Analysen für Chalkogenid-Dünnschicht-Solarzellen

Theorie und Experimente

VIEWEG+TEUBNER RESEARCH

Bibliografische Information der Deutschen Nationalbibliothek
Die Deutsche Nationalbibliothek verzeichnet diese Publikation in der
Deutschen Nationalbibliografie; detaillierte bibliografische Daten sind im Internet über
<http://dnb.d-nb.de> abrufbar.

1. Auflage 2010

Alle Rechte vorbehalten
© Vieweg+Teubner | GWV Fachverlage GmbH, Wiesbaden 2010

Lektorat: Ute Wrasmann | Sabine Schöller

Vieweg+Teubner ist Teil der Fachverlagsgruppe Springer Science+Business Media.
www.viewegteubner.de

Das Werk einschließlich aller seiner Teile ist urheberrechtlich geschützt.
Jede Verwertung außerhalb der engen Grenzen des Urheberrechtsgesetzes ist ohne Zustimmung des Verlags unzulässig und strafbar. Das gilt insbesondere für Vervielfältigungen, Übersetzungen, Mikroverfilmungen und die Einspeicherung und Verarbeitung in elektronischen Systemen.

Die Wiedergabe von Gebrauchsnamen, Handelsnamen, Warenbezeichnungen usw. in diesem Werk berechtigt auch ohne besondere Kennzeichnung nicht zu der Annahme, dass solche Namen im Sinne der Warenzeichen- und Markenschutz-Gesetzgebung als frei zu betrachten wären und daher von jedermann benutzt werden dürften.

Umschlaggestaltung: KünkelLopka Medienentwicklung, Heidelberg
Druck und buchbinderische Verarbeitung: STRAUSS GMBH, Mörlenbach
Gedruckt auf säurefreiem und chlorfrei gebleichtem Papier.
Printed in Germany

ISBN 978-3-8348-0993-3

1 Inhalt

2 Einleitung 7
   2.1   Die Nutzung des Sonnenlichts 7
   2.2   Literatur zur Einleitung 10

3 Theorie 11
   3.1   Optische Grundlagen für Grenzflächen und Volumina von Festkörpern 11
      3.1.1   Transmissions- t und Reflexionskoeffizienten r 11
      3.1.2   Transmissions- T, Absorptions- A und Reflexionsgrade R 21
   3.2   UV/Vis/NIR-Spektroskopie an Ein- und Zwei-Schicht-Systemen 34
      3.2.1   Physikalische Größen für Ein-Schicht-Systeme 34
      3.2.2   Das erweiterte Ein-Schicht-System 56
      3.2.3   Das exakte Zwei-Schichten-System 61
      3.2.4   Grundlegendes zum Vermessen von Mehr-Als-Zwei-Schichten-Systemen 67
   3.3   Der Vergleich mit dem Keradec/Swanepoel-Modell 67
      3.3.1   Parameter des Substrats 67
      3.3.2   Die wellenlängenabhängige Transmissionsrate $T(n_{Sch}, \alpha_{Sch}, d_{Sch})$ nach Keradec 68
      3.3.3   Brechungsindex n_{Sch} und Absorptionskoeffizient α_{Sch} nach Swanepoel 71
   3.4   Quantenmechanisches Modell 77
      3.4.1   Quantenmechanisches Modell für ein Ein-Schicht-System 77
      3.4.2   Quantenmechanisches Modell für Zwei-Schichten-Systeme 82
   3.5   Elektrische Bestimmung des spezifischen Widerstandes dünner Schichten 84
      3.5.1   Van-der-Pauw Methode 84
      3.5.2   Lineare Vier-Spitzen-Methode 86
      3.5.3   Zwei-Spitzen-Methode 88
      3.5.4   Einfluss des Substrats und der Meßspitzen 90
   3.6   Dotierstoffkonzentrationen, Beweglichkeiten und Stoßzeiten 90
      3.6.1   Dotierstoffkonzentrationen n, p und Energieniveaus E 90
      3.6.2   Beweglichkeit µ und Stoßzeit τ 99
   3.7   Strom-Spannungs-Messungen an Solarzellen 103
      3.7.1   Theoretische Strom-Spannungs-Kennlinie und Ersatzschaltbild 103
      3.7.2   Einfluss des Lichtspektrums auf die I(U)-Kennlinie 110

3.7.3 Alterung 117

3.8 Literatur zur Theorie 119

4 Experimente 121

4.1 Das Materialsystem der Sulfide 121

4.1.1 Allgemeines zu Sulfiden für die Photovoltaik 121

4.1.2 Auswahl der Materialien, Produktionsverfahren und Analysemethoden 122

4.1.3 Untersuchte Materialien 123

4.2 UV/Vis/NIR-Spektroskopie an transparenten und opaken Schichten 125

4.2.1 Transparente isolierende Glas- und BSG-Substrate 125

4.2.2 Transparente, leitende Oxide TCO (Transparent Conducting Oxides) 127

4.2.3 Opake, absorbierende Sulfide 141

4.3 Elektrische Bestimmung des spezifischen Schichtwiderstandes 157

4.3.1 Aluminiumdotierte Zinkoxid (ZnO:Al) Schichten 158

4.3.2 Zinnsulfid (Sn_xS_y) Schichten 159

4.4 Strom-Spannungs-Messungen an Solarzellen 161

4.4.1 Solarzellen mit Zinnsulfid Sn_xS_y Absorberschichten 161

4.5 Literatur zu den Ergebnissen 174

5 Zusammenfassung 181

5.1 Zusammenfassung der Ergebnisse 181

5.2 Literatur zur Zusammenfassung 190

6 Anhänge 191

Anhang A: Exaktes Lösen eines Polynoms 3. Grades 191

Anhang B: Exaktes Lösen eines Polynoms 4. Grades 195

Anhang C: Perkin Elmer Lambda 750 UV/Vis/NIR Spektrometer 197

Anhang D: Strom-Spannungs-Meßplatz mit Sonnensimulator 199

Anhang E: Verbindungen, ausschließlich mit Zink Zn und Sauerstoff O, entsprechend der Inorganic Crystal Structure Database ICSD 2009/1 201

Anhang F: Verbindungen, ausschließlich mit Zink Zn, Sauerstoff O und Aluminium Al entsprechend der Inorganic Crystal Structure Database ICSD 2009/1 203

Anhang G: Verbindungen, ausschließlich mit Zink Zn, Sauerstoff O, Stickstoff N und Aluminium Al entsprechend der Inorganic Crystal Structure Database ICSD 2009/1 204

Anhang H: Verbindungen, ausschließlich mit Zinn Sn und Schwefel S, entsprechend der Inorganic Crystal Structure Database ICSD 2009/1 205

Anhang I: Verbindungen, ausschließlich mit Bismut Bi und Schwefel S, entsprechend der Inorganic Crystal Structure Database ICSD 2009/1 206

7 Schlagwortverzeichnis 207

2 Einleitung

2.1 Die Nutzung des Sonnenlichts

Sonne. Sie ist das Zentralgestirn unseres Planetensystems, das nach ihr Sonnensystem genannt wird. Die Sonne ist für die Erde von fundamentaler Bedeutung. Viele wichtige Prozesse auf der Erdoberfläche, wie das Klima und das Leben selbst, wären ohne die Strahlungsenergie der Sonne nicht denkbar. So stammen etwa 99,98 % des gesamten Energiebeitrags zum Erdklima von der Sonne, der winzige Rest wird aus geothermalen Wärmequellen gespeist. Am Äquator ist die Sonneneinstrahlung am stärksten, sie nimmt zu den Polen hin etwas ab. Zudem ist sie abhängig von Tages- und Jahreszeit – Zuwendung der Erdoberfläche zur bzw. Abwendung von der Sonne, vgl. Abb. 2.1, und der Erdatmosphäre – witterungsbedingter optischer Widerstand für das Sonnenlicht, vgl. Tab. 2.1.

Die Luftmasse (air mass, AM), welche die Sonnenstrahlen bei wolkenfreiem Himmel durchlaufen müssen um auf die Erdoberfläche zu gelangen, ist also von der Tages- und Jahreszeit abhängig; d.h. abhängig vom Einfallswinkel γ_S des Sonnenlichts zur Erdoberfläche. Der einem Einfallswinkel γ_S entsprechende AM-Wert lässt sich über $AM = 1/sin\gamma_S$ berechnen. AM = 0 ist definiert für das Spektrum außerhalb der Erdatmosphäre (extraterrestrisches Spektrum) im Weltraum. Die Strahlungsleistungsdichte beträgt dort p_0 = 1367 W/m² (Solarkonstante). AM = 1 erhält man für das Spektrum der senkrecht auf die Erdoberfläche fallenden Sonnenstrahlen, d. h. die Sonne muss dafür genau im Zenit stehen, γ_S = 90°, $AM = 1/sin\gamma_S$ = 1. Die Strahlen legen hierbei den kürzesten Weg durch die Atmosphäre zur Erdoberfläche zurück. Für AM = 1,5 ergibt sich ein Zenitwinkel von etwa γ_S = 41,8°. Die gesamte Strahlungsleistungsdichte des entsprechenden Spektrums beträgt hierbei p_{Erde} = 1000 W/m², vgl. Abb. 2.1. Aus diesem Grunde wurde AM = 1,5 als Standardwert für die Vermessung von Solarmodulen eingeführt.

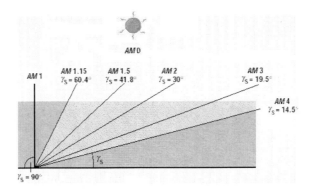

8 | Einleitung

Abb. 2.1: Die Luftmasse (air mass, AM) welche die Sonnenstrahlen durchlaufen müssen um auf die Erdoberfläche zu gelangen ist von Tages- und Jahreszeit abhängig. Die der Jahreszeit zugeordneten AM-Werte errechnen sich aus dem Einfallswinkel γ_S über $AM = 1/sin\gamma_S$.

Tab. 2.1: Strahlungsleistungsdichte p_{Erde} (AM1.5) des Sonnenlichts auf der Erdoberfläche in Abhängigkeit von der Bewölkung, d.h. in Abhängigkeit vom optischen Widerstand, den die Atmosphäre für das Sonnenlicht auf seinem Weg zur Erdoberfläche darstellt [2.1].

p_{Erde} / Wm^{-2}	Sonnenschein	leicht bewölkt	stark bewölkt
Sommer	600 ... 1000	300 ... 600	100 ... 300
Winter	300 ... 500	150 ... 300	50 ... 150

Sonnenstrahlen, die auf die Erdoberfläche treffen können reflektiert, absorbiert oder mitunter auch transmittiert werden. Reflektierter und transmittierter Anteil passieren wiederholt die Atmosphäre und machen somit unseren Planeten Erde im Weltall sichtbar. Der absorbierte Anteil ermöglicht auf der Erde Leben. So nutzen die Pflanzen mit ihren ganz unterschiedlich ausgebildeten Blättern das Sonnenlicht für ihr Wachstum (Photosynthese). Für uns Menschen ist es von technologischem und wirtschaftlichem Interesse die optische Energie des Sonnenlichts in andere Energieformen, wie mechanische-, thermische- oder elektrische Energie umzuwandeln.

a)

b)

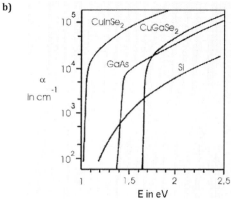

Abb. 2.2: a) Silizium Solarzellen. **b)** Absorptionskoeffizienten verschiedener Absorbermaterialien, nach [2.2]. Zu sehen sind sowohl der reine Halbleiter Silizium (Si) als auch die Verbindungshalbleiter (GaAs, $CuGaSe_2$ und $CuInSe_2$).

In der Photovoltaik, d.h. im Fall der Wandlung von optischer- in elektrische Energie, verwendet man i.a. reine Halbleiter (z.B. Silizium Si) oder Verbindungshalbleiter (z.B. Galliumarsenid GaAs oder $CuInSe_2$).

Bekannt ist bereits die CI(G)S-Technologie, die primär auf chemischen Verbindungen von Kupfer, Indium (Gallium) und wahlweise Schwefel oder Selen sowie einigen weiteren Elementen basiert. Hier an der Universität in Salzburg werden die photovoltaischen Eigenschaften an einer anderen Gruppe chalkogener Verbindungshalbleiter erforscht, den Sulfosalzen. Für die Auswahl der Materialkombinationen und die Herstellung des Ausgangsmaterials ist Prof. Dr. Herbert Dittrich verantwortlich. Die Produktion der Schichten und Solarzellen mit in situ Sputterprozessen übernahm Dr. Hermann-Josef Schimper (DI Uwe Brendel). Dr. Dan Topa analysiert die atomaren Strukturen der Sulfosalz Dünnschichten, worauf hier nicht weiter eingegangen werden soll. Der Autor bedankt sich für die Unterstützung durch die Christian-Doppler Forschungsgesellschaft.

Dieses Buch befasst sich mit der optoelektrischen Analyse von transparenten und opaken Schichten und der damit hergestellten Solarzellen. Theoretisch werden die Analyseverfahren UV/Vis/NIR Spektroskopie (Spektroskopie im ultravioletten, im sichtbaren und im nahen infraroten Wellenlängenbereich), elektrische Schichtwiderstandsmessung und I(U) Messung (Strom-Spannungs Messung) für Solarzellen nachvollziehbar erarbeitet. Hiermit wird dann für die TCO-Schicht (Transparent Conducting Oxide) aluminiumdotiertes Zinkoxid (ZnO:Al) und für die binären Sulfid-Absorberschichten Zinn- (SnS) und Bismutsulfid (Bi_2S_3) eine Auswahl experimenteller Ergebnisse beispielhaft analysiert.

2.2 Literatur zur Einleitung

[2.1] Wikipedia – Die freie Enzyklopädie, http://de.wikipedia.org/wiki/Sonnenschein, 2009.

[2.2] D. Meissner, Solarzellen, ISBN 3 5280 65184, Vieweg, 1993.

…

3 Theorie

3.1 Optische Grundlagen für Grenzflächen und Volumina von Festkörpern

3.1.1 Transmissions- t und Reflexionskoeffizienten r

- **Elektromagnetische Wellen und Snelliussches Gesetz**

Trifft eine elektromagnetische Welle, wie Licht, auf eine Grenzfläche zwischen zwei Medien, so müssen die elektrische $\vec{E}$ und die magnetische Feldstärke $\vec{H}$ der einfallenden **Welle als Funktion von Raum** $\vec{r}$ **und Zeit t**

(3.1.1) $$\vec{E}_e(\vec{r},t) = \vec{E}_{e0} e^{i\vec{k}_e \cdot \vec{r}} e^{i\omega_e t},$$
$$\vec{H}_e(\vec{r},t) = \vec{H}_{e0} e^{i\vec{k}_e \cdot \vec{r}} e^{i\omega_e t},$$

auch nach der Wechselwirkung mit der Grenzfläche – d.h. der **Reflexion r** an der Grenzfläche bzw. der **Transmission t** durch die Grenzfläche

(3.1.2) $$\vec{E}_m(\vec{r},t) = \vec{E}_{m0} e^{i\vec{k}_m \cdot \vec{r} + \varphi_m} e^{i\omega_m t},$$
$$\vec{H}_m(\vec{r},t) = \vec{H}_{m0} e^{i\vec{k}_m \cdot \vec{r} + \varphi_m} e^{i\omega_m t},$$
$$m \in \{r,t\}$$

erhalten bleiben

(3.1.3) $$\vec{E}_e(\vec{r},t) = \vec{E}_r(\vec{r},t) + \vec{E}_t(\vec{r},t),$$
$$\vec{H}_e(\vec{r},t) = \vec{H}_r(\vec{r},t) + \vec{H}_t(\vec{r},t).$$

Eine mögliche Phasenverschiebung der drei Feldstärken zueinander – ob nun elektrische $\vec{E}$ oder magnetische $\vec{H}$ – wird mit φ_m, $m \in \{r,t\}$ bezeichnet und formal ohne Einschränkung der Allgemeinheit dem Ortsvektor $\vec{r}$ zugeordnet.

Der Wellenvektor $\vec{k}$, der elektrische Feldvektor $\vec{E}$ und der magnetische Feldvektor $\vec{H}$ stehen jeweils senkrecht aufeinander und bilden ein Rechtssystem. Die Wellenvektoren

$\vec{k}_m, m \in \{e,r,t\}$ spannen die Einfallsebene auf und zeigen in die Richtung, in die sich nach deBroglie's Welle-Teilchen-Dualismus die den Wellen zugeordneten Teilchen – die Photonen – bewegen. Zu betrachten sind nun zwei **Polarisationszustände** und zwar für einen *elektrischen Feldvektor* der einerseits *senkrecht zur Einfallsebene* steht und andererseits *in der Einfallsebene* liegt. Jede beliebige räumliche Lage einer transversalen elektromagnetischen Welle lässt sich dann durch eine Linearkombination dieser beiden Polarisationszustände beschreiben.

An der Grenzfläche zwischen zwei isotropen Medien müssen Betrag und Phase der beiden Feldvektoren $\vec{E}$, $\vec{H}$ als Funktion von Raum r und Zeit t stetig sein. Für deren Phase gilt also ganz allgemein

(3.1.4)
$$\omega_e t = \omega_r t = \omega_t t$$
$$\Leftrightarrow \omega_e = \omega_r = \omega_t, \quad \omega_m = 2\pi \nu_m, \quad m \in \{e,r,t\}$$
$$\Leftrightarrow \nu_e = \nu_r = \nu_t,$$

und

(3.1.5)
$$\vec{e}_\perp \times \vec{k}_e \cdot \vec{r} = \vec{e}_\perp \times (\vec{k}_r \cdot \vec{r} + \varphi_r) = \vec{e}_\perp \times (\vec{k}_t \cdot \vec{r} + \varphi_t)$$
$$\Leftrightarrow \vec{e}_\perp \times (\vec{k}_e - \vec{k}_r) = 0, \quad \vec{e}_\perp \times (\vec{k}_e - \vec{k}_t) = 0$$
$$\Leftrightarrow k_e \sin\theta_e - k_r \sin\theta_r = 0, \quad k_e \sin\theta_e - k_t \sin\theta_t = 0,$$

berücksichtigt man noch $k_m = 2\pi/\lambda_m$, $c_m = \lambda_m \nu = 1/\sqrt{\varepsilon_m \mu_m}$ und $n_m = c_0/c_m = \sqrt{\varepsilon'_m \mu'_m}$, wobei $\varepsilon_m = \varepsilon'_m \varepsilon_0$, $\mu = \mu'_m \mu_0$, $m \in \{e,r,t\}$, dann folgt daraus das **Snelliussche Brechungsgesetz** (benannt nach dem niederländischen Mathematiker Rudolph Snellius)

(3.1.6)
$$\Leftrightarrow \begin{cases} \dfrac{\sin\theta_e}{\sin\theta_r} = \dfrac{k_r}{k_e} = \dfrac{\lambda_e}{\lambda_r} = \dfrac{c_e}{c_r} = \sqrt{\dfrac{\varepsilon_r \mu_r}{\varepsilon_e \mu_e}} = \dfrac{n_r}{n_e} \stackrel{!}{=} 1, \\ \dfrac{\sin\theta_e}{\sin\theta_t} = \dfrac{k_t}{k_e} = \dfrac{\lambda_e}{\lambda_t} = \dfrac{c_e}{c_t} = \sqrt{\dfrac{\varepsilon_t \mu_t}{\varepsilon_e \mu_e}} = \dfrac{n_t}{n_e} \neq 1 \end{cases}$$
$$\Leftrightarrow \theta_e = \theta_r, \quad |\vec{k}_e| = |\vec{k}_r|, \quad \lambda_e = \lambda_r, \quad c_e = c_r, \quad n_e = n_r,$$

d.h. der Zusammenhang zwischen den Winkeln θ_m, den Beträgen der Wellenvektoren k_m, den Wellenlängen λ_m, den Geschwindigkeiten c_m, den Dielektrizitätskonstanten ε_m, den Permeabilitäten μ_m und den Brechungsindizes n_m, vgl. Abb. 3.1.1 und Abb. 3.1.2. Erhalten bleibt jedoch durchwegs die Frequenz $\nu_m = 1/T_m = \omega_m/2\pi$. Dies, da an der Grenzfläche aus Gl. (3.1.4) die Zeit t und damit deren Kehrwert die Frequenz gekürzt werden kann.
Die soeben genannten *Größen sind durchwegs komplexwertig*, d.h. sie können in einen Realteil und einen Imaginärteil zerlegt werden: $\theta_m = \theta_{m,R} + i\theta_{m,I}$, $k_m = k_{m,R} + ik_{m,I}$, $\lambda_m = \lambda_{m,R} + i\lambda_{m,I}$, $c_m = c_{m,R} + ic_{m,I}$, $\varepsilon_m = (\varepsilon'_{m,R} + i\varepsilon'_{m,I})\varepsilon_0$, $\mu_m = (\mu'_{m,R} + i\mu'_{m,I})\mu_0$ und $n_m = n_{m,R} + in_{m,I}$, wobei $m \in \{e,r,t\}$. Kann die Absorption von Licht in einem Medium vernachlässigt werden, dann können dort auch die Imaginärteile dieser Größen vernachlässigt werden.

- **Amplitudenkoeffizienten – Polarisationsrichtung des E-Feldes senkrecht zur Einfallsebene**

Betrachten wir zuerst den **Polarisationszustand, in dem die elektrischen Feldvektoren $\vec{E}$ senkrecht auf die Einfallsebene** stehen, vgl. Abb. 3.1.1. Es gilt

(3.1.7)
$$\vec{E}_e + \vec{E}_r = \vec{E}_t$$
$$\Leftrightarrow E_e + E_r = E_t.$$

Der Betrag des $\vec{E}$-Feldes senkrecht zur Grenzfläche ist für elektrische Feldvektoren senkrecht zur Einfallsebene stets null.

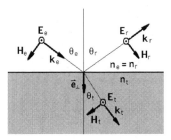

Abb. 3.1.1: Reflexion und Transmission einer einfallenden Welle, deren E-Feld senkrecht zur Einfallsebene steht.

Da der magnetische Feldvektor $\vec{H}$ mit dem Wellenvektor $\vec{k}$ und dem elektrischen Feldvektor $\vec{E}$ ein Rechtssystem bildet, liegt er für diesen Fall in der Einfallsebene. Seine *Komponente tangential zur Grenzfläche* ergibt sich zu

(3.1.8)
$$\vec{e}_\perp \times (\vec{H}_e + \vec{H}_r) = \vec{e}_\perp \times \vec{H}_t$$
$$\Leftrightarrow H_e \sin\left(\frac{\pi}{2} - \theta_e\right) - H_r \sin\left(\frac{\pi}{2} - \theta_r\right) = H_t \sin\left(\frac{\pi}{2} - \theta_t\right)$$
$$\Leftrightarrow H_e \cos\theta_e - H_r \cos\theta_r = H_t \cos\theta_t$$
$$\Leftrightarrow \frac{1}{c_e \mu_e}(E_e - E_r)\cos\theta_e = \frac{1}{c_t \mu_t} E_t \cos\theta_t;$$

für die *Komponente vertikal zur Grenzfläche* gilt analog

(3.1.9)
$$\frac{1}{c_e \mu_e}(E_e + E_r)\sin\theta_e = \frac{1}{c_t \mu_t} E_t \sin\theta_t,$$

wobei

$$|\vec{e}_{k_m} \times \vec{E}_m| = |c_m \vec{B}_m| = |c_m \mu_m \vec{H}_m|,$$

(3.1.10) $\quad |\vec{e}_{k_m} \cdot \vec{E}_m| = 0,$

$$m \in \{e, r, t\}$$

und $\theta_e = \theta_r$, $c_e = c_r$ aus Gl. (3.1.5) verwendet wurden.

Den **Amplitudenreflexionskoeffizienten** erhält man nun durch eliminieren von E_t aus dem Gleichungssystem bestehend aus Gl. (3.1.7) und Gl. (3.1.8) zu

(3.1.11) $\quad r_\perp = \left(\dfrac{E_r}{E_e}\right)_\perp = \dfrac{(1/c_e\mu_e)\cos\theta_e - (1/c_t\mu_t)\cos\theta_t}{(1/c_e\mu_e)\cos\theta_e + (1/c_t\mu_t)\cos\theta_t} \xrightarrow{\mu_e \to \mu_t} -\dfrac{\sin(\theta_e - \theta_t)}{\sin(\theta_e + \theta_t)}.$

Das negative Vorzeichen des Reflexionskoeffizienten für ein $\vec{E}$-Feld senkrecht zur Einfallsebene ist ein Hinweis auf eine Phasendrehung zwischen $\vec{E}_e$ und $\vec{E}_r$ um den Winkel $\varphi_r = \pi$, d.h. $\vec{E}_r$ und $\vec{E}_e$ sind antiparallel. Darauf soll jedoch später noch genauer eingegangen werden.

Den **Amplitudentransmissionskoeffizienten** erhält man folgerichtig durch eliminieren von E_r aus dem Gleichungssystem Gl. (3.1.7) & Gl. (3.1.8) zu

(3.1.12) $\quad t_\perp = \left(\dfrac{E_t}{E_e}\right)_\perp = \dfrac{2(1/c_e\mu_e)\cos\theta_e}{(1/c_e\mu_e)\cos\theta_e + (1/c_t\mu_t)\cos\theta_t} \xrightarrow{\mu_e \to \mu_t} +\dfrac{2\sin\theta_t \cos\theta_e}{\sin(\theta_e + \theta_t)},$

wobei das Snelliussche Gesetz Gl. (3.1.5) berücksichtigt wurde.

- **Amplitudenkoeffizienten – Polarisationsrichtung des E-Feldes parallel zur Einfallsebene**

Betrachten wir nun den **Polarisationszustand, in dem die elektrischen Feldvektoren $\vec{E}$ in der Einfallsebene liegen**, vgl. Abb. 3.1.2.

Für die *Beträge der elektrischen Feldvektoren tangential zur Grenzfläche* gilt

(3.1.13)
$$\vec{e}_\perp \times (\vec{E}_e + \vec{E}_r) = \vec{e}_\perp \times \vec{E}_t$$
$$\Leftrightarrow E_e \sin\left(\dfrac{\pi}{2} - \theta_e\right) - E_r \sin\left(\dfrac{\pi}{2} - \theta_r\right) = E_t \sin\left(\dfrac{\pi}{2} - \theta_t\right)$$
$$\Leftrightarrow E_e \cos\theta_e - E_r \cos\theta_r = E_t \cos\theta_t$$
$$\Leftrightarrow (E_e - E_r)\cos\theta_e = E_t \cos\theta_t$$

Analysen für Chalkogenid-Dünnschicht-Solarzellen | 15

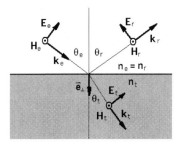

Abb. 3.1.2: Reflexion und Transmission einer einfallenden Welle, deren E-Feld parallel zur Einfallsebene steht.

und für deren *Beträge vertikal zur Grenzfläche* gilt analog

(3.1.14) $\quad (E_e + E_r)\sin\theta_e = E_t \sin\theta_t$

Da der magnetische Feldvektor $\vec{H}$ mit dem Wellenvektor $\vec{k}$ und dem elektrischen Feldvektor $\vec{E}$ ein Rechtssystem bildet und sowohl der $\vec{k}$-Vektor als auch der $\vec{E}$-Vektor in der Einfallsebene liegen, steht der $\vec{H}$-Vektor senkrecht auf dieser. Dies bedeutet aber auch, dass nur die tangential zur Grenzfläche verlaufende Komponente des magnetischen Feldes $\vec{H}$ von null verschieden ist. Für sie gilt mit Gl. (3.1.10)

(3.1.15)
$$\vec{H}_e + \vec{H}_r = \vec{H}_t$$
$$\Leftrightarrow \frac{1}{c_e \mu_e}(E_e + E_r) = \frac{1}{c_t \mu_t} E_t.$$

Den **Amplitudenreflexionskoeffizienten** erhält man wieder durch eliminieren von E_t aus dem Gleichungssystem Gl. (3.1.13) & Gl. (3.1.15) zu

(3.1.16)
$$r_\parallel = \left(\frac{E_r}{E_e}\right)_\parallel = -\frac{(1/c_e\mu_e)\cos\theta_t - (1/c_t\mu_t)\cos\theta_e}{(1/c_e\mu_e)\cos\theta_t + (1/c_t\mu_t)\cos\theta_e}$$
$$\xrightarrow{\mu_e \to \mu_t} +\frac{\tan(\theta_e - \theta_t)}{\tan(\theta_e + \theta_t)}$$

und den **Amplitudentransmissionskoeffizienten** durch eliminieren von E_r zu

(3.1.17)
$$t_\parallel = \left(\frac{E_t}{E_e}\right)_\parallel = \frac{2(1/c_e\mu_e)\cos\theta_e}{(1/c_e\mu_e)\cos\theta_t + (1/c_t\mu_t)\cos\theta_e}$$
$$\xrightarrow{\mu_e \to \mu_t} +\frac{2\sin\theta_t \cos\theta_e}{\sin(\theta_e + \theta_t)\cos(\theta_e - \theta_t)},$$

wobei das Snelliussche Gesetz verwendet wurde.

- **Fresnelsche Gleichungen – Abhängigkeit vom Einfallswinkel θ_e und den Brechungsindizes n_e und n_t – Polarisationswinkel**

Die Gleichungen der Amplitudenkoeffizienten für die Reflexion Gl. (3.1.11), Gl. (3.1.16) und die Transmission Gl. (3.1.12), Gl. (3.1.17) werden (nach dem französischen Physiker Augustin Jean Fresnel) **Fresnelsche Gleichungen** genannt. Diese lassen sich mit Hilfe des Snelliusschen Gesetzes $\sin\theta_t = (c_t/c_e)\sin\theta_e = (n_e/n_t)\sin\theta_e$ und $\cos\theta_t = \sqrt{1-\sin^2\theta_t}$ durch Elimination des Winkels θ_t in Abhängigkeit vom Einfallswinkel θ_e, den Brechungsindizes n_e, n_t und den Induktionskonstanten μ_e, μ_t darstellen.

(3.1.18) $$r_\perp = \left(\frac{E_r}{E_e}\right)_\perp = \frac{(n_e/\mu_e)\cos\theta_e - (n_t/\mu_t)\sqrt{1-(n_e/n_t)^2\sin^2\theta_e}}{(n_e/\mu_e)\cos\theta_e + (n_t/\mu_t)\sqrt{1-(n_e/n_t)^2\sin^2\theta_e}},$$

(3.1.19) $$t_\perp = \left(\frac{E_t}{E_e}\right)_\perp = \frac{2(n_e/\mu_e)\cos\theta_e}{(n_e/\mu_e)\cos\theta_e + (n_t/\mu_t)\sqrt{1-(n_e/n_t)^2\sin^2\theta_e}},$$

(3.1.20) $$r_\parallel = \left(\frac{E_r}{E_e}\right)_\parallel = -\frac{(n_e/\mu_e)\sqrt{1-(n_e/n_t)^2\sin^2\theta_e} - (n_t/\mu_t)\cos\theta_e}{(n_e/\mu_e)\sqrt{1-(n_e/n_t)^2\sin^2\theta_e} + (n_t/\mu_t)\cos\theta_e},$$

(3.1.21) $$t_\parallel = \left(\frac{E_t}{E_e}\right)_\parallel = +\frac{2(n_e/\mu_e)\cos\theta_e}{(n_e/\mu_e)\sqrt{1-(n_e/n_t)^2\sin^2\theta_e} + (n_t/\mu_t)\cos\theta_e}.$$

Bis auf wenige Ausnahmen (Eisen Fe, Kobalt Co, Nickel Ni und einige magnetische Verbindungen wie Permalloy etc.) gilt für die Induktionskonstante $\mu_e = \mu_t = \mu_0$. Da jedoch Luft wie auch Glas und ZnO keinen nennenswerten magnetischen Einfluss auf die elektromagnetische Lichtwelle aufweisen, kann die Induktionskonstante in allen Amplitudenkoeffizienten gekürzt werden.
Zu unterscheiden sind nun grundsätzlich der *Übergang einer elektromagnetischen Welle aus einem optisch dünneren in ein optisch dichteres Medium*, d.h. $n_e < n_t$, und der *Übergang aus einem optisch dichteren Medium in ein optisch dünneres*, $n_e > n_t$.

Betrachten wir zunächst den **Übergang aus einem optisch dünneren Medium in ein optisch dichteres, $n_e < n_t$,** für beispielsweise eine *Luft/Glas-* bzw. *Luft/ZnO-Grenzfläche* mit $n_L = 1$ für Luft, $n_G = 1,5$ für Glas und $n_{ZnO} = 1,95...2,2$ (wellenlängenabhängig).
Abb. 3.1.3 zeigt die Abhängigkeit der Reflexionskoeffizienten vom Einfallswinkel und den Brechungsindizes, $n_e < n_t$, für eine Luft/Glas-Grenzfläche mit $n_L/n_G = 1/1,5$ und eine Luft/ZnO-Grenzfläche im Wellenlängenbereich des sichtbaren Lichts mit $n_{ZnO}(\lambda=400\text{nm}) = 2,2$, ..., $n_{ZnO}(\lambda=800\text{nm}) = 1,95$. Der Brechungsindex von SnO verläuft im gleichen Wellenlängenbereich zwischen 2,2 und 1,8.

Abb. 3.1.4 zeigt die entsprechenden Transmissionskoeffizienten als Funktion des Einfallswinkels θ_e und der Brechungsindizes $n_e < n_t$.

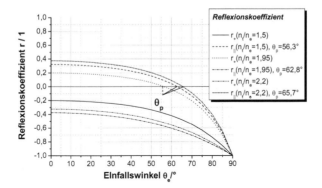

Abb. 3.1.3: Reflexionskoeffizienten als Funktion des Einfallswinkels für $n_e < n_t$ am Beispiel einer Luft/Glas-Grenzfläche $n_L/n_G = 1/1{,}5$ und einer Luft-ZnO-Grenzfläche innerhalb des Wellenlängenbereichs von sichtbarem Licht zwischen $n_{ZnO}(\lambda=400nm) = 2{,}2$ und $n_{ZnO}(\lambda=800nm) = 1{,}95$.

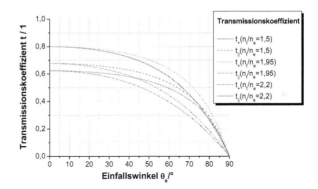

Abb. 3.1.4: Transmissionskoeffizienten als Funktion des Einfallswinkels für $n_e < n_t$ mit unterschiedlichen Brechungsindizes n_t. Betrachtet werden eine Luft/Glas-Grenzfläche $n_L/n_G = 1/1{,}5$ und eine Luft/ZnO-Grenzfläche $n_L/n_{ZnO}(\lambda = 400nm) = 1/2{,}2$, ..., $n_L/n_{ZnO}(\lambda = 800nm) = 1/1{,}95$.

Für den **Übergang aus einem optisch dichteren in ein optisch dünneres Medium, $n_e > n_t$,** wie z.B. für eine Glas/Luft-Grenzfläche mit $n_G/n_L = 1{,}5/1$ oder eine ZnO/Luft-Grenzfläche mit $n_{ZnO}/n_L(\lambda = 400nm) = 2{,}2/1$, ..., $n_{ZnO}/n_L(\lambda = 800nm) = 1{,}95/1$ ergeben sich die in Abb. 3.1.5 gezeigten Reflexionskoeffizienten in Abhängigkeit von den Brechungsindizes n_e, n_t und dem Einfallswinkel θ_e.

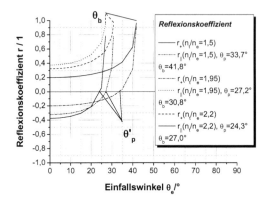

Abb. 3.1.5: Reflexionskoeffizienten als Funktion des Einfallswinkels für $n_e > n_t$ (z.B. eine Glas/Luft-Grenzfläche $n_G/n_L = 1{,}5/1$ oder eine ZnO/Luft-Grenzfläche mit $n_{ZnO}/n_L(\lambda = 400nm) = 2{,}2/1$, ..., $n_{ZnO}/n_L(\lambda = 800nm) = 1{,}95/1$). Die Beträge der Transmissionskoeffizienten sind hier durchwegs größer als 1, d.h. physikalisch nicht sinnvoll.

An den **Polarisationswinkeln** $\theta_e = \theta_p$ und $\theta_e = \theta'_p$ verschwindet die Komponente parallel zur Einfallsebene der reflektierten elektrischen Feldstärke $E_{r,\parallel}$ es verbleibt nur noch die vertikal zur Einfallsebene polarisierte Komponente $E_{r,\perp}$. Das von der Grenzfläche reflektierte Licht ist folglich senkrecht zur Einfallsebene polarisiert. Allgemein gilt für die beiden Polarisationswinkel $\theta_p + \theta'_p = 90°$ wenn es sich um dieselbe Grenzfläche zwischen zwei isotropen Medien handelt.

Der **Grenz- oder Brewster-Winkel** $\theta_e = \theta_b$ tritt ausschließlich für $n_e > n_t$ bei $\theta_t = \pi/2$ auf. Für Einfallswinkel größer oder gleich dem Brewster-Winkel $\theta_e \geq \theta_b$ tritt **Totalreflexion** ein, d.h. die gesamte einfallende Welle wird reflektiert.

Für **Einfallswinkel** $\theta_e \in [0°,...,10°]$ ändern sich die Reflexions- und Transmissionskoeffizienten nur so geringfügig, dass die für diesen Bereich zu veranschlagende Abweichung i.a. in der Größenordnung etwaiger Meßfehler zu liegen kommt, vgl. auch Anhang C.

- **Amplitudenkoeffizienten – Beträge und Phasenwinkel - Totalreflexion**

Bislang betrachteten wir die Beträge der elektromagnetischen Wellen nach Gl. (3.1.1) $\vec{E}_e(\vec{r},t) = \vec{E}_{e0} e^{i\vec{k}_e \cdot \vec{r}} e^{i\omega_e t}$ und Gl. (3.1.2) $\vec{E}_m(\vec{r},t) = \vec{E}_{m0} e^{i\vec{k}_m \cdot \vec{r} + \varphi_m} e^{i\omega_m t}$, $m \in \{r,t\}$, d.h. E_e, E_r und E_t zur Ableitung der **Fresnelschen Gleichungen**. Um nun Aussagen über die *Phasendifferenzen* zwischen reflektierter und einfallender Welle $\varphi_{r,\perp}$, $\varphi_{r,\parallel}$ oder transmittierter und einfallender Welle $\varphi_{t,\perp}$, $\varphi_{t,\parallel}$ machen zu können zerlegt man die komplexwertigen Amplitudenkoeffizienten explizit in ihre **Beträge** $|r_\perp|$, $|t_\perp|$, $|r_\parallel|$, $|t_\parallel|$ und ihre **Phasenanteile** $\varphi_{r,\perp}$, $\varphi_{t,\perp}$, $\varphi_{r,\parallel}$, $\varphi_{t,\parallel}$.

Zu beachten sind zwei *Randwertbedingungen*: Erstens, dass die Beträge der Amplitudenkoeffizienten den Wert 1, d.h. $E_e = E_r$ oder $E_e = E_t$, nicht überschreiten dürfen. Zweitens, dass die Phasenverschiebungen den Wert $\pm\pi$ nicht über- oder unterschreiten können.

In komplexer Schreibweise erhält man mit Gl. (3.1.1), Gl. (3.1.2) und Gl. (3.1.5) sowie Gl. (3.1.11) und Gl. (3.1.16) folgende Fresnel-Gleichungen:

(3.1.22)
$$r_\perp = |r_\perp|e^{i\varphi_{r,\perp}} = \left|\frac{E_{r0}}{E_{e0}}\right|_\perp e^{i\varphi_{r,\perp}} = \left(\frac{E_r}{E_e}\right)_\perp$$
$$= \frac{(n_e/\mu_e)\cos\theta_e - (n_t/\mu_t)\sqrt{1-(n_e/n_t)^2 \sin^2\theta_e}}{(n_e/\mu_e)\cos\theta_e + (n_t/\mu_t)\sqrt{1-(n_e/n_t)^2 \sin^2\theta_e}},$$

(3.1.23)
$$r_\| = |r_\||e^{i\varphi_{r,\|}} = \left|\frac{E_{r0}}{E_{e0}}\right|_\| e^{i\varphi_{r,\|}} = \left(\frac{E_r}{E_e}\right)_\|$$
$$= -\frac{(n_e/\mu_e)\sqrt{1-(n_e/n_t)^2 \sin^2\theta_e} - (n_t/\mu_t)\cos\theta_e}{(n_e/\mu_e)\sqrt{1-(n_e/n_t)^2 \sin^2\theta_e} + (n_t/\mu_t)\cos\theta_e},$$

Es seien wieder Schichten vorausgesetzt, deren Magnetismus keinen Einfluss auf die elektromagnetischen Wellen haben, d.h. $\mu_e = \mu_t = \mu_0$. Damit können die Induktionskonstanten wieder gekürzt werden. Sollte dies nicht der Fall sein, kann jedoch ganz analog vorgegangen werden.

Betrachten wir uns vorerst den **Übergang aus einem optisch dünneren in ein optisch dichteres Medium**, $n_e < n_t$: Für $r_\perp$, vgl. auch Abb. 3.1.3, ist Gl. (3.1.22) durchwegs reell und das Vorzeichen stets negativ – d.h. $E_{r,0}$ ist gegenüber $E_{e,0}$ um $\varphi_{r,\perp} = \pi$ in der Phase verschoben, vgl. Abb. 3.1.6.
Für $r_\|$ wechselt in Gl. (3.1.23) das Vorzeichen bei $\theta_e = \theta_{p,\|}$ von positiven zu negativen Werten (beide Terme im Zähler gleich groß). Folglich wechselt bei $\theta_e = \theta_{p,\|}$ der Phasenwinkel $\varphi_{r,\|}$ von 0 auf π, vgl. Abb. 3.1.6.

Betrachten wir uns nun den **Übergang aus einem optisch dichteren in ein optisch dünneres Medium**, $n_e > n_t$: Für $r_\perp$, vgl. auch Abb. 3.1.5, ist Gl. (3.1.22) reell und positiv, wenn $\theta_e \le \theta_b$ – d.h. für die Phasenverschiebung gilt $\varphi_{r,\perp} = 0$. Für $\theta_e > \theta_b$ wird Gl. (3.1.22) komplexwertig, da der Term unter der Wurzel negativ wird. Der Betrag des Reflexionskoeffizienten ergibt sich für diesen Fall der **Totalreflexion** zu

(3.1.24) $\quad |r_\perp| = \dfrac{n_e \cos\theta_e - n_t \cos\theta_t}{n_e \cos\theta_e + n_t \cos\theta_t} \quad \xrightarrow{\theta_t = \pi/2} \quad 1, \quad \theta_e \ge \theta_b.$

Gleiches gilt für $|r_\||$. Da der Betrag des Reflexionskoeffizienten konstant eins ist, muss eine weitere Erhöhung des Einfallswinkels $\theta_e > \theta_b$ zu einer Phasenverschiebung $\varphi_{r,\perp} \ne 0$ zwischen reflektiertem und einfallendem $\vec{E}$-Feldvektor führen. Für den **Brewster-Winkel** θ_b gilt $\theta_t = \pi/2$.

Dies ist exakt dann der Fall, wenn $\cos\theta_t$ oder gleichermaßen der Term unter der Wurzel in Gl. (3.1.22) null werden, d.h. $\sin\theta_b = n_t/n_e$. Für $\theta_e > \theta_b$ wird damit der Ausdruck unter der Wurzel kleiner null und die Wurzel imaginär. Der Phasenwinkel kann dann mit Gl. (3.1.22) bestimmt werden zu

$$(3.1.25) \qquad \varphi_{r,\perp} = \arctan\frac{\sqrt{\sin^2\theta_e - n_t^2/n_e^2}}{\cos\theta_e}, \quad \theta_e > \theta_b.$$

Gleiches gilt für $\varphi_{r,\parallel}$. $\varphi_{r,\parallel}$ vollzieht jedoch zudem beim Polarisationswinkel $\theta_e = \theta'_p$ einen Phasensprung von π auf 0 – invers zum Fall $n_e < n_t$, vgl. Abb. 3.1.7.

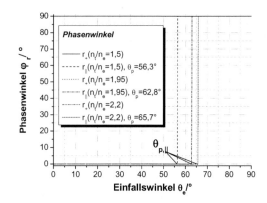

Abb. 3.1.6: Phasenwinkel für den Übergang aus einem optisch dünneren in ein optisch dichteres Medium $n_e < n_t$.

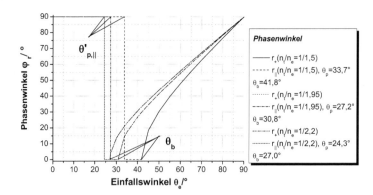

Abb. 3.1.7: Phasenwinkel für den Übergang aus einem optisch dichteren in ein optisch dünneres Medium $n_e > n_t$.

3.1.2 Transmissions- T, Absorptions- A und Reflexionsgrade R

- **Maxwell-Gleichungen, Kontinuitätsgleichung und Poynting-Theorem**

Die **Maxwell-Gleichungen** lassen sich mit der elektrischen Verschiebungsdichte $\vec{D}(\vec{r},t)$ und der magnetischen Flussdichte $\vec{B}(\vec{r},t)$,

(3.1.26)
$$\vec{D}(\vec{r},t) = \varepsilon' \varepsilon_0 \vec{E}(\vec{r},t),$$
$$\vec{B}(\vec{r},t) = \mu' \mu_0 \vec{H}(\vec{r},t),$$
$$c = 1 / \sqrt{\varepsilon' \varepsilon_0 \mu' \mu_0},$$

sowie den Feldgleichungen der Elektro- und Magnetostatik in differentieller Form wie folgt formulieren

(3.1.27)
$$\vec{\nabla} \cdot \vec{D}(\vec{r},t) = \rho(\vec{r},t),$$
$$\vec{\nabla} \times \vec{E}(\vec{r},t) + \underbrace{\frac{\partial \vec{B}(\vec{r},t)}{\partial t}}_{Induktion} = 0,$$
$$\vec{\nabla} \cdot \vec{B}(\vec{r},t) = 0,$$
$$\vec{\nabla} \times \vec{H}(\vec{r},t) - \underbrace{\frac{\partial \vec{D}(\vec{r},t)}{\partial t}}_{Verschiebungsstrom} = \vec{j}(\vec{r},t)$$

Hierin sind $\vec{E}(\vec{r},t)$ die vom Ort $\vec{r}$ und der Zeit t abhängende elektrische Feldstärke, $\vec{D}(\vec{r},t)$ die entsprechende Verschiebungsdichte, $\vec{H}(\vec{r},t)$ die magnetische Feldstärke, $\vec{B}(\vec{r},t)$ die entsprechende magnetische Flussdichte, c die Lichtgeschwindigkeit im Medium, ε' die Dielektrizitätskonstante, ε_0 die Influenzkonstante, μ' die Permeabilität, μ_0 die Induktionskonstante, $\rho(\vec{r},t)$ die Raumladungsdichte und $\vec{j}(\vec{r},t)$ die Strom(flächen)dichte. Im Rahmen der hier betrachteten elektromagnetischen Felder (Elektrodynamik) waren mit der Zeit t als zusätzlichem Argument gegenüber den Feldgleichungen der Elektro- beziehungsweise Magnetostatik lediglich die beiden Zeitableitungen der magnetischen Flussdichte und der elektrischen Verschiebungsdichte – die Induktion und der Verschiebungsstrom – zu ergänzen. Die mathematische Notwendigkeit dieser Ergänzungen ergibt sich aus der **Kontinuitätsgleichung**

(3.1.28)
$$\frac{\partial \rho(\vec{r},t)}{\partial t} + \vec{\nabla} \cdot \vec{j}(\vec{r},t) = 0,$$

die nur erfüllt ist, wenn Induktion und Verschiebungsstrom berücksichtigt werden – was sofort ersichtlich wird, wenn $\rho(\vec{r},t)$ und $\vec{j}(\vec{r},t)$ aus Gl. (3.1.27) in Gl. (3.1.28) eingesetzt werden.

Experimentell lässt sich die physikalische Notwendigkeit der Induktion und des Verschiebungsstroms in den Maxwellgleichungen der Elektrodynamik an Hand einer (bewegten) Leiterschleife im (variablen) Magnetfeld veranschaulichen. Die Kontinuitätsgleichung besagt, dass eine von der Zeit abhängige Änderung der Ladungsdichte in einem wohldefinierten Volumen einer gleich großen Änderung der Stromdichte aus diesem Volumen oder in dieses Volumen entspricht. Sie ist somit eine *Bilanzgleichung für Ladungen* in einem wohldefinierten Volumen.

Unter Verwendung der Maxwell-Gleichungen kann nun auch das **Poynting-Theorem** hergeleitet werden. Hierzu multipliziert man die Maxwellsche Gleichung (incl. Verschiebungsstrom) $\vec{\nabla} \times \vec{H} = j + \partial \vec{D}/\partial t$ mit der elektrischen Feldstärke $\vec{E}$ und die Maxwellsche Gleichung (incl. Induktion) $\vec{\nabla} \times \vec{E} = -\partial \vec{B}/\partial t$ mit der magnetischen Feldstärke $\vec{H}$. Dann bildet man die Differenz der sich ergebenden Gleichungen und erhält unter Berücksichtigung von Gl. (3.1.26)

(3.1.29)
$$\underbrace{\vec{E}\cdot(\vec{\nabla}\times\vec{H}) - \vec{H}\cdot(\vec{\nabla}\times\vec{E})}_{} = j\cdot\vec{E} + \underbrace{\vec{E}\cdot\partial\vec{D}/\partial t + \vec{H}\cdot\partial\vec{B}/\partial t}_{}$$

$$-\vec{\nabla}\cdot\underbrace{(\vec{E}\times\vec{H})}_{\vec{S}(\vec{r},t)} = j\cdot\vec{E} + \frac{\partial}{\partial t}\underbrace{\frac{1}{2}(\vec{E}\cdot\vec{D}+\vec{H}\cdot\vec{B})}_{w(\vec{r},t)}$$

$$\Rightarrow \frac{\partial}{\partial t}w(\vec{r},t) + \vec{j}\cdot\vec{E}(\vec{r},t) + \vec{\nabla}\cdot\vec{S}(\vec{r},t) = 0,$$

Hierin sind $w(\vec{r},t) = \frac{1}{2}(\vec{E}(\vec{r},t)\cdot\vec{D}(\vec{r},t)+\vec{H}(\vec{r},t)\cdot\vec{B}(\vec{r},t)) = \varepsilon'\varepsilon_0 \vec{E}^2(\vec{r},t) = \mu'\mu_0 \vec{H}^2(\vec{r},t)$, die (Raum)energiedichte des elektromagnetischen Feldes und $\vec{S}(\vec{r},t) = \vec{E}(\vec{r},t)\times\vec{H}(\vec{r},t)$, $|\vec{S}(\vec{r},t)| = \sqrt{\frac{\varepsilon'\varepsilon_0}{\mu'\mu_0}}\vec{E}^2(\vec{r},t) = \frac{1}{\sqrt{\varepsilon'\varepsilon_0\mu'\mu_0}}\varepsilon'\varepsilon_0\vec{E}^2(\vec{r},t) = c\cdot w(\vec{r},t)$ der Poynting-Vektor, der ein Mass für die Energiestrom(flächen)dichte ist.

Ähnlich der Kontinuitätsgleichung ist auch das Poynting-Theorem eine *Bilanzgleichung*, dies jedoch nicht für Ladungen sondern *für Energiedichten*. Die gesamte Energiedichte $w(\vec{r},t)$, die ein elektromagnetisches Feld – wie Licht – besitzt, teilt sich auf in den Anteil $\vec{j}\cdot\vec{E}(\vec{r},t)$, den das Medium durch Anregung von Elektronen oder Erzeugung von Phononen aufnimmt und den Anteil $\vec{\nabla}\cdot\vec{S}(\vec{r},t)$, der das Medium passiert.

- **Strahlungsflußdichte I – Strahlungsleistung P – Reflexions- R und Transmissionsgrad T an Grenzflächen**

Ganz allgemein ergibt sich die **Strahlungs(energie)flußdichte I** als Mittelwert der Energiestromdichte $\vec{S}(\vec{r},t)$ zu

(3.1.30)
$$I = \langle \vec{S}(\vec{r},t) \rangle = \langle \vec{E}(\vec{r},t) \times \vec{H}(\vec{r},t) \rangle$$
$$= \int_0^{\lambda} \vec{E}(\vec{r},t) \times \vec{H}(\vec{r},t) \, dr = \sqrt{\frac{\varepsilon' \varepsilon_0}{\mu' \mu_0}} \int_0^{\lambda} \vec{E}^2(\vec{r},t) \, dr$$
$$= \int_0^{T} \vec{E}(\vec{r},t) \times \vec{H}(\vec{r},t) \, dt = \sqrt{\frac{\varepsilon' \varepsilon_0}{\mu' \mu_0}} \int_0^{T} \vec{E}^2(\vec{r},t) \, dt = \frac{1}{2}\sqrt{\frac{\varepsilon' \varepsilon_0}{\mu' \mu_0}} \vec{E}_0^2 = \frac{1}{2} c \cdot w_0.$$

Dies ist die Durchschnittsenergie, die pro Zeiteinheit eine Flächeneinheit senkrecht zu $\vec{S}(\vec{r},t)$ durchquert. In isotropen Medien ist der Poynting-Vektor $\vec{S}(\vec{r},t)$ parallel zum Wellenvektor $\vec{k}(\vec{r},t)$, da beide senkrecht auf den elektrischen und magnetischen Feld-Vektoren stehen, vgl. Gl. (3.1.10) und Gl. (3.1.29).

Betrachten wir uns wieder eine Grenzfläche zwischen zwei Medien. Seien I_e, I_r und I_t die Strahlungsflussdichten des einfallenden, reflektierten und transmittierten Strahls sowie θ_e, θ_r und θ_t die entsprechenden Winkel zur Oberflächennormalen unter denen diese Strahlenbündel ein- bzw. ausfallen. Unter dieser Voraussetzung ergeben sich die effektiven Querschnittsflächen auf die diese drei Strahlenbündel einfallen aus dem Skalarprodukt des Einheitsvektors in Strahlrichtung und der Oberflächennormalen zu $A\cos\theta_e$, $A\cos\theta_r$ und $A\cos\theta_t$.

Teilen wir überdies die Strahlen wieder in ihre Komponenten senkrecht $\perp$ und parallel $\parallel$ zur Einfallsebene auf, dann erhalten wir bspw. für den auf eine Grenzfläche einfallenden Strahlungsfluss, d.h. die **Strahlungsleistung P$_{e,j}$** ([3.1, 3.2])

(3.1.31)
$$P_{i,j} = I_{i,j} A\cos\theta_i = \frac{1}{2}\sqrt{\frac{\varepsilon'_i \varepsilon_0}{\mu'_i \mu_0}} \vec{E}_{i,j,0}^2 A\cos\theta_i$$
$$= \frac{1}{2} c_{i,j} \, w_{i,j,0} \, A\cos\theta_i, \quad i \in \{e,r,t\}, \quad j \in \{\perp, \parallel\}.$$

Damit lassen sich nun die senkrecht und parallel zur Einfallsebene stehenden Komponenten der Reflexionsgrade und Transmissionsgrade definieren. Der **Reflexionsgrad R$_{/,j}$ an einer Grenzfläche zwischen zwei Medien** ist der Quotient aus reflektierter und einfallender Strahlungsleistung, da mit $\theta_r = \theta_e$ auch die Flächen $A\cos\theta_i$, $i \in \{e,r,t\}$, gleich sind, gilt

(3.1.32)
$$R_{/,j} = \frac{P_{r,j}}{P_{e,j}} = \frac{I_{r,j}}{I_{e,j}} = \frac{w_{r,j,0}}{w_{e,j,0}} = \frac{\vec{E}_{r,j,0}^2}{\vec{E}_{e,j,0}^2} = r_j^2, \quad j \in \{\perp, \parallel\},$$

vgl. auch Gl. (3.1.11) und Gl. (3.1.16). Für den **Transmissionsgrad T$_{/,j}$ durch eine Grenzfläche zwischen zwei Medien** gilt

(3.1.33)
$$T_{l,j} = \frac{P_{t,j}}{P_{e,j}} = \frac{I_{t,j} \cos\theta_t}{I_{e,j} \cos\theta_e} = \frac{c_t \cdot \varepsilon'_t \cdot \vec{E}_{t,j,0}^2 \cdot \cos\theta_t}{c_e \cdot \varepsilon'_e \cdot \vec{E}_{e,j,0}^2 \cdot \cos\theta_e}$$
$$= \frac{(n_t/\mu_t)\cdot\cos\theta_t}{(n_e/\mu_e)\cdot\cos\theta_e} t_j^2 = \frac{(n_t/\mu_t)}{(n_e/\mu_e)} \frac{\sqrt{1-(n_e/n_t)^2 \cdot \sin^2\theta_e}}{\cos\theta_e} t_j^2$$
$$\xrightarrow{\mu_e \approx \mu_t \approx \mu_0} \frac{n_t \cdot \cos\theta_t}{n_e \cdot \cos\theta_e} t_j^2 = \frac{\sqrt{(n_t/n_e)^2 - \sin^2\theta_e}}{\cos\theta_e} t_j^2, \quad j \in \{\bot, \|\},$$

wobei i.a. $\theta_t \neq \theta_e$ ist, vgl. auch Gl. (3.1.12) und Gl. (3.1.17).

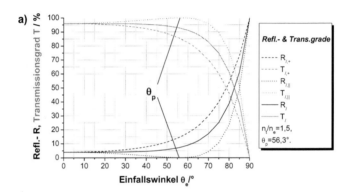

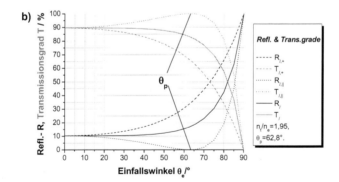

Abb. 3.1.8: Reflexions- R_l und Transmissionsgrad T_l für den Übergang aus einem optisch dünneren in ein optisch dichteres Medium $n_e < n_t$. Gezeigt sind **a)** eine Luft/Glas- und **b)** eine Luft/ZnO-Grenzfläche.

Mit dem in Gl. (3.1.33) bereits verwendeten *Snelliusschen Gesetz*

(3.1.34) $$\frac{\sin\theta_t}{\sin\theta_e} = \frac{c_t}{c_e} = \sqrt{\frac{\varepsilon_e\mu_e}{\varepsilon_t\mu_t}} = \frac{n_e}{n_t} = \frac{k_e}{k_t} = \frac{\lambda_t}{\lambda_e} \neq 1$$

und $\cos\theta_i = \sqrt{1-\sin^2\theta_i}$ bzw. $\sin\theta_i\cos\theta_i = \sin(2\theta_i)/2$, $i \in \{e,r,t\}$, lassen sich noch weitere Abhängigkeiten des Reflexionsgrades und des Transmissionsgrades herleiten. Sollte der magnetische Einfluss beider Schichten auf die elektromagnetische Lichtwelle vernachlässigbar sein, d.h. $\mu_e \approx \mu_t \approx \mu_0$, kann Gl. (3.1.33) vereinfacht werden. Abb. 3.1.8 und Abb. 3.1.9 zeigen diese Reflexions- und Transmissionsgrade für einen Übergang aus einem optisch dünneren in ein optisch dichteres Medium und umgekehrt.

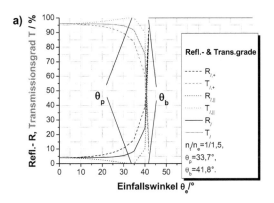

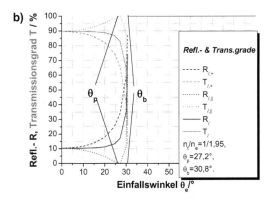

Abb. 3.1.9: Reflexions- R_l und Transmissionsgrad T_l für den Übergang aus einem optisch dichteren in ein optisch dünneres Medium $n_e > n_t$. Gezeigt sind **a)** eine Glas/Luft- und **b)** eine ZnO/Luft-Grenzfläche.

Betrachten wir uns nun die *Leistungsbilanz auf einer Grenzfläche zwischen zwei Medien*. Die Leistung des einfallenden Strahls wird auf den reflektierten und den transmittierten Strahl aufgeteilt, d.h. es gilt $P_{e,j}(\vec{r},t) = P_{r,j}(\vec{r},t) + P_{t,j}(\vec{r},t)$, $j \in \{\perp, \|\}$. Teilt man beide Seiten dieser Gleichung durch $P_{e,j}(\vec{r},t)$, dann erhält man mit Gl. (3.1.32) und Gl. (3.1.33) die **Bilanzgleichung für Reflexions- und Transmissionsraten an einer Grenzfläche zwischen zwei Medien** zu

(3.1.35)
$$1 = R_{l,j} + T_{l,j} = r_j^2 + \frac{(n_t/\mu_t)}{(n_e/\mu_e)} \frac{\sqrt{1-(n_e/n_t)^2 \cdot \sin^2\theta_e}}{\cos\theta_e} t_j^2$$
$$\xrightarrow{\mu_e \approx \mu_t \approx \mu} r_j^2 + \frac{\sqrt{(n_t/n_e)^2 - \sin^2\theta_e}}{\cos\theta_e} t_j^2, \quad j \in \{\perp, \|\}.$$

d.h. die Summe der reflektierten und transmittierten Strahlungsleistung ist 100% der gesamten (einfallenden) Strahlungsleistung und dies gilt für beide Komponenten $\perp$, $\|$.
Darüber hinaus muss diese Bilanzgleichung auch für die gesamten Reflexions- und Transmissionsraten R_l, T_l gelten, denn auch hier bilden für eine infinitesimal dünne Grenzfläche ohne Absorption die Summe aus reflektiertem und transmittiertem Anteil 100% des einfallenden Strahls. Wie lassen sich nun die Zusammenhänge zwischen gesamten Reflexions- bzw. Transmissionsraten R_l, T_l und deren jeweiligen vertikalen und horizontalen Komponenten $R_{l,j}$ und $T_{l,j}$, $j \in \{\perp, \|\}$ beschreiben?

Man kann für **unpolarisiertes Licht** davon ausgehen, dass die Beträge der Komponenten des einfallenden elektrischen Feldes senkrecht und parallel zur Einfallsebene gleich groß sind, d.h. $|\vec{E}_{e,\perp,0}| = |\vec{E}_{e,\|,0}|$. Mit Gl. (3.1.31) bis Gl. (3.1.33) sind dann auch die Summen $1 = R_{l,\perp} + T_{l,\perp}$ und $1 = R_{l,\|} + T_{l,\|}$ gleich zu gewichten; es gilt

$$1 = R_l + T_l = \frac{1}{2}(R_{l,\perp} + T_{l,\perp}) + \frac{1}{2}(R_{l,\|} + T_{l,\|}) = \frac{1}{2}(R_{l,\perp} + R_{l,\|}) + \frac{1}{2}(T_{l,\perp} + T_{l,\|}),$$

(3.1.36)
$$R_l = \frac{1}{2}(R_{l,\perp} + R_{l,\|}) = \frac{1}{2}(r_\perp^2 + r_\|^2),$$

$$T_l = \frac{1}{2}(T_{l,\perp} + T_{l,\|}) = \frac{1}{2}\frac{(n_t/\mu_t)}{(n_e/\mu_e)} \frac{\sqrt{1-(n_e/n_t)^2 \cdot \sin^2\theta_e}}{\cos\theta_e} (t_\perp^2 + t_\|^2)$$

$$\xrightarrow{\mu_e \approx \mu_t \approx \mu} \frac{1}{2} \frac{\sqrt{(n_t/n_e)^2 - \sin^2\theta_e}}{\cos\theta_e} (t_\perp^2 + t_\|^2).$$

Für den **Spezialfall der Polarisation** $\theta_e = \theta_p$ und $\theta_e = \theta'_p$ verschwindet die Komponente parallel zur Einfallsebene der reflektierten elektrischen Feldstärke $E_{r,\|}$, damit wird auch $R_{l,\|} = r_\|^2 = 0$, und es verbleibt nur noch die vertikal zur Einfallsebene polarisierte Komponente $E_{r,\perp}$, d.h. $R_{l,\perp} = r_\perp^2 \neq 0$. Das von der Grenzfläche reflektierte Licht ist folglich senkrecht zur Einfallsebene polarisiert.

Spezialfall der Totalreflexion: Der **Grenz- oder Brewster-Winkel** $\theta_e = \theta_b$ tritt ausschließlich für $n_e > n_t$ bei $\theta_t = \pi/2$ auf. Für Einfallswinkel größer oder gleich dem Brewster-Winkel $\theta_e \geq \theta_b$ tritt Totalreflexion ein $R_{/} = 1$, $T_{/} = 0$. D.h. die gesamte einfallende Welle wird reflektiert. Mit $T_{/} = 0$ sind auch die physikalischen Größen des transmittierten Strahls: Leistung $P_t(\vec{r},t)$, Strahlungsflussdichte $I_t(\vec{r},t)$, Poynting-Vektor $\vec{S}_t(\vec{r},t)$, Energiedichte $w_t(\vec{r},t)$, elektrisches $\vec{E}_t(\vec{r},t)$ und magnetisches Feld $\vec{H}_t(\vec{r},t)$ gleich null. Die gesamte eingestrahlte Leistung usw. wird mit 100%iger Wahrscheinlichkeit reflektiert. Damit wird aber auch quantenmechanisches Tunneln von Photonen für den Fall einer dünnen Potentialbarriere ausgeschlossen.

Da der Betrag des Reflexionskoeffizienten somit konstant eins ist, führt eine weitere Erhöhung des Einfallswinkels $\theta_e > \theta_b$ i.a. zu einer Phasenverschiebung $\varphi_{r,\perp} \neq 0$ zwischen reflektiertem und einfallendem $\vec{E}$-Feldvektor.

Für den **Spezialfall des senkrechten Lichteinfalls**, θ_e, $\theta_r \in [0°,...,10°]$ verschwindet der Unterschied zwischen Feld-Komponente parallel zur Einfallsebene und Feld-Komponente senkrecht zur Einfallsebene. Nur für diesen Fall sind Gl. (3.1.11) für $r_\perp$ und Gl. (3.1.16) für $r_{\|}$ sowie unter Berücksichtigung von Gl. (3.1.36) Gl. (3.1.12) für $t_\perp$ und Gl. (3.1.17) für $t_{\|}$ identisch, es gilt

$$(3.1.37) \quad R_{/,\perp} = R_{/,\|} = r_\perp^2 = r_\|^2 = \left(\frac{\dfrac{n_e}{\mu_e} - \dfrac{n_t}{\mu_t}}{\dfrac{n_e}{\mu_e} + \dfrac{n_t}{\mu_t}}\right)^2 \xrightarrow{\mu_e \approx \mu_t \approx \mu} \left(\frac{n_e - n_t}{n_e + n_t}\right)^2,$$

$$T_{/,\perp} = T_{/,\|} = \frac{n_t/\mu_t}{n_e/\mu_e} t_\perp^2 = \frac{n_t/\mu_t}{n_e/\mu_e} t_\|^2 = \frac{4\dfrac{n_e n_t}{\mu_e \mu_t}}{\left(\dfrac{n_e}{\mu_e} + \dfrac{n_t}{\mu_t}\right)^2} \xrightarrow{\mu_e \approx \mu_t \approx \mu} \frac{4 n_e n_t}{(n_e + n_t)^2}.$$

- **Der Absorptionsgrad $A_\#$ in Materie – Metalle, Halbleiter und Isolatoren**

Für elektromagnetische Wellen in Materie sind drei Materialgleichungen zu berücksichtigen. Unabhängig davon, ob es sich um Isolatoren, Halbleiter oder Leiter handelt wird ein effektives **elektrisches Dipolmoment** im Material über einen Polarisationsvektor $\vec{P}$ und damit über die Dielektrizitätskonstante ε' berücksichtigt. Ebenso wird ein effektives **magnetisches Moment** im Material über die magnetische Polarisation oder Magnetisierung $\vec{M}$ und damit über die Permeabilität μ' berücksichtigt

$$(3.1.38) \quad \begin{aligned} \vec{D}(\vec{r},t) &= \varepsilon_0 \vec{E}(\vec{r},t) + \vec{P} = (1 + \chi_P)\varepsilon_0 \vec{E}(\vec{r},t) = \varepsilon' \varepsilon_0 \vec{E}(\vec{r},t) = \varepsilon \vec{E}(\vec{r},t), \\ \vec{B}(\vec{r},t) &= \mu_0 \vec{H}(\vec{r},t) + \vec{M} = (1 + \chi_M)\mu_0 \vec{H}(\vec{r},t) = \mu' \mu_0 \vec{H}(\vec{r},t) = \mu \vec{H}(\vec{r},t), \\ c &= 1/\sqrt{\varepsilon \mu}. \end{aligned}$$

χ_P und χ_M sind hierin die elektrische und magnetische Suszeptibilität.
Für den Fall elektrisch leitender Medien, wie Halbleiter und Metalle, kommt als dritte Materialgleichung noch das **ohmsche Gesetz** hinzu

(3.1.39) $\quad \vec{j}(\vec{r},t) = \sigma(\vec{r},t) \cdot \vec{E}(\vec{r},t), \quad \sigma(\vec{r},t) = \dfrac{1}{\rho(\vec{r},t)},$

Damit ergeben sich die **Maxwell-Gleichungen** zu

(3.1.40)
$$\vec{\nabla} \cdot \left(\varepsilon(\vec{r},t) \vec{E}(\vec{r},t) \right) = \rho(\vec{r},t) = \frac{1}{\sigma(\vec{r},t)},$$
$$\vec{\nabla} \times \vec{E}(\vec{r},t) = -\frac{\partial}{\partial t} \vec{B}(\vec{r},t),$$
$$\vec{\nabla} \cdot \vec{B}(\vec{r},t) = 0,$$
$$\vec{\nabla} \times \left(\frac{\vec{B}(\vec{r},t)}{\mu(\vec{r},t)} \right) = \sigma(\vec{r},t) \vec{E}(\vec{r},t) + \frac{\partial}{\partial t} \left(\varepsilon(\vec{r},t) \vec{E}(\vec{r},t) \right)$$
$$= \frac{\vec{E}(\vec{r},t)}{\vec{\nabla} \cdot \left(\varepsilon(\vec{r},t) \vec{E}(\vec{r},t) \right)} + \frac{\partial}{\partial t} \left(\varepsilon(\vec{r},t) \vec{E}(\vec{r},t) \right)$$

oder unter Vernachlässigung der Orts- und Zeitabhängigkeit der Dielektrizitätskonstanten und der Permeabilität zu

(3.1.41)
$$\vec{\nabla} \cdot \vec{E}(\vec{r},t) = \frac{\rho(\vec{r},t)}{\varepsilon},$$
$$\vec{\nabla} \times \vec{E}(\vec{r},t) = -\frac{\partial}{\partial t} \vec{B}(\vec{r},t),$$
$$\vec{\nabla} \cdot \vec{B}(\vec{r},t) = 0,$$
$$\vec{\nabla} \times \vec{B}(\vec{r},t) = \mu \sigma(\vec{r},t) \vec{E}(\vec{r},t) + \mu \varepsilon \frac{\partial}{\partial t} \vec{E}(\vec{r},t)$$

Leitet man hierin einerseits die letzte Gleichung nach der Zeit ab $\partial/\partial t$ und bildet andererseits deren Rotation $\vec{\nabla} \times$, so erhält man nach einsetzen der zweiten Beziehung aus Gl. (3.1.41)

(3.1.42)
$$-\vec{\nabla} \times \vec{\nabla} \times \vec{E}(\vec{r},t) = \mu \frac{\partial}{\partial t} \left(\sigma(\vec{r},t) \vec{E}(\vec{r},t) \right) + \mu \varepsilon \frac{\partial^2}{\partial t^2} \vec{E}(\vec{r},t),$$
$$-\vec{\nabla} \times \vec{\nabla} \times \vec{B}(\vec{r},t) = \mu \left(\vec{\nabla} \times \sigma(\vec{r},t) \right) \vec{E}(\vec{r},t) + \mu \sigma(\vec{r},t) \frac{\partial}{\partial t} \vec{B}(\vec{r},t) + \mu \varepsilon \frac{\partial^2}{\partial t^2} \vec{B}(\vec{r},t)$$

oder

(3.1.43)
$$\frac{\partial}{\partial t}\vec{\nabla}\times\left(\mu(\vec{r},t)\vec{B}(\vec{r},t)\right)=\frac{\partial^2}{\partial t^2}\left(\varepsilon(\vec{r},t)\vec{E}(\vec{r},t)\right)+\frac{\partial}{\partial t}\frac{\vec{E}(\vec{r},t)}{\vec{\nabla}\cdot\left(\varepsilon(\vec{r},t)\vec{E}(\vec{r},t)\right)}$$
$$\vec{\nabla}\times\vec{\nabla}\times\left(\mu(\vec{r},t)\vec{B}(\vec{r},t)\right)=\vec{\nabla}\times\frac{\partial}{\partial t}\left(\varepsilon(\vec{r},t)\vec{E}(\vec{r},t)\right)+\vec{\nabla}\times\frac{\vec{E}(\vec{r},t)}{\vec{\nabla}\cdot\left(\varepsilon(\vec{r},t)\vec{E}(\vec{r},t)\right)}.$$

Verwendet man nun noch die Operatoridentität $\vec{\nabla}\times\vec{\nabla}\times = \vec{\nabla}(\vec{\nabla}\cdot) - \vec{\nabla}^2$, dann erhält man unter Berücksichtigung der ersten und dritten Beziehung aus Gl. (3.1.41) sowie $E = B/\sqrt{\mu\varepsilon}$ die **Telegraphengleichungen**

(3.1.44)
$$\left[\vec{\nabla}^2 - \mu\varepsilon\frac{\partial^2}{\partial t^2} - \mu\sigma(\vec{r},t)\frac{\partial}{\partial t} - \mu\left(\frac{\partial}{\partial t}\sigma(\vec{r},t)\right)\right]\vec{E}(\vec{r},t) = \vec{\nabla}\frac{\rho(\vec{r},t)}{\varepsilon},$$
$$\left[\vec{\nabla}^2 - \mu\varepsilon\frac{\partial^2}{\partial t^2} - \mu\sigma(\vec{r},t)\frac{\partial}{\partial t} - \sqrt{\frac{\mu}{\varepsilon}}\left(\vec{\nabla}\times\sigma(\vec{r},t)\right)\right]\vec{B}(\vec{r},t) = 0.$$

Dies sind eine inhomogene Wellengleichung für die elektrische Feldstärke und eine homogene Wellengleichung für die magnetische Flussdichte, welche voneinander entkoppelt sind. Mit dem Lösungsansatz für die entsprechenden homogenen Differentialgleichungen

(3.1.45)
$$\vec{E}(\vec{r},t) = \vec{E}_o e^{j(\vec{k}\cdot\vec{r}\mp\omega t)},$$
$$\vec{B}(\vec{r},t) = \vec{B}_o e^{j(\vec{k}\cdot\vec{r}\mp\omega t)}$$

erhält man unter Berücksichtigung von $c = 1/\sqrt{\varepsilon\mu}$ und $\omega/c = 2\pi/\lambda$

$$\vec{k}_i = k_i \cdot \vec{e}_{k,i}, \quad i \in \{E, B\},$$

(3.1.46)
$$k_E(\vec{r},t) = \pm\sqrt{\underbrace{\left(\frac{2\pi}{\lambda}\right)^2 - \sqrt{\frac{\mu}{\varepsilon}}\frac{1}{c}\frac{\partial}{\partial t}\sigma(\vec{r},t)}_{a} - j\underbrace{\sqrt{\frac{\mu}{\varepsilon}}\frac{2\pi}{\lambda}\sigma(\vec{r},t)}_{b}}\xrightarrow{\sigma(\vec{r},t)\to 0}\frac{2\pi}{\lambda},$$
$$k_B(\vec{r},t) = \pm\sqrt{\underbrace{\left(\frac{2\pi}{\lambda}\right)^2 - \sqrt{\frac{\mu}{\varepsilon}}\vec{\nabla}\times\sigma(\vec{r},t)}_{a} - j\underbrace{\sqrt{\frac{\mu}{\varepsilon}}\frac{2\pi}{\lambda}\sigma(\vec{r},t)}_{b}}\xrightarrow{\sigma(\vec{r},t)\to 0}\frac{2\pi}{\lambda}.$$

Hierin weist der Einheitsvektor $\vec{e}_{k,i}$, $i \in \{E, B\}$, in Strahlrichtung und für die Wurzel einer komplexen Zahl gilt sowohl $(a - jb)^{1/n} = r^{1/n}\cos(\varphi/n) - j\, r^{1/n}\sin(\varphi/n)$ mit $r = \sqrt{a^2 + b^2}$ und $\varphi = \arctan(b/a)$ als auch $(a - jb)^{1/n} = \exp(\ln(a - jb)/n)$ mit $n = 2$.

Der Realteil von k_E bzw. k_B beschreibt die Schwingung, der Imaginärteil die Dämpfung der Welle im metallischen oder halbleitenden Material.

Ist die Leitfähigkeit $\sigma(\vec{r},t)$ vom Ort $\vec{r}$ unabhängig, so vereinfacht sich k_B in Gl. (3.1.46) um den zweiten Term im Realteil a. Für diesen Fall ist wegen

(3.1.47) $\quad \sigma(\vec{r},t) = \dfrac{1}{\rho(\vec{r},t)}$

auch die Telegraphengleichung Gl. (3.1.44) für die elektrische Feldstärke homogen und damit Gl. (3.1.45) mit Gl. (3.1.46) die komplette Lösung der Telegraphengleichungen. Sind jedoch $\sigma(\vec{r},t)$ und damit $\rho(\vec{r},t)$ vom Ort $\vec{r}$ abhängig, dann ist die Lösungsfunktion für die elektrische Feldstärke aus Gl. (3.1.45) noch um den Summanden der partikulären Lösung zur inhomogenen Differentialgleichung zu ergänzen.

Ist die Leitfähigkeit $\sigma(\vec{r},t)$ von der Zeit t unabhängig, so vereinfacht sich k_E in Gl. (3.1.46) um den zweiten Term im Realteil a.

Wären auch die Dielektrizitätskonstante ε' und die Permeabilität μ' vom Ort und der Zeit abhängig, dann wären diese Abhängigkeiten bei der Ableitung der Telegraphengleichungen aus den Maxwell-Gleichungen zu berücksichtigen. Die Telegraphengleichungen wären dann um einige Summanden reichhaltiger und die Lösung der Telegraphengleichungen dem entsprechend umfangreicher.

Für den **Spezialfall, dass** $\sigma(\vec{r},t) = \sigma$, $\rho(\vec{r},t) = \rho$, $\mu'(\vec{r},t) = \mu'$ und $\varepsilon'(\vec{r},t) = \varepsilon'$, d.h. lediglich die elektrische Feldstärke $\vec{E}(\vec{r},t)$ und die magnetische Flussdichte $\vec{B}(\vec{r},t)$ von Raum und Zeit abhängen, alle anderen Größen jedoch unabhängig davon sind, ergeben sich die Telegraphengleichungen zu

(3.1.48)
$$\left[\vec{\nabla}^2 - \dfrac{1}{c^2}\dfrac{\partial^2}{\partial t^2} - \sqrt{\dfrac{\mu'\mu_0}{\varepsilon'\varepsilon_0}}\dfrac{1}{c}\sigma\dfrac{\partial}{\partial t}\right]\vec{E}(\vec{r},t) = 0,$$
$$\left[\vec{\nabla}^2 - \dfrac{1}{c^2}\dfrac{\partial^2}{\partial t^2} - \sqrt{\dfrac{\mu'\mu_0}{\varepsilon'\varepsilon_0}}\dfrac{1}{c}\sigma\dfrac{\partial}{\partial t}\right]\vec{B}(\vec{r},t) = 0.$$

Hiermit sind diese beiden Differentialgleichungen für das elektrische- und das magnetische Feld nicht mehr nur entkoppelt, sondern darüber hinaus auch noch identisch. Der Lösungsansatz

(3.1.49)
$$\vec{E}(\vec{r},t) = \vec{E}_o e^{j(\vec{k}\cdot\vec{r}\mp\omega t)},$$
$$\vec{B}(\vec{r},t) = \vec{B}_o e^{j(\vec{k}\cdot\vec{r}\mp\omega t)}$$

mit $c = 1/\sqrt{\varepsilon\mu}$ und $\omega/c = 2\pi/\lambda$ führt dann zu

$$\vec{k} = k\cdot\vec{e}_k = (k_S - jk_D)\cdot\vec{e}_k,$$

$$k = \pm\sqrt{\left(\dfrac{2\pi}{\lambda}\right)^2 \mp j\sqrt{\dfrac{\mu}{\varepsilon}}\dfrac{2\pi}{\lambda}\sigma},$$

(3.1.50) $$k_S = \pm\frac{2\pi}{\lambda}\left(1+\frac{\mu}{\varepsilon}\left(\frac{\lambda\sigma}{2\pi}\right)^2\right)^{1/4}\cos\left(\frac{1}{2}\arctan\left(\sqrt{\frac{\mu}{\varepsilon}}\frac{\lambda\sigma}{2\pi}\right)\right)\xrightarrow{\sigma\to 0}\pm\frac{2\pi}{\lambda},$$

$$k_D = \pm\frac{2\pi}{\lambda}\left(1+\frac{\mu}{\varepsilon}\left(\frac{\lambda\sigma}{2\pi}\right)^2\right)^{1/4}\sin\left(\frac{1}{2}\arctan\left(\sqrt{\frac{\mu}{\varepsilon}}\frac{\lambda\sigma}{2\pi}\right)\right)\xrightarrow{\sigma\to 0}0.$$

Mit den trigonometrischen Beziehungen $\cos\alpha/2 = \pm\sqrt{(1+\cos\alpha)/2}$, $\sin\alpha/2 = \pm\sqrt{(1-\cos\alpha)/2}$ und $\cos\alpha = \cos(\arctan x) = 1/\sqrt{1+x^2}$ ($\sin\alpha = \sin(\arctan x) = x/\sqrt{1+x^2}$) folgt schließlich für die **Wellenzahlen des Schwingungs- und Dämpfungsanteils**

(3.1.51)
$$k_S = \frac{2\pi}{\lambda}\frac{1}{\sqrt{2}}\sqrt{\sqrt{1+\frac{\mu}{\varepsilon}\left(\frac{\lambda\sigma}{2\pi}\right)^2}+1}\xrightarrow{\sigma\to 0}\frac{2\pi}{\lambda},$$

$$k_D = \frac{2\pi}{\lambda}\frac{1}{\sqrt{2}}\sqrt{\sqrt{1+\frac{\mu}{\varepsilon}\left(\frac{\lambda\sigma}{2\pi}\right)^2}-1}\xrightarrow{\sigma\to 0}0.$$

Damit tritt eine Dämpfung der elektromagnetischen Welle in diesem Zusammenhang nur dann auf wenn freibewegliche Ladungen in der Materie enthalten sind, d.h. vorwiegend bei Metallen und Halbleitern, da hier die Leitfähigkeit σ von null verschieden ist. Von physikalischem Interesse sind Lösungen der Form

(3.1.52)
$$\vec{E}(\vec{r},t) = \vec{E}_o e^{-\vec{k}_D\cdot\vec{r}}e^{j(\vec{k}_S\cdot\vec{r}\mp\omega t)},$$
$$\vec{B}(\vec{r},t) = \vec{B}_o e^{-\vec{k}_D\cdot\vec{r}}e^{j(\vec{k}_S\cdot\vec{r}\mp\omega t)}$$

für positives $\vec{k}_D\cdot\vec{r}$. Dies, da abhängig von der Dämpfungskonstanten k_D mit zunehmender Distanz r die Amplitude der elektrischen Feldstärke $\vec{E}(\vec{r},t)$ bzw. der magnetischen Flussdichte $\vec{B}(\vec{r},t)$ im Medium abnimmt. Mit anderen Worten: Durchsetzt eine elektromagnetische Welle ein Metall oder einen Halbleiter, so wird ein Teil der elektromagnetischen Welle durch Wechselwirkung mit Ladungsträgern absorbiert – derart, dass $\vec{E}(\vec{r},t)$ bzw. $\vec{B}(\vec{r},t)$ vom Material- k_D und der Schichtdicke r abhängig in ihrem Betrag reduziert werden.

Beträgt also die **Strahlungsleistung** $P_{t,j}$ bei Eintritt in die Schicht, d.h. bei $\vec{r}=\vec{0}$, entsprechend Gl. (3.1.31) noch

(3.1.53) $$P_{t,j}(\vec{0}) = \frac{1}{2}\sqrt{\frac{\varepsilon_t}{\mu_t}}\vec{E}_{t,j,0}^2 A\cos\theta_t, \quad j\in\{\perp,\|\},$$

dann ist sie bei $\vec{r}\neq\vec{0}$ bereits auf

(3.1.54) $$P_{t,j}(\vec{r}) = \frac{1}{2}\sqrt{\frac{\varepsilon_t}{\mu_t}}\vec{E}_{t,j,0}^2 e^{-2\vec{k}_D \cdot \vec{r}} A\cos\theta_t, \quad j \in \{\perp, \|\},$$

abgefallen. Für den **Transmissionsgrad T$_{\#,t}$(r) einer elektromagnetischen Welle durch das Volumen (Bulk) einer endlich dicken Schicht** erhält man

(3.1.55) $$T_{\#,t,j}(\vec{r}) = \frac{P_{t,j}(\vec{r})}{P_{t,j}(0)} = e^{-2\vec{k}_D \cdot \vec{r}} = e^{-\vec{\alpha}_\# \cdot \vec{r}}, \quad j \in \{\perp, \|\}.$$

Treten Lichtquanten (Photonen) in eine Schicht ein, dann werden diese masselosen Austauschteilchen der elektromagnetischen Wechselwirkung die Schicht entweder unbehelligt passieren (transmittieren T$_\#$) oder die Valenz- bzw. Leitungselektronen energetisch an- bzw. abregen. Dabei verlieren die Photonen i.a. ihre gesamte Energie und werden somit absorbiert (A$_\#$). Daraus ergibt sich die physikalisch komplette Bilanzgleichung $1 = A_\# + T_\#$; eine Reflexion tritt effektiv nicht auf. Mit dieser und Gl. (3.1.55) erhält man für den **Absorptionsgrad A$_{\#,j}$ der Schicht**

(3.1.56) $$A_{\#,j}(\vec{r}) = 1 - T_{\#,t,j}(\vec{r}) = 1 - e^{-2\vec{k}_D \cdot \vec{r}} = 1 - e^{-\vec{\alpha}_\# \cdot \vec{r}}, \quad j \in \{\perp, \|\},$$

wobei $\alpha_\#$ als **Absorptionskoeffizient** bezeichnet wird, vgl. Gl. (3.1.50).

Ergänzend zu den Reflexions- $R_{/j}$ und Transmissionsgraden $T_{/j}$ für die Grenzflächen zwischen zwei Schichten, vgl. Gl. (3.1.32) und Gl. (3.1.33), besitzen wir mit dem Transmissionsgrad bzw. Absorptionsgrad $T_{\#,j}, A_{\#,j}, \quad j \in \{\perp, \|\}$ des Volumens einer Schicht, Gl. (3.1.55) bzw. Gl. (3.1.56), alle nötigen Voraussetzungen um die Reflexions- und Transmissionsspektren von Schichtsystemen mathematisch zu beschreiben.

Bemerkung: Gl. (3.1.56) läßt sich alternativ auch über das **Lambertsche Gesetz** herleiten, d.h. die Absorption von Photonen (Absorptionskoeffizient α$_{Sch}$) in einer Schicht der Dicke d$_{Sch}$ ist von der Energie E der Photonen abhängig und folgt nach Lambert der Beziehung

(3.1.57) $$dE = \alpha_{Sch} E\, dx.$$

Durch Integration nach Separation der Variablen von der Energie der einfallenden Welle E$_e$ zur Energie der transmittierten Welle E$_t$ erhält man analog zu Gl. (3.1.55) und Gl. (3.1.56)

(3.1.58) $$\int_{E_e}^{E_t}\frac{dE}{E} = \alpha_{Sch}\int_0^{d_{Sch}} dx$$
$$\frac{E_t}{E_e} = \frac{E_e - E_{A,\#}}{E_e} = T_\# = 1 - A_\# = e^{-\alpha_{Sch} d_{Sch}}.$$

Analysen für Chalkogenid-Dünnschicht-Solarzellen | 33

Bemerkung: Wir betrachten den Spezialfall, dass die elektrische Leitfähigkeit $\sigma(\vec{r},t) = \sigma$, der spezifische elektrische Widerstand $\rho(\vec{r},t) = \rho$ und die Induktionskonstante $\mu(\vec{r},t) = \mu_0$ zeitunabhängig sind. Neben der **Zeitabhängigkeit der Dielektrizitätskonstanten** $\varepsilon(\vec{r},t) = \varepsilon(t)$ seien noch die elektrische Feldstärke $\vec{E}(\vec{r},t)$ und die magnetische Flussdichte $\vec{B}(\vec{r},t)$ von Raum und Zeit abhängig. Unter diesen Voraussetzungen ergeben sich die Telegraphengleichungen zu

(3.1.59)
$$\left[\vec{\nabla}^2 - \frac{1}{c^2}\frac{\partial^2}{\partial t^2} - \sqrt{\frac{\mu_0}{\varepsilon}}\frac{1}{c}\sigma\frac{\partial}{\partial t}\right]\vec{E}(\vec{r},t) = 0,$$
$$\left[\vec{\nabla}^2 - \frac{1}{c^2}\frac{\partial^2}{\partial t^2} - \sqrt{\frac{\mu_0}{\varepsilon}}\frac{1}{c}\sigma\frac{\partial}{\partial t}\right]\vec{B}(\vec{r},t) = 0.$$

Mit $\sigma = \partial\varepsilon/\partial t$ und $c = 1/\sqrt{\varepsilon\mu_0}$ gilt

(3.1.60)
$$\left[\vec{\nabla}^2 - \mu_0\varepsilon\frac{\partial^2}{\partial t^2} - \frac{1}{\varepsilon}\frac{\partial\varepsilon}{\partial t}\frac{\partial}{\partial t}\right]\vec{E}(\vec{r},t) = 0,$$
$$\left[\vec{\nabla}^2 - \mu_0\varepsilon\frac{\partial^2}{\partial t^2} - \frac{1}{\varepsilon}\frac{\partial\varepsilon}{\partial t}\frac{\partial}{\partial t}\right]\vec{B}(\vec{r},t) = 0.$$

Verwendet wurde, dass die Bewegung einer Elementarladung innerhalb einer Einheitszelle einerseits einer widerstandsbehafteten Leitung $R = U/I = \rho\, d/A$, andererseits einer Umladung der Kapazität der Einheitszelle $C = Q/U = \varepsilon\, A/d$ entspricht. Berücksichtigt man noch, dass $I = Q/t$ und $\sigma = 1/\rho$ sind, dann gilt $\sigma = \varepsilon/t$.

Der Lösungsansatz

(3.1.61)
$$\vec{E}(\vec{r},t) = \vec{E}_o e^{j(\vec{k}\cdot\vec{r}\mp\omega t)},$$
$$\vec{B}(\vec{r},t) = \vec{B}_o e^{j(\vec{k}\cdot\vec{r}\mp\omega t)}$$

führt dann zu

(3.1.62)
$$k^2 = \mu_0\varepsilon\omega^2 + j\omega\frac{1}{\varepsilon}\frac{\partial\varepsilon}{\partial t},$$

Dies ist eine Bernoullische Differentialgleichung (DGL) (benannt nach dem niederländisch/deutschen Mathematiker Jakob Bernoulli) für die Dielektrizitätskonstante ε als Funktion der Zeit t, welche sich in die Form

(3.1.63) $$\frac{\partial z}{\partial t} + j\frac{k^2}{\omega}z = j\mu_0\omega$$

bringen lässt. Dies nun ist wiederum eine lineare DGL 1. Ordnung, die zu $z = \mu_0\omega^2/k^2$ gelöst werden kann. Die Lösung der ursprünglichen Bernoullischen DGL ergibt sich dann zu $\varepsilon = 1/z = k^2/\mu_0\omega^2$ oder $\omega/k = 1/\sqrt{\varepsilon\mu_0}$. Dies entspricht Gl. (3.1.6) $c = \lambda v = 1/\sqrt{\varepsilon\mu_0}$, mit $k = 2\pi/\lambda$ und $\omega = 2\pi v$. Damit wurde gezeigt, dass die verwendeten Telegraphengleichungen auch für ausschließlich zeitabhängige Dielektrizitätskonstanten gültig bleiben.

Für alle weiteren Orts- und Zeitabhängigkeiten der physikalischen Größen: elektrische Leitfähigkeit $\sigma(\vec{r},t)$, spezifischer elektrischer Widerstand $\rho(\vec{r},t)$, Induktionskonstante $\mu(\vec{r},t)$ und Dielektrizitätskonstante $\varepsilon(\vec{r},t) = \varepsilon(\vec{r})$ behalten die Telegraphengleichungen nicht zwingend diese einfache Form, vgl. die Diskussion zu Gl. (3.1.46) bis Gl. (3.1.48).

3.2 UV/Vis/NIR-Spektroskopie an Ein- und Zwei-Schicht-Systemen

3.2.1 Physikalische Größen für Ein-Schicht-Systeme

- **Das System der Reflexions- R$_{Sch}$ und Transmissionsgrade T$_{Sch}$**

Um einen weitestgehend exakten Ansatz für die Amplitudenfunktionen eines **Ein-Schicht-Systems** zu machen verwendet man die Reflexions- R$_/$ und Transmissionsgrade T$_/$ an den Grenzflächen zwischen zwei Schichten nach Gl. (3.1.32) und Gl. (3.1.33) sowie den Transmissionsgrad T$_\#$ oder den Absorptionsgrad A$_\#$ im Volumen (Bulk) einer Schicht nach Gl. (3.1.55) oder Gl. (3.1.56).
Nun teilt man dieses Ein-Schicht-System in **drei Bereiche** – in den *Bereich in den der einfallende e Strahl von der Schicht reflektiert r wird*, den *Bereich der Schicht Sch* und den *Bereich in den der Strahl transmittiert t wird*. Dann wird der einfallende Strahl zuerst auf die Grenzfläche zwischen Medium und Schicht fallen, wo er reflektiert R$_{/,eSch}$ und transmittiert T$_{/,eSch}$ wird. der durch die Grenzfläche transmittierte Strahl passiert dann das Volumen der Schicht wo er teilweise wellenlängenabhängig Absorbiert A$_{\#,Sch}$ wird aber teilweise auch ungehindert transmittieren T$_{\#,Sch}$ kann. Der bereits durch die erste Grenzfläche T$_{/,eSch}$ und das Volumen transmittierte T$_{\#,Sch}$ Anteil des Lichtstrahls kann nun an der zweiten Grenzfläche wiederum reflektiert R$_{/,Scht}$ oder transmittiert T$_{/,Scht}$ werden, usw.
Zieht man nun eine erste Bilanz, dann wird vom einfallenden Strahl der Anteil R$_{/,eSch}$ von der Schicht reflektiert, verbleibt der Anteil T$_{/,eSch}$A$_{\#,Sch}$ des einfallenden Strahls in der Schicht und transmittiert der Anteil T$_{/,eSch}$T$_{\#,Sch}$T$_{/,Scht}$ des einfallenden Strahls durch die Schicht. Die Systematik dieses und des weiteren Strahlverlaufs ist in Abb. 3.2.1 und Tab. 3.2.1 veranschaulicht. Summiert man über alle Anteile auf der Reflexionsseite der Schicht, so erhält man die gesamte meßbare Reflexion R$_{Sch}$. Summiert man über alle Anteile auf der

Analysen für Chalkogenid-Dünnschicht-Solarzellen | 35

Transmissionsseite der Schicht, so erhält man die gesamte meßbare Transmission T_{Sch}. Die Absorption ergibt sich dann über die Bilanzgleichung, Gl. (3.2.2).

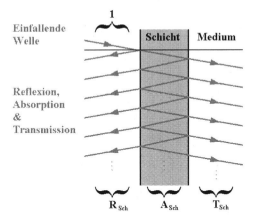

Abb. 3.2.1: Systemskizze zur Bestimmung der Reflexionsgrade R_{Sch}, Absorptionsgrade A_{Sch} und Transmissionsgrade T_{Sch} aus der Summe aller Teilreflexionen, Teilabsorptionen und Teiltransmissionen.

Tab. 3.2.1: Systematische Berechnung der messbaren Reflexions- R_{Sch} und Transmissionsgrade T_{Sch} sowie der Absorptionsgrade A_{Sch} entsprechend dem Strahlverlauf für ein Ein-Schicht-System. Zugrunde gelegt werden die Reflexions- $R_/$ und Transmissionsgrade $T_/$ an den Grenzflächen zwischen zwei Schichten und die Transmissions- $T_\#$ bzw. Absorptionsgrade $A_\#$ in einer Schicht.

einfallend e / reflektiert r	Schicht Sch		transmittiert t	Bereich / Näherungen
$R_0 = R_{/,eSch}$				$p_0=0$
		$A_{1,1} = T_{/,eSch} A_{\#,Sch}$	$T_1 = T_{/,eSch} T_{\#,Sch} T_{/,Scht}$	
$R_1 = T_{/,eSch} T_{\#,Sch}^2 R_{/,Scht} T_{/,Sche}$	$A_{1,2} = T_{/,eSch} T_{\#,Sch} A_{\#,Sch} R_{/,Scht}$			
		$A_{2,1} = T_{/,eSch} T_{\#,Sch}^2 A_{\#,Sch} R_{/,Scht} R_{/,Sche}$	$T_2 = T_{/,eSch} T_{\#,Sch}^3 R_{/,Scht} R_{/,Sche} T_{/,Scht}$	$p_0=1$
$R_2 = T_{/,eSch} T_{\#,Sch}^4 R_{/,Scht}^2 R_{/,Sche} T_{/,Sche}$	$A_{2,2} = T_{/,eSch} T_{\#,Sch}^3 A_{\#,Sch} R_{/,Scht}^2 R_{/,Sche}$			
		$A_{3,1} = T_{/,eSch} T_{\#,Sch}^4 A_{\#,Sch} R_{/,Scht}^2 R_{/,Sche}^2$	$T_3 = T_{/,eSch} T_{\#,Sch}^5 R_{/,Scht}^2 R_{/,Sche}^2 T_{/,Scht}$	$p_0=2$
$R_{Sch} = \Sigma R_i$	$A_{Sch} = \Sigma A_{i,j}$		$T_{Sch} = \Sigma T_i$	

36 | Theorie

Somit sind die direkten Messgrößen **Reflexion R$_{Sch}$** *und* **Transmission T$_{Sch}$** *von den theoretischen Größen der Grenzflächen R$_{l}$, T$_{l}$ und des Volumens* $T_{\#,Sch} = 1 - A_{\#,Sch}$ *der Schicht abhängig, und zwar nach*

(3.2.1)
$$R_{Sch} = R_{l,eSch} + T_{l,eSch}T_{l,Sche}T_{\#,Sch}^2 R_{l,Scht} \sum_{p=0}^{p_0} \left(T_{\#,Sch}^2 R_{l,Scht} R_{l,Sche}\right)^p$$
$$= R_{l,eSch} + T_{l,eSch}T_{l,Sche}T_{\#,Sch}^2 R_{l,Scht} \int_0^{p_0} \left(T_{\#,Sch}^2 R_{l,Scht} R_{l,Sche}\right)^p dp$$
$$= R_{l,eSch} + T_{l,eSch}T_{l,Sche}T_{\#,Sch}^2 R_{l,Scht} \frac{\left(T_{\#,Sch}^2 R_{l,Scht} R_{l,Sche}\right)^{p_0}}{\ln\left(T_{\#,Sch}^2 R_{l,Scht} R_{l,Sche}\right)}$$
$$\approx R_{l,eSch} + T_{l,eSch}T_{l,Sche}T_{\#,Sch}^2 R_{l,Scht} \frac{\left(T_{\#,Sch}^2 R_{l,Scht} R_{l,Sche}\right)^{p_0}}{T_{\#,Sch}^2 R_{l,Scht} R_{l,Sche} - 1},$$
$$T_{Sch} = T_{l,eSch}T_{\#,Sch}T_{l,Scht} \sum_{p=0}^{p_0} \left(T_{\#,Sch}^2 R_{l,Scht} R_{l,Sche}\right)^p$$
$$= T_{l,eSch}T_{\#,Sch}T_{l,Scht} \frac{\left(T_{\#,Sch}^2 R_{l,Scht} R_{l,Sche}\right)^{p_0}}{\ln\left(T_{\#,Sch}^2 R_{l,Scht} R_{l,Sche}\right)}$$
$$\approx T_{l,eSch}T_{\#,Sch}T_{l,Scht} \frac{\left(T_{\#,Sch}^2 R_{l,Scht} R_{l,Sche}\right)^{p_0}}{T_{\#,Sch}^2 R_{l,Scht} R_{l,Sche} - 1},$$

wobei $\sum_{p=0}^{p_0} f(p) \xrightarrow{\Delta p \to dp \to 0} \int_{p=0}^{p_0} f(p)dp$, $\int_{p=0}^{p_0} a^p dp = a^{p_0}/\ln a$ und die Reihenentwicklung $\ln a = \sum_n (-1)^{n+1}(a-1)^n/n$, $a \in \left]0;2\right]$, $n \in IN$ verwendet wurden.

Mit zunehmender Ordnung p geht die Summe $\sum_{p=0}^{p_0} \left(T_{\#,Sch}^2 R_{l,Scht} R_{l,Sche}\right)^p$ in Gl. (3.2.1) monoton steigend gegen einen Grenzwert. Für die Praxis ist p_0 so zu wählen, dass der Einfluss des Summanden $\left(T_{\#,Sch}^2 R_{l,Scht} R_{l,Sche}\right)^{p_0}$ auf die Gesamtwerte der Reflexion R$_{Sch}$ und Transmission T$_{Sch}$ kleiner als der Meßfehler wird.

Messbar sind hier im Allgemeinen, da ausserhalb der Schicht zugänglich, die gesamte Reflexion R$_{Sch}$ unter Verwendung einer Integrationskugel und die gesamte Transmission T$_{Sch}$. Rechnerisch ergibt sich daraus die **Absorption A$_{Sch}$** innerhalb der Schicht mit der **Bilanzgleichung** [3.3, 3.4]

(3.2.2)
$$100\% = 1 = R_{Sch} + A_{Sch} + T_{Sch},$$
$$A_{Sch} = 1 - (R_{Sch} + T_{Sch}).$$

Im Falle von Reflexion R$_{Sch}$ und Transmission T$_{Sch}$ bleibt die optische Energie auch als solche erhalten und kann gemessen werden. Lediglich die absorbierte optische Energie wird in elektrische- und Wärmeenergie umgewandelt. Da die Absorption von Photonen ohne Beschränkung der Allgemeinheit ausschließlich im Volumen der Schicht erfolgt, kann für den gesamten **Absorptionskoeffizienten der Schicht** analog zu Gl. (3.1.56) folgender Ansatz verwendet werden

$$1 - A_{Sch} = e^{-\alpha_{Sch} d_{Sch}},$$

(3.2.3) $\quad \alpha_{Sch} = \dfrac{1}{d_{Sch}} \ln\left(\dfrac{1}{1-A_{Sch}}\right) = \dfrac{1}{d_{Sch}} \ln\left(\dfrac{1}{R_{Sch}+T_{Sch}}\right) \xrightarrow{R_{Sch}+T_{Sch}\to 1} 0,$

$$\xrightarrow{R_{Sch}\to 0} \dfrac{1}{d_{Sch}} \ln\left(\dfrac{1}{T_{Sch}}\right), \quad \xrightarrow{T_{Sch}\to 0} \dfrac{1}{d_{Sch}} \ln\left(\dfrac{1}{R_{Sch}}\right).$$

Damit lässt sich der Absorptionskoeffizient bei bekannter Schichtdicke d_{Sch} (s.u.) aus den Meßwerten R_{Sch} und T_{Sch} bestimmen.

Beispiele: Gemessene Spektren für einen Silizium Wafer (Si) und ein Bor-Silikat-Glas (BSG) sind in Abb. 3.2.2 zu sehen.
Beim *Silizium Wafer* wird im *ultravioletten Bereich des Spektrums (UV, λ = 1nm-380nm)* etwa 90% der einfallenden Leistung reflektiert, 10% wird absorbiert und nichts mehr transmittiert. Im *sichtbaren Bereich (Vis, λ = 381nm-780nm)* wird Licht bis zu 65% absorbiert, der Rest wird reflektiert, nichts wird transmittiert. Somit kann angenommen werden, dass die Absorption des Lichtes innerhalb einer dünnen Oberflächenschicht erfolgt. Die Absorptionsbandkante liegt im *nahen infraroten Bereich (NIR, λ = 781nm-1400nm)* bei einer Wellenlänge von etwa λ_g = 1100nm oder einer Energie von E_g = hc/λ = 1.1eV. Für höhere Wellenlängen werden etwa 50% der einfallenden elektromagnetischen Wellen reflektiert, etwa gleichviel transmittiert und nichts absorbiert.
Bor-Silikat-Glas (BSG) absorbiert etwa 90% der Photonen im UV Bereich, nichts im sichtbaren und NIR-Bereich bis zu λ = 2750nm und etwa 30% im NIR-Bereich über λ = 2750nm. Konstant 8% des einfallenden Lichts werden über das gesamte Spektrum *reflektiert*. Folgerichtig werden nach Gl. (3.2.2) etwa 2% des Lichts im UV-Bereich bis λ_g = 290nm und 92% im UV-, sichtbaren und NIR-Bereich zwischen λ = 291nm und λ = 2750nm transmittiert sowie 62% im NIR-Bereich über λ = 2750nm.

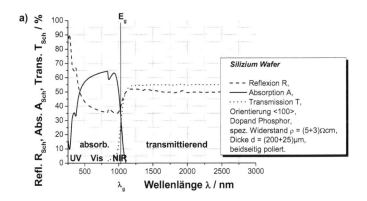

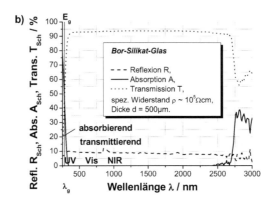

Abb. 3.2.2: Reflektions- R_{Sch}, Transmissions- T_{Sch} und Absorptionsspektren A_{Sch} für **a)** einen 2 Zoll n-dotierten Silizium Wafer und **b)** ein Bor-Silikat-Glas. Zu sehen sind der ultraviolette (UV), sichtbare (Vis = visible) und der nahe infrarote (NIR) Bereich des Spektrums genauso wie die Wellenlänge λ_g, welche die Bandkante zwischen absorbierendem und transmittierendem Bereich markiert. Deutlich erkennbar ist die Gültigkeit der Bilanzgleichung Gl. (3.2.2).

♦

- **Brechungsindizes** n_{Sch}/n_e

Betrachten wir uns nochmals Gl. (3.2.1). Es ist zu erkennen, dass die beiden messbaren Größen Reflexion R_{Sch} und Transmission T_{Sch} wohldefiniert von den Reflexions- $R_/$ und Transmissionsgraden $T_/$ der Grenzflächen nach Gl. (3.1.32) und Gl. (3.1.33) und vom Absorptionsgrad $A_\#$ des Volumens der Schicht nach Gl. (3.1.56) abhängen. Diese wiederum sind Funktionen des Brechungsindexes n_{Sch}/n_e der Schicht und des Mediums in dem sich die Schicht befindet sowie Funktionen des Absorptionskoeffizienten α_{Sch}.

R_{Sch} und T_{Sch} aus Gl. (3.2.1) bilden somit ein transzendentes 2x2 Gleichungssystem für die Größen n_{Sch}/n_e und α_{Sch}. Dieses ist jedoch schwer lösbar. Nützlich ist jedoch, dass die Gleichung für die messbare Transmission in die Gleichung für die messbare Reflexion für ein Ein-Schicht-System wegen $T_{/,Sche} = T_{/,Scht}$ und $R_{/,eSch} = R_{/,Scht}$ einsetzbar ist. Es folgt

(3.2.4)
$$R = R_{/,eSch}\left(1 + T_{\#,Sch} T\right)$$
$$= r_{eSch,j}^2 \left(1 + T e^{-\alpha_{Sch} d_{Sch} \cos\theta_e}\right), \quad j \in \{\perp, \|\}.$$

wobei die Fresnelschen Gleichungen Gl. (3.1.18) und Gl. (3.1.20) mit $\sin\theta_{Sch} = (n_e/n_{Sch})\sin\theta_e$ und $\cos\theta_{Sch} = \sqrt{1 - \sin^2\theta_e}$

Analysen für Chalkogenid-Dünnschicht-Solarzellen | 39

(3.2.5) $$r_\perp = \frac{(n_e/\mu_e)\cos\theta_e - (n_{Sch}/\mu_{Sch})\sqrt{1-(n_e/n_{Sch})^2\sin^2\theta_e}}{(n_e/\mu_e)\cos\theta_e + (n_{Sch}/\mu_{Sch})\sqrt{1-(n_e/n_{Sch})^2\sin^2\theta_e}}$$

(3.2.6) $$r_\parallel = -\frac{(n_e/\mu_e)\sqrt{1-(n_e/n_{Sch})^2\sin^2\theta_e} - (n_{Sch}/\mu_{Sch})\cos\theta_e}{(n_e/\mu_e)\sqrt{1-(n_e/n_{Sch})^2\sin^2\theta_e} + (n_{Sch}/\mu_{Sch})\cos\theta_e}$$

zu berücksichtigen sind. Für das hier betrachtete Ein-Schicht-System ist auch $n_e = n_t \neq n_{Sch}$ anzunehmen. Handelt es sich um eine Schicht, deren Magnetismus den Verlauf der elektromagnetischen Lichtwelle nicht beeinflusst, dann ist $\mu_{Sch} = 1$ zu setzen – gleiches gilt für die Induktionskonstante μ_e des Mediums. α_{Sch} ist der Absorptionskoeffizient und $d_{Sch}\cos\theta_e$ ist die effektive Schichtdicke.

Für den **Spezialfall des senkrechten Lichteinfalls** $\theta_e \in [0°,...,10°]$ werden die Amplitudenkoeffizienten $T_/$ und $R_/$ vergleichsweise einfach und es gilt für die Messgrößen Reflexion R_{Sch} und Transmission T_{Sch} entsprechend Gl. (3.2.1)

(3.2.7)
$$R_{Sch} = \left(\frac{n_{Sch}/n_e - 1}{n_{Sch}/n_e + 1}\right)^2 \left(1 + \sum_{p=0}^{p_0}\left(\frac{4n_{Sch}/n_e}{(n_{Sch}/n_e + 1)^2}\right)\left(\frac{n_{Sch}/n_e - 1}{n_{Sch}/n_e + 1}\right)^{4p} e^{-2(p+1)\alpha_{Sch}d_{Sch}}\right),$$

$$T_{Sch} = \sum_{p=0}^{p_0}\left(\frac{4n_{Sch}/n_e}{(n_{Sch}/n_e + 1)^2}\right)^2 \left(\frac{n_{Sch}/n_e - 1}{n_{Sch}/n_e + 1}\right)^{4p} e^{-(2p+1)\alpha_{Sch}d_{Sch}}.$$

Durch Einsetzen von T_{Sch} in R_{Sch} erhält man

(3.2.8) $$R_{Sch} = \left(\frac{n_{Sch}/n_e - 1}{n_{Sch}/n_e + 1}\right)^2 \left(1 + T_{Sch}\, e^{-\alpha_{Sch}d_{Sch}}\right)$$

oder aufgelöst nach dem Brechungsindexquotienten n_{Sch}/n_e bzw. dem Absorptionskoeffizienten α_{Sch}

(3.2.9) $$\frac{n_{Sch}}{n_e} = \frac{\sqrt{1 + T_{Sch}\, e^{-\alpha_{Sch}d_{Sch}}} + \sqrt{R_{Sch}}}{\sqrt{1 + T_{Sch}\, e^{-\alpha_{Sch}d_{Sch}}} - \sqrt{R_{Sch}}},$$

(3.2.10)
$$\alpha_{Sch} = -\frac{1}{d_{Sch}}\ln\left(\left(\frac{n_{Sch}/n_e + 1}{n_{Sch}/n_e - 1}\right)^2 \frac{R_{Sch}}{T_{Sch}} - \frac{1}{T_{Sch}}\right)$$
$$= \frac{1}{d_{Sch}}\ln\left(\left(\frac{n_{Sch}/n_e + 1}{n_{Sch}/n_e - 1}\right)^2 \frac{R_{Sch}}{T_{Sch}} - \frac{1}{T_{Sch}}\right)^{-1}.$$

Setzt man n_{Sch}/n_e und α_{Sch} aus Gl. (3.2.9) und Gl. (3.2.10) wiederum in T$_{Sch}$ aus Gl. (3.2.7) ein, so wird das Gleichungssystem Gl. (3.2.7) für den Brechungsindexquotienten n_{Sch}/n_e und den Absorptionskoeffizienten α_{Sch} entkoppelt. Es ist jedoch nicht nötig dieses Gleichungssystem zu lösen, da mit Gl. (3.2.3) der Absorptionskoeffizient α_{Sch} bereits aus den Messwerten R$_{Sch}$ und T$_{Sch}$ exakt bestimmt ist und der **Brechungsindex n$_{Sch}$** bei bekanntem Brechungsindex n$_e$ mit Gl. (3.2.9) durch Einsetzen von Gl. (3.2.3) näherungsfrei berechnet werden kann. Es folgt

$$(3.2.11) \qquad \frac{n_{Sch}}{n_e} = \frac{\sqrt{1+T_{Sch}(R_{Sch}+T_{Sch})}+\sqrt{R_{Sch}}}{\sqrt{1+T_{Sch}(R_{Sch}+T_{Sch})}-\sqrt{R_{Sch}}}, \xrightarrow{T\to 0} \frac{1+\sqrt{R_{Sch}}}{1-\sqrt{R_{Sch}}}.$$

Gl. (3.2.3) und Gl. (3.2.11) sind die *exakten Darstellungen* für den Absorptionskoeffizienten α_{Sch} und den Brechungsindexquotienten n_{Sch}/n_e eines Ein-Schicht-Systems bei senkrechtem Lichteinfall.

Neben diesen exakten Formulierungen lassen sich auch eine Reihe von **Näherungsverfahren** verwenden. Aus Gl. (3.2.9) ergibt sich bspw. direkt eine **Näherung für den Brechungsindex**. Für **transparente Schichten** mit vernachlässigbarer Absorption $\alpha_{Sch} \to 0$ gilt

$$(3.2.12) \qquad \frac{n_{Sch}}{n_e} = \frac{\sqrt{1+T_{Sch}e^{-\alpha_{Sch}d_{Sch}}}+\sqrt{R_{Sch}}}{\sqrt{1+T_{Sch}e^{-\alpha_{Sch}d_{Sch}}}-\sqrt{R_{Sch}}} \xrightarrow{\alpha\to 0} \frac{\sqrt{1+T_{Sch}}+\sqrt{R_{Sch}}}{\sqrt{1+T_{Sch}}-\sqrt{R_{Sch}}}.$$

Für **opake Schichten** mit sehr hohem Absorptionskoeffizienten $\alpha_{Sch} \to \infty$ folgt

$$(3.2.13) \qquad \frac{n_{Sch}}{n_e} = \frac{\sqrt{1+T_{Sch}e^{-\alpha_{Sch}d_{Sch}}}+\sqrt{R_{Sch}}}{\sqrt{1+T_{Sch}e^{-\alpha_{Sch}d_{Sch}}}-\sqrt{R_{Sch}}} \xrightarrow{\alpha\to\infty} \frac{1+\sqrt{R_{Sch}}}{1-\sqrt{R_{Sch}}}.$$

Um den Brechungsindex n$_{Sch}$ abzuschätzen muss n$_e$ bekannt sein.

Existieren **ausschließlich Reflexionsmessungen R$_{Sch}$** oder **ausschließlich Transmissionsmessungen T$_{Sch}$**, dann lassen sich folgende Näherungen verwenden. Mit $p_0 = 0$ in Gl. (3.2.7) gilt

$$R_{Sch} = \left(\frac{n_{Sch}/n_e - 1}{n_{Sch}/n_e + 1}\right)^2 \left(1 + \left(\frac{4 n_{Sch}/n_e}{(n_{Sch}/n_e + 1)^2}\right)^2 e^{-2\alpha_{Sch}d_{Sch}}\right)$$

$$\xrightarrow[d_{Sch}\to 0]{\alpha_{Sch}\to 0} \left(\frac{n_{Sch}/n_e - 1}{n_{Sch}/n_e + 1}\right)^2 \left(1 + \left(\frac{4 n_{Sch}/n_e}{(n_{Sch}/n_e + 1)^2}\right)^2\right),$$

(3.2.14)
$$T_{Sch} = \left(\frac{4n_{Sch}/n_e}{(n_{Sch}/n_e + 1)^2}\right)^2 e^{-\alpha_{Sch} d_{Sch}} \xrightarrow[d_{Sch} \to 0]{\alpha_{Sch} \to 0} \left(\frac{4n_{Sch}/n_e}{(n_{Sch}/n_e + 1)^2}\right)^2 \xrightarrow[d_{Sch} \to \infty]{\alpha_{Sch} \to \infty} \left(\frac{n_{Sch}/n_e - 1}{n_{Sch}/n_e + 1}\right)^2,$$
$$\xrightarrow[d_{Sch} \to \infty]{\alpha_{Sch} \to \infty} 0.$$

Für eine deutlich **transparente** $\alpha_{Sch} \to 0$, **unmagnetische Schicht** ergibt sich der Brechungsindex n_{Sch} bei senkrechtem Lichteinfall mit Gl. (3.2.14) zu

(3.2.15)
$$\frac{n_{Sch}}{n_e} \approx 2\left(\pm\sqrt{\frac{1}{T_{Sch}} \mp \frac{1}{\sqrt{T_{Sch}}}} \pm \frac{1}{\sqrt{T_{Sch}}} - \frac{1}{2}\right),$$

$$Sinnvoll: \frac{n_{Sch}}{n_e} \approx 2\left(-\sqrt{\frac{1}{T_{Sch}} + \frac{1}{\sqrt{T_{Sch}}}} - \frac{1}{\sqrt{T_{Sch}}} - \frac{1}{2}\right).$$

Für eine deutlich **opake** $\alpha_{Sch} \to \infty$, **unmagnetische Schicht** ist die Reflexion R_{Sch} vergleichsweise hoch, so dass

(3.2.16)
$$\frac{n_{Sch}}{n_e} \approx \frac{1 + \sqrt{R_{Sch}}}{1 - \sqrt{R_{Sch}}}$$

gilt.

Sind Schichten **weder eindeutig transparent noch eindeutig opak**, sondern eben etwa mitten drin, dann kann der Wert n_{Sch} bei bekanntem n_e als Mittelwert aus Gl. (3.2.12) und Gl. (3.2.13) bzw. aus Gl. (3.2.15) und Gl. (3.2.16) abgeschätzt werden.

Entsprechend der komplexwertigen Wellenzahlen aus Gl. (3.1.50) $\underline{k}_{Sch} = k_S - jk_D$ und dem *Snelliusschen Gesetz*

(3.2.17)
$$\frac{\sin \theta_e}{\sin \theta_{Sch}} = \frac{\underline{k}_{Sch}}{k_e} = \frac{\underline{n}_{Sch}}{n_e} = \frac{\lambda_e}{\underline{\lambda}_{Sch}} = \frac{c_e}{\underline{c}_{Sch}} = \sqrt{\frac{\underline{\varepsilon}_{Sch}\underline{\mu}_{Sch}}{\varepsilon_e \mu_e}} \neq 1$$

sind die Brechungsindizes n_{Sch}, die Wellenlängen λ_{Sch}, die Lichtgeschwindigkeiten c_{Sch} und die Quadratwurzeln der Dielektrizitätskonstanten ε_{Sch} und der Induktionskonstanten μ_{Sch} komplexe Zahlen. Um beispielsweise den Real- n_S oder Imaginärteil n_D eines Brechungsindexes zu berechnen verwendet man $n_i / |\underline{n}_{Sch}| = k_i / |\underline{k}_{Sch}| = k_i / \sqrt{k_S^2 + k_D^2}$, $i \in \{S, D\}$, es folgt

(3.2.18) $$n_i = \frac{k_i}{\sqrt{k_S^2 + k_D^2}} n_{Sch} = \frac{k_i}{\sqrt{k_S^2 + k_D^2}} \frac{n_{Sch}}{n_e} n_e, \quad i \in \{S, D\},$$

wobei mit Gl. (3.1.50) und Gl. (3.1.51) für die *Wellenzahlen* gilt

(3.2.19)
$$k_S = \frac{\pi\sqrt{2}}{\lambda_e} \frac{n_{Sch}}{n_e} \sqrt{\sqrt{1 + \frac{\mu_0}{\varepsilon_e}\left(\frac{\lambda_e \sigma_{Sch}}{2\pi}\right)^2} + 1} \xrightarrow{\sigma_{Sch} \to 0} \frac{2\pi}{\lambda_{Sch}},$$

$$k_D = \frac{\pi\sqrt{2}}{\lambda_e} \frac{n_{Sch}}{n_e} \sqrt{\sqrt{1 + \frac{\mu_0}{\varepsilon_e}\left(\frac{\lambda_e \sigma_{Sch}}{2\pi}\right)^2} - 1} \xrightarrow{\sigma_{Sch} \to 0} 0.$$

Hierin wurde für nichtmagnetische Materialien $\mu_{Sch} = \mu_e = \mu_0$ verwendet. Um nun n_S und n_D über Gl. (3.2.18) zu berechnen, benötigt man die *Beträge* der Wellenlänge λ_e, der Dielektrizitätskonstante ε_e, der Induktionskonstante μ_0 des Mediums sowie der Leitfähigkeit σ_{Sch} der Schicht. n_{Sch}/n_e kann aus Gl. (3.2.9) bis Gl. (3.2.16) entnommen werden.

Über das Snelliussche Gesetz Gl. (3.2.17) können somit auch die **komplexwertigen Lichtgeschwindigkeiten** c_{Sch}, **Dielektrizitätskonstanten** ε_{Sch} (für $\mu_e = \mu_{Sch} = \mu_0$), **Wellenzahlen** k_{Sch} und **Wellenlängen** λ_{Sch} (in) der Schicht über Gl. (3.2.9) bis Gl. (3.2.16) als Funktionen der wellenlängen- oder energieabhängigen Reflexionen R_{Sch} und Transmissionen T_{Sch} bestimmt werden, wenn die entsprechenden Größen des Mediums e um die Schicht Sch bekannt sind. Handelt es sich bei diesem Medium um Luft (Vakuum), dann erhält man die gesuchten Werte mit c_e = 299792458ms^{-1}, ε_e = 8,8542×10^{-12}As/Vm, $\mu_e = 1/(\varepsilon_e c_e^2)$, $k_e = 2\pi/\lambda_e$ und dem Messwert λ_e, von dem auch die Reflexionen R_{Sch} und Transmissionen T_{Sch} abhängen.

Beispiele: Komplexwertige Brechungsindizes für einen *Silizium Wafer* und ein *Bor-Silikat-Glas* sind in Abb. 3.2.3 und Abb. 3.2.4 als Funktion der Wellenlänge zu sehen.
Abb. 3.2.3 zeigt den *Betrag des Brechungsindexes* $|n_{Sch}|$ nach Gl. (3.2.11) und den Betrag des Brechungsindexes unter Vernachlässigung von Absorptionseffekten nach Gl. (3.2.12). Die Näherung für opake, absorbierende Materialien (Gl. (3.2.16)) behält ihre Gültigkeit für Wellenlängen unterhalb Bandkantenwellenlänge λ_g oder Energien oberhalb der Bandkantenenergie E_g, d.h. unterhalb $\lambda_g \approx$ 1100nm oder oberhalb E_g = hc/$\lambda_g \approx$ 1.1eV für Silizium und unterhalb $\lambda_g \approx$ 290nm oder oberhalb $E_g \approx$ 4,3eV für Bor-Silikat-Glas. In den jeweils anderen Bereichen kann ggf. Gl. (3.2.15) verwendet werden. Die Verwendung von Näherungsformeln für nicht dafür vorgesehene Wellenlängen- oder Energiebereiche führt zu erheblichen Fehlern in der Bestimmung des Brechungsindexes und ist in jedem Fall auszuschließen.

Analysen für Chalkogenid-Dünnschicht-Solarzellen | 43

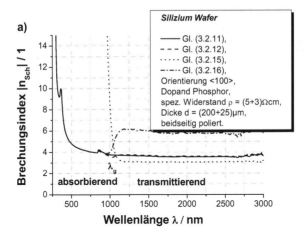

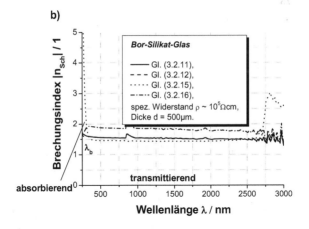

Abb. 3.2.3: Beträge der Brechungsindizes $|n_{Sch}|$ für **a)** einen 2 Zoll n-dotierten Silizium Wafer und **b)** ein Bor-Silikat-Glas. Zu sehen sind die exakten Werte nach Gl. (3.2.11) sowie die Näherungen nach Gl. (3.2.12), Gl. (3.2.15) (transparent Schichten) und Gl. (3.2.16) (opake Schichten).

Die *Real-* $n_{Sch,R}$ und *Imaginärteile* $n_{Sch,I}$ der Brechungsindizes n_{Sch} für einen n-dotierten Silizium Wafer und ein Bor-Silikat-Glas (BSG) entsprechend Gl. (3.2.18) und Gl. (3.2.19) sind in Abb. 3.2.4 zu sehen. BSG ist ein Isolator der einen hohen spezifischen Widerstand ρ_{Sch}, d.h. eine niedrige Leitfähigkeit $\sigma_{Sch} = 1/\rho_{Sch}$ aufweist. Steigende Leitfähigkeiten weisen halbleitendes Silizium oder leitende Metalle auf. Nach Gl. (3.2.19) nehmen Real- und Imaginärteile der Brechungsindizes mit steigender Leitfähigkeit des Materials zu.

44 | Theorie

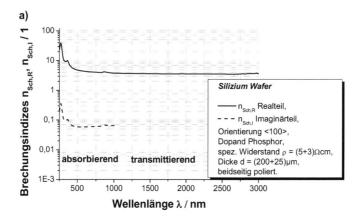

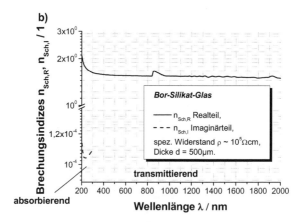

Abb. 3.2.4: Real- und Imaginäteil $n_{Sch,R}$, $n_{Sch,I}$ komplexwertiger Brechungsindizes n_{Sch} **a)** für einen halbleitenden n-dotierten Silizium Wafer und **b)** für ein Bor-Silikat-Glas.

♦

- **Bestimmung der Eindringtiefe d_{Ein}**

Bis zu welcher Tiefe die Lichtquanten (Photonen) im Mittel in die Schicht eindringen, kann über den Absorptionskoeffizienten aus Gl. (3.2.3) abgeschätzt werden. Dies, da der Absorptionskoeffizient $\alpha_{Sch} \equiv 2k_D$ nach Gl. (3.1.56) über die Wellenzahl k_D definiert wird, welche die Dämpfung der elektromagnetischen Welle in der Schicht beschreibt. Verwendet man für die Wellenzahl k_D noch Gl. (3.2.19), dann entspricht die mit Gl. (3.2.3) berechnete Schichtdicke der **effektiven Eindringtiefe** der Photonen in die Schicht.

(3.2.20)
$$d_{Ein} = \frac{1}{2k_D} \ln\left(\frac{1}{1-A_{Sch}}\right)$$
$$= \ln\left(\frac{1}{R_{Sch}+T_{Sch}}\right) \Big/ \frac{2\pi}{\lambda_e}\sqrt{2}\frac{n_{Sch}}{n_e}\sqrt{\sqrt{1+\frac{\mu_0}{\varepsilon_e}\left(\frac{\lambda_e \sigma_{Sch}}{2\pi}\right)^2}-1}.$$

Hierin sind der Reflexionsgrad R_{Sch} und der Transmissionsgrad T_{Sch} der Schicht Wellenlängen- bzw. Energieabhängig und damit auch die Eindringtiefe der Lichtquanten. Bekannt sein müssen die Dielektrizitätskonstante ε_e, die Influenzkonstante μ_0, und die Wellenlänge λ_e des Mediums sowie die elektrische Leitfähigkeit σ_{Sch} der Schicht. Der Brechungsindexquotient n_{Sch}/n_e kann aus R_{Sch} und T_{Sch} über Gl. (3.2.11), Gl. (3.2.12), Gl. (3.2.15) oder Gl. (3.2.16) berechnet werden.

Beispiele: Wir betrachten **Absorptionskoeffizienten** α_{Sch} und **Eindringtiefen** d_{Ein} für Photonen in einem *Silizium Wafer* und einem *Bor-Silikat-Glas (BSG)*. Die Imaginärteile der berechenbaren Wellenzahlen k_{Sch}, Brechungsindizes n_{Sch}, Lichtgeschwindigkeiten c_{Sch} und Dielektrizitätskonstanten ε_{Sch} sind über Gl. (3.1.56) ($\alpha_{Sch} \equiv 2k_D$) und Gl. (3.2.17) mit dem Absorptionskoeffizienten α_{Sch} verknüpft. Mittels Gl. (3.2.20) lassen sich daraus die Eindringtiefen bestimmen.

Abb. 3.2.5 zeigt die *Absorptionskoeffizienten* α_{Sch} für einen halbleitenden, n-dotierten Silizium Wafer und ein isolierendes Bor-Silikat-Glas. Mit steigender Leitfähigkeit σ_{Sch} – d.h. von isolierenden zu leitenden Materialien – steigt der Absorptionskoeffizient für die Photonen offensichtlich aufgrund zunehmender Anregung von Elektronen an. Umgekehrt, je mehr Elektronen angeregt werden, desto mehr Photonen werden absorbiert.

So zeigt Abb. 3.2.6, dass die Photonen energieabhängig innerhalb des ersten µm (*Eindringtiefe* d_{Ein}) des etwa 200µm dicken halbleitenden Silizium Wafers oder innerhalb der ersten 400µm des etwa 500µm dicken isolierenden Bor-Silikat-Glases absorbiert werden. Das BSG absorbiert somit im untersuchten Wellenlängenbereich nur UV-Licht (führt u.a. zur Vermeidung von Sonnenbrand und Hautalterung).

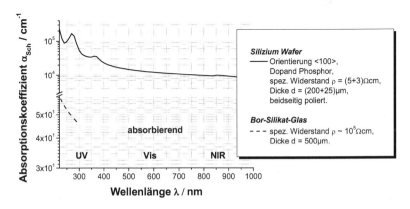

Abb. 3.2.5: Absorptionskoeffizienten α_{Sch} für halbleitendes n-dotiertes Silizium und isolierendes Bor-Silikat-Glas. Hohe Leitfähigkeiten σ_{Sch} des Materials führen zu zunehmender Anregung von Elektronen und damit zu erheblich steigenden Absorptionskoeffizienten.

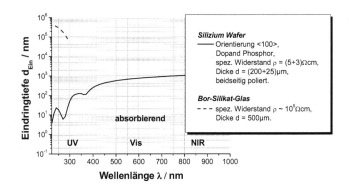

Abb. 3.2.6: Eindringtiefen d_{Ein} für einen halbleitenden n-dotierten Silizium Wafer und ein isolierendes Bor-Silikat-Glas. Je höher die Absorptionskoeffizienten sind, desto niedriger sind die mittleren Eindringtiefen der Photonen. Entsprechend der absorbierenden Energieniveaus ist die Eindringtiefe wellenlängenabhängig.

♦

- **Bestimmung der Schichtdicke d_{Sch}**

Wenn die Eindringtiefe d_{Ein} der Lichtquanten größer als die Schichtdicke ist, kann die **Schichtdicke d_{Sch}** mit den wellenlängen- bzw. energieabhängigen Reflexionsgraden R_{Sch} und Transmissionsgraden T_{Sch} über

(3.2.21) $$d_{Sch} = \frac{1}{\alpha_{Sch}} \ln\left(\frac{1}{1 - A_{Sch}}\right) = \frac{1}{\alpha_{Sch}} \ln\left(\frac{1}{R_{Sch} + T_{Sch}}\right)$$

bestimmt werden, vorausgesetzt der Absorptionskoeffizient α_{Sch} ist zumindest für eine Wellenlänge bzw. eine Energie bekannt, für die auch für R_{Sch} und T_{Sch} bekannt sind. Dies ist jedoch i.a. nicht der Fall; insbesondere deshalb, da Gl. (3.2.3) und Gl. (3.2.10) hier nicht verwendet werden können um α_{Sch} zu berechnen. Somit muss zur Bestimmung der Schichtdicke d_{Sch} i.a. wie folgt vorgegangen werden:

Wir betrachten **Transmissionsmessungen** an Schichten (**Ein-Schicht-System**), die etwas dicker $d_{Sch} > \lambda$ sind als die zur Messung der Schicht verwendeten Wellenlängen λ. Eine Welle, welche die Schicht – bei senkrechtem Lichteinfall – auf dem kürzesten Weg durchquert, hat die Dicke der Schicht d_{Sch} einmal zurückgelegt. Eine Welle, die an beiden Grenzflächen in der Schicht jeweils einmal reflektiert wird, dann aber die Schicht verlässt, hat in der Schicht einen Weg von $3d_{Sch}$ passiert. Eine Welle, die an beiden Grenzflächen der Schicht jeweils zweimal reflektiert wird, hat einen Weg von $5d_{Sch}$ zurückgelegt, usw. Die Wegdifferenz beträgt jeweils $2d_{Sch}$.

Hat zudem die Schicht eine größere bzw. kleinere optische Dichte als Luft, d.h. ist deren Brechungsindex n_{Sch} größer bzw. kleiner als der für Luft n_e, dann wird über das Snelliussche Gesetz $n_{Sch}/n_e = c_e/c_{Sch}$ die Geschwindigkeit der Welle in der Schicht kleiner bzw. größer und damit der pro Zeitabschnitt t zurückgelegte Weg $l_{Sch} = c_{Sch}t$ in der Schicht kleiner bzw. größer als in Luft. Die soeben genannte Wegdifferenz hat dann in einer Schicht mit dem Brechungsindex n_{Sch} den Wert $2d_{Sch}n_{Sch}$, wobei $n_{Sch}/n_e = c_e/c_{Sch} = l_e/l_{Sch} = 2d_e/2d_{Sch}$ und $n_e = 1$ verwendet wurden. Fällt die Lichtwelle unter einem Winkel θ_e zur Oberflächennormalen auf die Schicht, dann ist d_{Sch} durch $d_{Sch} \cos\theta_e$ zu ersetzen.

Für die destruktive Interferenz aller jeweils um $2d_{Sch}n_{Sch}$ verschobenen elektromagnetischen Wellen gleicher Wellenlänge gilt somit

(3.2.22) $$(2m-1)\frac{\lambda_e}{2} = 2d_{Sch} \cos\theta_e \frac{n_{Sch}}{n_e}, \quad m \in IN$$

d.h. durch das gegenseitige Auslöschen jeweils zweier um $2d_{Sch}n_{Sch}$ verschobener Wellen ergibt sich im Transmissionsspektrum ein Minimum. Betrachtet man nun im Transmissionsspektrum zwei beliebige Minima m_1 und m_2 (**Fabry-Perot Extrema**) bei den Wellenlängen λ_1 und λ_2 mit den wellenlängenabhängigen Brechungsindizes $n_{Sch}(\lambda_1)$ und $n_{Sch}(\lambda_2)$ dann gilt mit Gl. (3.2.22) für die **Schichtdicke**

$$\frac{n_{Sch}(\lambda_2)}{\lambda_2} - \frac{n_{Sch}(\lambda_1)}{\lambda_1} = \frac{2m_2-1}{4d_{Sch}\cos\theta_e} - \frac{2m_1-1}{4d_{Sch}\cos\theta_e} = \frac{m_2-m_1}{2d_{Sch}\cos\theta_e},$$

(3.2.23) $$d_{Sch} = \frac{m_2-m_1}{2\left(\frac{n_{Sch}(\lambda_2)}{\lambda_2} - \frac{n_{Sch}(\lambda_1)}{\lambda_1}\right)\cos\theta_e}, \quad m_1, m_2 \in IN.$$

Betrachten wir nun **Reflexionsmessungen**: Eine Welle, die senkrecht auf eine Schicht trifft kann an der Grenzfläche zur Schicht senkrecht reflektiert werden. Gelangt die Welle in die Schicht und wird sie an beiden Grenzflächen in der Schicht jeweils einmal reflektiert bevor sie die Schicht wieder verlässt, so hat sie in der Schicht einen Weg von $2d_{Sch}$ passiert. Eine Welle, die an beiden Grenzflächen der Schicht jeweils zweimal reflektiert wird, hat einen Weg von $4d_{Sch}$ zurückgelegt, usw. Die Wegdifferenz beträgt jeweils $2d_{Sch}$, wie bei der Transmissionsmessung. Ebenso lässt sich der Brechungsindex berücksichtigen, so dass auch für Reflexionsmessungen letztendlich Gl. (3.2.22) und Gl. (3.2.23) ihre Gültigkeit behalten – hier jedoch für die Maxima der Spektralkurven.

Da i.a. die Reflexionsrate R_{Sch} und die Transmissionsrate T_{Sch} mit einem **UV/Vis/NIR-Spektrometer** wellenlängenabhängig gemessen werden, ist auch der Brechungsindex nach Gl. (3.2.11) wellenlängenabhängig. Diesen kann man dann in Gl. (3.2.23) verwenden um mit den gemessenen Werten für die Maxima der Reflexions- oder die Minima der Transmissionsspektra λ_1 und λ_2 die Schichtdicke d_{Sch} zu bestimmen.

Eine **alternative Schichtdickenbestimmung** kann durch zweimalige Fourier-Transformation der UV/Vis/NIR-Spektren erfolgen. Hierauf soll jedoch nicht weiter eingegangen werden.

Auch die Schichtdickenbestimmung für eine der beiden Schichten eines **Zwei-Schichten-Systems** kann mit dem gezeigten Verfahren erfolgen. Hierzu sollte jedoch die jeweils andere der beiden Schichten entweder deutlich dicker ($d_S >> d_{Sch} \approx \lambda$, z.B. bei Substraten für Dünnschichten) oder deutlich dünner ($d_{Grenz} << d_{Sch} \approx \lambda$, z.B. bei Grenzflächenschichten mit Gitteranpassung) sein als die im Wellenlängenbereich liegende zu untersuchende Schicht.

- **Absorptionsbandkantenenergie E_g für direkte Bandübergänge**

In einen Halbleiter einfallende Lichtquanten (Photonen) können ihre kinetische Energie an Valenzelektronen des Halbleiters abgeben. Ist die von den Valenzelektronen aufgenommene Energie E größer oder gleich dem Energiebetrag der Bandlücke E_g, dann können die energetisch angeregten Elektronen aus dem Valenzband E_V in das Leitungsband $E_L = E_V + E_g$ wechseln. Hierbei unterscheidet man direkte und indirekte Bandübergänge im Bändermodell E(k), d.h. Energie E als Funktion der Wellenzahl k. Beide Übergänge weisen Energie-Komponenten $E_E = \hbar\omega$ entlang der Energie- oder E-Achse (Ordinate) auf. Indirekte Bandübergänge weisen zudem eine Energie-Komponente $E_k = \hbar^2 k^2 / 2m_{komb}$ (m_{komb} = kombinierte Masse) entlang der Wellenzahl- oder k-Achse (Abszisse) auf. Ist der Energieübertrag des Photons auf das Elektron größer als die benötigte Energie für den Bandübergang, dann führt der Energieüberschuss in beiden Fällen zu Gitterschwingungen (Phononen), d.h. er erzeugt Wärme.

Für einen **direkten optischen Übergang** mit der Energie $E_E = \hbar\omega$ gibt es nur ganz bestimmte quantenmechanische Zustände im Leitungs- E_e und Valenzband E_h die das Elektron/Loch einnehmen kann, vgl. Abb. 3.2.7. Für den Energieübertrag des Photons auf das Elektron gilt mit der *Energieerhaltung*

(3.2.24) $\qquad \hbar\omega = E_e - E_h = \left(E_L + \dfrac{p_e^2}{2m_e} \right) - \left(E_V - \dfrac{p_h^2}{2m_h} \right) = E_g + \dfrac{p_{e/h}^2}{2m_{komb}}$,

wobei $E_g = E_L - E_V$ und $1/m_{komb} = 1/m_e + 1/m_h$ verwendet wurden. Da es sich um einen direkten Bandübergang handelt gilt $\sum p_k = 0$ und damit für die *Impulserhaltung*

(3.2.25) $\qquad 0 = p_e + p_h \quad \Leftrightarrow \quad p_e = -p_h$.

Berücksichtigt man noch Gl. (3.2.24), dann gilt für den Impuls eines Elektronen- oder Lochzustandes (Defektelektronenzustandes)

(3.2.26) $\qquad p_{e/h} = \pm\sqrt{2m_{komb}(\hbar\omega - E_g)}$.

Zwei quantenmechanische Zustände unterscheiden sich in Ort und Impuls entsprechend der *Heisenbergschen Unbestimmtheitsrelation* (Werner Heisenberg, deutscher Physiker) mindestens um das *Plancksche Wirkungsquantum* $h = 2\pi\hbar$ (Max Planck, deutscher Physiker)

(3.2.27) $\quad (\Delta x)^3 \cdot (\Delta p)^3 = h^3$.

Die Ortsunbestimmtheit Δx der nicht-lokalisierten Elektronen kann sich über das gesamte Volumen V des Kristalls erstrecken, d.h. $V = (\Delta x)^3$. Ein Zustand hat damit im Impulsraum das Volumen $V_p = (\Delta p)^3 = h^3/V = 8\pi^3\hbar^3/V$.

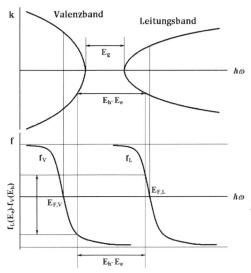

Abb. 3.2.7: Schematische Darstellung eines direkten Bandübergangs mit dem Modell der kombinierten Zustände. Zu sehen sind die Energien im idealisierten Bändermodell und die Fermi-Dirac-Verteilungen der Zustände im Valenz- und Leitungsband.

Alle denkbaren Elektronen- oder Lochzustände mit den Impulsen $p_{e/h}$ füllen im Impulsraum eine Kugel mit dem Volumen $V_{p_{e/h}} = 4\pi |p_{e/h}|^3/3$ aus. Die Zahl der Zustände ergibt sich nun durch Division von $V_{p_{e/h}}$ durch V_p. Berücksichtigt man noch, dass jeder dieser Zustände nach dem *Pauli Prinzip* von zwei Elektronen besetzt werden kann, dann erhält man für die **Anzahl der kombinierten Zustände**, die für einen direkten Übergang in Frage kommen [3.5]

(3.2.28) $\quad N_{komb} = \dfrac{V|p_{e/h}|^3}{3\pi^2\hbar^3} = \dfrac{V(2m_{komb})^{3/2}}{3\pi^2\hbar^3}(\hbar\omega - E_g)^{3/2}$.

Betrachten wir uns vorerst isolierte Zustände: Für direkte Bandübergänge in Halbleitern ist nun zu berücksichtigen, dass ein Übergang nur dann stattfinden kann, wenn sowohl der Ausgangszustand E_h bzw. E_e (Absorption bzw. Emission) besetzt als auch der Zielzustand E_e bzw. E_h frei ist, vgl. Abb. 3.2.7. Eine statistische Aussage über die Absorption eines Photons erhält man aus

(3.2.29) $\quad f_{Abs} = f_V(E_h)[1 - f_L(E_e)],$

und für die Emission eines Photons aus

(3.2.30) $\quad f_{Emi} = f_L(E_e)[1 - f_V(E_h)],$

wobei

(3.2.31)
$$f_V(E_h) = \frac{1}{e^{(E_h - E_{F,V})/kT} + 1} \quad \xrightarrow{\hbar\omega \to \infty} \quad e^{(E_h - E_{F,V})/kT},$$
$$f_L(E_e) = \frac{1}{e^{(E_e - E_{F,L})/kT} + 1} \quad \xrightarrow{\hbar\omega \to \infty} \quad e^{(E_e - E_{F,L})/kT}$$

die *Fermi-Dirac-Verteilungen* (*Boltzmann-Verteilungen*), d.h. die Wahrscheinlichkeiten für ein Loch im Valenzband bzw. für ein Elektron im Leitungsband sind. Die Lagen der **Quasi-Fermi-Niveaus $E_{F,V}$ und $E_{F,L}$** ergeben sich z.B. über die Elektronendichte im Leitungsband

(3.2.32)
$$n_e = \int_{E_L}^{E_{F,L}} D_L(\hbar\omega) f_L(\hbar\omega)\, d\hbar\omega,$$
$$D_L(\hbar\omega) = \frac{(2m_L)^{3/2}}{2\pi^2\hbar^3}(\hbar\omega - E_L)^{1/2},$$

wobei $D_L(\hbar\omega)$ die Zustandsdichte der Elektronen im Leitungsband ist, zu

(3.2.33) $\quad E_{F,L} = E_L + \dfrac{\hbar^2(3\pi^2 n_e)^{2/3}}{2m_L}, \quad E_{F,V} = E_V - \dfrac{\hbar^2(3\pi^2 n_h)^{2/3}}{2m_V}.$

Setzt man Gl. (3.2.26) wieder in Gl. (3.2.24) ein, so erhält man zudem für **die an der Absorption eines Photons beteiligten Energieniveaus**

(3.2.34) $\quad E_e = E_L + \dfrac{m_{komb}}{m_e}(\hbar\omega - E_g), \quad E_h = E_V - \dfrac{m_{komb}}{m_h}(\hbar\omega - E_g),$

Über die Ladungsträgerdichten n_e und n_h, d.h. über die Dotierung, lassen sich somit die Positionen der Quasi-Fermi-Niveaus $E_{F,L}$ und $E_{F,V}$ im Leitungs- und Valenzband des Halbleiters einstellen und mit den an der Absorption des Photons beteiligten Energieniveaus E_e und E_h letztendlich auch die Wahrscheinlichkeiten f_{Abs} und f_{Emi} bestimmen.

Bei Halbleitern kleiner Bandlücke und bei niedrigen Zustandsdichten $D_L(\hbar\omega)$ können schon wenige Ladungsträger das Leitungsband beachtlich auffüllen. Somit benötigen die Elektronen aus dem Valenzband eine deutlich höhere Energie $\hbar\omega = E_e - E_h$, um in das Leitungsband zu gelangen (vgl. Abb. 3.2.7). Die Absorptionskennlinie wird zu höheren Energien bzw. kleineren Wellenlängen verschoben (*Blauverschiebung*) – man spricht von der **Burstein-Moss-Verschiebung** (Deborah Burstein, Stephanie Moss amerikanische Physikerinnen).

Betrachten wir uns nun wieder kombinierte Zustände: Ganz analog zu den einzelnen Zuständen im Leitungs- und Valenzband können wir auch die kombinierten Zustände behandeln. Dazu verwenden wir den *Fermi-Faktor*

(3.2.35) $\qquad f_{Emi} - f_{Abs} = f_L(E_e) - f_V(E_h)$

und können analog zu Gl. (3.2.32) unter Verwendung von Gl. (3.2.28) für die spezifische Ladungsträgerdichte des kombinierten Zustandes schreiben

(3.2.36)
$$\begin{aligned}\frac{dn_{komb}}{d(\hbar\omega)} &= \frac{1}{V}\frac{dN_{komb}}{d(\hbar\omega)} \\ &= D_{komb}(\hbar\omega)(f_{Abs} - f_{Emi}) \\ &= \frac{(2m_{komb})^{3/2}}{2\pi^2\hbar^3}(\hbar\omega - E_g)^{1/2}(f_V(E_h) - f_L(E_e)).\end{aligned}$$

Jeder quantenmechanische Zustand hat eine bestimmte Lebensdauer τ_{sp}. Die *spontane Übergangswahrscheinlichkeit* in einen anderen Zustand ist deshalb definiert durch $W = 1/\tau_{sp}$. Die Übergangswahrscheinlichkeit für *stimulierte Übergänge* ist definiert durch $W = \sigma F$, wobei F der stimulierende Photonenfluss ist, der durch den Wirkungsquerschnitt σ der Lichtquanten begrenzt wird. Der Photonenfluss wiederum ist gegeben durch die Anzahl der Lichtquanten N, die in einer bestimmten Zeit t mit einer wohldefinierten Energie $\hbar\omega$ durch eine wohldefinierte Fläche A fließen, d.h. $F = N/t\hbar\omega A = rN/t\hbar\omega V = cN/\hbar\omega V$. Hierin sind $c = c_0/n_{Sch}$ die Geschwindigkeit der Lichtquanten im Material mit dem Volumen V; c_0 ist die Vakuumlichtgeschwindigkeit und n_{Sch} der Brechungsindex des Materials.
Die Übergangsraten ergeben sich durch Multiplikation der Übergangswahrscheinlichkeit W mit der Anzahl N der verfügbaren kombinierten Zustände. Damit erhält man folgende allgemeine *Bilanz- oder Ratengleichung*

(3.2.37)
$$\begin{aligned}\frac{dN_{komb}}{dt} &= -N_{komb}W_{he} + N_{komb}W_{eh} + \frac{N_{komb}}{\tau_{sp}} \\ &= -N_{komb}\left(\underbrace{W_{he}}_{Absorption} - \underbrace{W_{eh} + \frac{1}{\tau_{sp}}}_{Emission}\right) \\ &= -N_{komb}W.\end{aligned}$$

52 | Theorie

Hierin beschreiben $N_{komb}W_{he}$ die Rate der stimuliert aus dem Valenzband in das Leitungsband angehobenen Elektronen, $N_{komb}W_{eh}$ die Rate der stimuliert aus dem Leitungsband in das Valenzband abgesenkten Elektronen und N_{komb}/τ_{sp} die Rate der spontan aus dem Leitungsband in das Valenzband fallenden Elektronen.

Drückt man Gl. (3.2.37) durch den Fluss F aus, dann ergibt sich

(3.2.38)
$$\frac{dN_e}{dt} = \hbar\omega V \frac{dF}{c\,dt} = \hbar\omega V \frac{dF}{dr} = -N_{komb}W = -N_{komb}\sigma F$$
$$\Rightarrow \frac{1}{F}dF = -\frac{N_{komb}\sigma}{\hbar\omega V}dr.$$

oder nach Integration

(3.2.39)
$$\frac{F(r)}{F(0)} = e^{-\frac{N_e\sigma}{\hbar\omega V}r}.$$

Vergleicht man dies mit dem *Lambertschen Gesetz* (Gl. (3.1.56), Gl. (3.1.58)) und mit Gl. (3.2.36), dann erhält man für den **Absorptionskoeffizienten bei direktem Bandübergang**

(3.2.40)
$$\alpha_{Sch} = \frac{N_e\sigma}{\hbar\omega V}$$
$$= \sigma D_{komb}(\hbar\omega)(f_{Abs} - f_{Emi})$$
$$= \sigma \frac{(2m_{komb})^{3/2}}{2\pi^2\hbar^3}(\hbar\omega - E_g)^{1/2}(f_V(E_h) - f_L(E_e)),$$

wobei σ der Wirkungsquerschnitt ist.

Betrachten wir uns nun den Wirkungsquerschnitt σ noch etwas genauer: Für die Streuung eines Photons an einem Elektron (*Compton-Streuung*) gelten Impuls- ($\vec{p}_e = (\vec{p} - \vec{p}')$ bzw. $p_e^2 = p^2 + p'^2 - 2pp'\cos\varphi$, φ = Streuwinkel des Photons) und Energieerhaltung ($m_e c^2 + \sqrt{m_e^2 c^4 + p_e^2 c^2} = E + E'$, der Index e bezeichnet Größen des Elektrons, gestrichene Variablen weisen Impulse p und Energien E des Photons nach dem Streuprozess aus). Nach Multiplikation der Impulserhaltungsgleichung mit dem Quadrat der Lichtgeschwindigkeit c^2 kann man diese in die Energieerhaltungsgleichung einsetzen. Unter Berücksichtigung von $E = pc$ und $E' = p'c$, erhält man dann für die Photonenenergie nach der Streuung

(3.2.41)
$$E' = E\,w(E,\varphi), \qquad w(E,\varphi) = \left[1 - \frac{E}{m_e c^2}(1 - \cos\varphi)\right]^{-1}.$$

Der differentielle, relativistische Klein-Nishina-Wirkungsquerschnitt ist damit gegeben zu

(3.2.42)
$$\frac{d\sigma_{KN}}{d\Omega} = \frac{r_e}{2}\left[w(E,\varphi) - w^2(E,\varphi)\sin^2\varphi + w^3(E,\varphi)\right]$$

wobei $r_e = q_e^2/4\pi\varepsilon_0 m_e c^2 = 2{,}8179402894 \times 10^{-15}\, m$ der klassische Elektronenradius ist. Den *Klein-Nishina-Wirkungsquerschnitt* erhält man durch Integration über den gesamten Raumwinkel $d\Omega = \sin\varphi\, d\varphi\, d\vartheta$ für hohe Photonenenergien $E = \hbar\omega$ zu

(3.2.43)
$$\sigma_{KN} = \frac{m_e c^2}{\hbar\omega}\pi r_e^2 \left(\frac{1}{2} + \ln\frac{2\hbar\omega}{m_e c^2} + 0\left(\frac{m_e c^2}{\hbar\omega}\right)\right)$$
$$\approx \frac{m_e c^2}{\hbar\omega}\pi r_e^2 \left(\frac{9\hbar\omega - 3m_e c^2}{4\hbar\omega + 2m_e c^2}\right) \xrightarrow{\hbar\omega \gg m_e c^2} \frac{9}{4}\frac{m_e c^2}{\hbar\omega}\pi r_e^2,$$

wobei $\ln x = 2[(x-1)/(x+1) + \ldots]$ verwendet und $0(2/x)$, $x = 2\hbar\omega/m_e c^2$, vernachlässigt wurde. Berücksichtigt man den Klein-Nishina-Wirkungsquerschnitt σ_{KN} in Gl. (3.2.40), wobei die Elektronenmasse m_e im Halbleiter durch die kombinierte Masse m_{komb} zu ersetzen ist, dann erhält man für den **Absorptionskoeffizienten**

(3.2.44) $\alpha_{Sch} \approx \dfrac{q_e^4}{16\pi\varepsilon_0^2 m_{komb} c^2}\left(\dfrac{9\hbar\omega - 3m_{komb}c^2}{4\hbar\omega + 2m_{komb}c^2}\right)\dfrac{(2m_{komb})^{3/2}}{2\pi^2\hbar^3}\dfrac{1}{\hbar\omega}(\hbar\omega - E_g)^{1/2}(f_V(E_h) - f_L(E_e))$.

Nicht-angeregter Halbleiter: Bei ausreichend tiefen Temperaturen ist für einen nicht-angeregten Halbleiter $f_V(E_h) = 1$ und $f_L(E_e) = 0$, damit folgt

(3.2.45)
$$\alpha_{Sch} \cdot \hbar\omega \approx \underbrace{\frac{q_e^4}{16\pi\varepsilon_0^2 m_{komb} c^2}\left(\frac{9\hbar\omega - 3m_{komb}c^2}{4\hbar\omega + 2m_{komb}c^2}\right)}(\hbar\omega - E_g)^{1/2}$$
$$\approx C_{dir}\sqrt{\hbar\omega - E_g}.$$

Angeregter Halbleiter: Im Allgemeinen ist der Fermi-Faktor $f_{Emi} - f_{Abs} = f_L(E_e) - f_V(E_h)$ im thermodynamischen Gleichgewicht negativ (vgl. Gl. (3.2.29) bis Gl. (3.2.35) sowie Gl. (3.2.45)) und damit laut Gl. (3.2.40) der Absorptionskoeffizient α_{Sch} positiv. Bei ausreichend starker Anregung jedoch kann der Fermi-Faktor positiv und damit der Absorptionskoeffizient negativ werden.
Dies hängt jedoch von den Quasi-Fermi-Niveaus ab. Für den Fall, dass $\hbar\omega > E_{F,L} - E_{F,V}$ ist α_{Sch} positiv; für den Fall, dass $\hbar\omega = E_{F,L} - E_{F,V}$ ist $\alpha_{Sch} = 0$, d.h. der angeregte Halbleiter wird transparent, da die Absorption (positive α_{Sch}) durch die stimulierte Emission (negative α_{Sch}) kompensiert wird; für den Fall, dass $\hbar\omega < E_{F,L} - E_{F,V}$ ist α_{Sch} negativ. In allen Fällen ist zudem $\hbar\omega > E_g$ vorauszusetzen.
Folglich wird der Absorptionskoeffizient α_{Sch} für $E_g < \hbar\omega < E_{F,L} - E_{F,V}$ negativ. In diesem Fall spricht man nicht mehr von Absorption sondern von **Verstärkung** und bezeichnet entsprechend Gl. (3.2.44).

(3.2.46) $$\gamma_{Sch} = \underbrace{\frac{q_e^4}{16\pi\varepsilon_0^2 m_{komb}c^2}\left(\frac{9\hbar\omega - 3m_{komb}c^2}{4\hbar\omega + 2m_{komb}c^2}\right)\frac{(2m_{komb})^{3/2}}{2\pi^2\hbar^3}\frac{1}{\hbar\omega}(\hbar\omega - E_g)^{1/2}}_{\alpha_0}\left(f_L(E_e) - f_V(E_h)\right)$$

$$= \alpha_0 \quad \left(f_L(E_e) - f_V(E_h)\right).$$

als **Verstärkungskoeffizienten**, vgl. Abb. 3.2.8, [3.6].

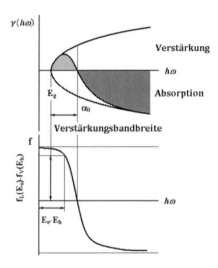

Abb. 3.2.8: Schematische Darstellung des Verstärkungskoeffizienten und der Fermi-Dirac-Verteilungen als Funktion der Photonen-Energie.

Änderung des Brechungsindexes: Nach Gl. (3.2.8) bis Gl. (3.2.10) hängen Absorptionskoeffizient α_{Sch} und Brechungsindex n_{Sch} voneinander ab. Mit zunehmender Anregung des Halbleiters steigt die stimulierte Emission von Photonen, so dass sich mit zunehmender Anregung auch der Brechungsindex ändert. Man spricht hier aufgrund der Ursache dieses Phänomens – d.h. aus dem Leitungs- in das Valenzband fallende Elektronen, die Photonen freisetzen – von *Ladungsträgerinduzierter Brechungsindexänderung*.

Für einen **indirekten Bandübergang** ist in Gl. (3.2.24) bis Gl. (3.2.26) ein zusätzlicher Impulsanteil zu berücksichtigen $\sum p_k \neq 0$. In analoger Vorgehensweise erhält man dann entsprechend Gl. (3.2.45) folgende Abhängigkeit für den Absorptionskoeffizienten

(3.2.47) $$\alpha_{Sch} \cdot \hbar\omega = C_{indir}(\hbar\omega - E_g)^2;$$

die mitunter auch temperaturabhängig sein kann [3.7].

Tauc-Regel: Im Fall der Absorption ergibt sich für direkte Halbleiter nach Gl. (3.2.45) der Zusammenhang zwischen Absorptionskoeffizienten und Bandlücke zu $\alpha_{Sch}\hbar\omega \sim \sqrt{\hbar\omega - E_g}$ und für indirekte Halbleiter nach Gl. (3.2.47) zu $\alpha_{Sch}\hbar\omega \sim (\hbar\omega - E_g)^2$. Trägt man nun im Fall direkter Halbleiter $(\alpha_{Sch}\hbar\omega)^2$ gegen $\hbar\omega$ auf, so erhält man eine Gerade, welche die Energie-Achse nahezu bei der Energiebandlücke E_g schneidet (**Tauc-Plot**); im Fall indirekter Halbleiter ist $\sqrt{\alpha_{Sch}\hbar\omega}$ gegen $\hbar\omega$ aufzutragen, vgl. auch [3.8].

Urbach-Regel: Durch steigende Dotierung des Halbleiters, Halbleiterinterne bzw. externe (**Franz-Keldysh-Effekt**) elektrische Felder, Deformationen des Halbleitergitters durch Defektstellen und durch inelastische Streuprozesse im Halbleiter werden entweder Energieniveaus in dessen Energiebandlücke hinein gebildet oder die Energiebänder gegeneinander so verschoben, dass die effektive Bandlücke gesenkt wird. Diese Phänomene werden meist mit einer annähernd exponentiellen Abhängigkeit des Absorptionskoeffizienten von der Energie beschrieben [3.9, 3.10]

(3.2.48) $\qquad \alpha_{Sch} = \alpha_0 e^{C(\hbar\omega - E_g)^2}$.

Für eine graphische Auswertung ist hier $\ln \alpha_{Sch}$ gegen $\hbar\omega$ aufzutragen (**Urbach-Plot**).

Beispiel: Zur Veranschaulichung der Tauc-Regel zeigt Abb. 3.2.9 das Prinzip zur Bestimmung der Bandlückenenergie E_g über den sogenannten **Tauc-Plot**. Gezeigt ist im Detail die Auftragung von $(\alpha_{Sch}\hbar\omega)^2$ gegenüber $\hbar\omega = E$ für zwei mit *Aluminium dotierte Zinkoxid Schichten*, die mit unterschiedlichen Frequenzen f eines gepulsten Gleichstroms gesputtert wurden. Der Schnittpunkt der Tangente mit der Abszisse entspricht der für dieses Material typischen Energie der Bandlücke.

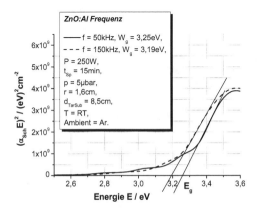

Abb. 3.2.9: Bestimmung der direkten Energiebandlücke für ZnO:Al TCO-Schichten, vermessen für zwei verschiedene Substrate, nach Tauc [3.8] über den Energie-Achsenabschnitt der Auftragung von $(\alpha_{Sch}E)^2$ gegenüber der Energie E.

♦

Bemerkung: Näherungsweise kann die Energiebandlücke auch aus dem wellenlängen- oder energieabhängigen Absorptionsspektrum $A(\lambda,E)$ abgeschätzt werden. Dazu projiziert man den *Wendepunkt* innerhalb des steilen Anstiegs der Absorptionskurven zwischen Transmissions- und Absorptionsbereich auf die Wellenlängen- oder Energie-Achse und erhält damit eine Abschätzung für die Wellenlänge λ_g oder die Bandlückenenergie E_g, vgl. Abb. 4.2.27.

3.2.2 Das erweiterte Ein-Schicht-System

- **Der Zusammenhang zwischen Reflexion, Absorption und Transmission**

Bislang wurden entsprechend Abb. 3.2.1 ausschließlich Spektren von Ein-Schicht-Systemen betrachtet. Für Untersuchungen von Dünnschichtsystemen wird es i.a. nötig sein, diese zur mechanischen Stabilisierung auf optisch transparente Substrate aufzubringen. Diese Substrate jedoch beeinflussen wiederum die gemessenen Spektren. Will man weiterhin die Theorie von Ein-Schicht-Systemen für die Auswertung von Dünnschichtsystemen verwenden, dann ist der Einfluss der Substrate auf die Spektren zu eliminieren.

Nur das Substrat: Der einfallende Strahl stellt 100% der im System befindlichen Lichtleistung dar. Diese 100% Lichtleistung werden in reflektierten R_S, absorbierten A_S und transmittierten T_S Anteil aufgeteilt. Entsprechend der **Bilanzgleichung**

(3.2.49) $\qquad A_S = 1 - (R_S + T_S)$

lässt sich die Absorption A_S einer einzelnen Schicht (z.B. einer Substratschicht) bestimmen. Hierzu können mit einer Integrationskugel sowohl die Reflexion R_S als auch die Transmission T_S der Schicht gemessen werden. Aus den Meßfehlern dR_S, dT_S lässt sich mit Hilfe der Gaußschen Fehlerfortpflanzung der Fehler der Absorption dA_S bestimmen.
Das Zwei-Schichten-System: Ebenso gilt für ein Schichtensystem bestehend aus zwei Schichten – z.B. ein einfach beschichtetes Substrat

(3.2.50) $\qquad A_{SSch} = 1 - (R_{SSch} + T_{SSch}).$

Auch hier können die Reflexion R_{SSch} und die Transmission T_{SSch} des kompletten Schichtsystems mit einer Integrationskugel gemessen und damit die Absorption A_{SSch} berechnet werden.
Die theoretisch isolierte Schicht: Ganz allgemeingültig lässt sich aus diesen beiden – aus Messwerten errechneten – Absorptionen A_S und A_{SSch} über die **Bilanzgleichung für Absorptionen** die **Absorption der Schicht A_{Sch}** berechnen

(3.2.51) $\qquad A_{Sch} = A_{SSch} - A_S = (R_S - R_{SSch}) + (T_S - T_{SSch}).$

Dies da ein einfallendes Lichtquant (Photon) entweder von der Schicht oder vom Substrat oder gar nicht absorbiert wird. Auch für die Schicht gilt wiederum

(3.2.52) $\quad A_{Sch} = 1 - (R_{Sch} + T_{Sch})$.

Somit läßt sich aus Gl. (3.2.51) und Gl. (3.2.52) noch die exakte Beziehung

(3.2.53) $\quad R_{Sch} + T_{Sch} = 1 + (R_{SSch} - R_S) + (T_{SSch} - T_S)$

aufstellen, d.h. die Summe aus R_{Sch} und T_{Sch} exakt berechnen. Für die isolierte Bestimmung von R_{Sch} und T_{Sch} ist jedoch mehr Aufwand zu treiben. Hierauf soll im Folgenden eingegangen werden.

- **1. Näherung zur Bestimmung von R_{Sch} und T_{Sch}**

Mit Gl. (3.2.51) sowie den Gln. (3.2.49), (3.2.50) und (3.2.52) werden die formalen Zusammenhänge der Größen Reflexion, Absorption und Transmission eines Zweischichtsystems definiert. Gemessen werden können die Reflexionen R_S, R_{SSch} sowie die Transmissionen T_S, T_{SSch}; errechnet werden können daraus bislang alle Absorptionen A_S, A_{SSch} und A_{Sch}. Somit sind noch die Reflexion R_{Sch} und die Transmission T_{Sch} zu bestimmen.

Dazu betrachten wir uns nochmals Gl. (3.2.53) für den Fall, dass der **Strahl zuerst auf die Schicht und dann auf das Substrat** trifft. Links von Gl. (3.2.53) steht die Summe aus einer Reflexion und einer Transmission, also muss dies auch für die rechte Seite der Gleichung gelten. Somit gibt es sowohl auf der linken Seite als auch auf der rechten Seite von Gl. (3.2.53) Größen (R_{Sch}, R_{SSch}, R_S), die ausschließlich auf der Einfalls- bzw. Reflexionsseite des Schichtensystems auftreten und Größen (T_{Sch}, T_{SSch}, T_S), die ausschließlich auf der Transmissionsseite des Schichtensystems auftreten. Dem entsprechend lässt sich Gl. (3.2.53) in eine Bilanzgleichung für die **Reflexion** und eine für die **Transmission der Schicht**

(3.2.54) $\quad \begin{aligned} R_{Sch} &\approx R_{SSch} - R_S \xrightarrow{R_S \to 0} R_{SSch}, \\ T_{Sch} &\approx T_{SSch} + (1 - T_S) \xrightarrow{T_S \to 1} T_{SSch} \end{aligned}$

zerlegen. Da die *Transmission des Substrats möglichst groß* $T_S \to 1$ und dessen *Reflexion* – ggf. mit Antireflexschichten – *möglichst klein* $R_S \to 0$ sein sollen, wurde die 1 in der Bilanzgleichung den Transmissionen zugeordnet. Zu beachten ist, dass während den Messungen die Schicht dem einfallenden Strahl zugewandt ist, da für diesen Fall der Fehler für die Reflexion der Schicht klein wird.

Die in Gl. (3.2.54) gemachte Näherung wird jedoch für große R_S, A_S und damit kleine T_S eindeutig falsch. Dies, da mit $R_S \to 1$, $T_S \to 0$ und dem entsprechend $R_{SSch} \to 1$, $T_{SSch} \to 0$ folgt

(3.2.55)
$$R_{Sch} = R_{SSch} - R_S = R_{SSch} - (1-(A_S + T_S)) \xrightarrow[R_{SSch} \to 1]{} A_S + T_S \approx 0,$$
$$T_{Sch} = T_{SSch} + (1-T_S) = T_{SSch} + (R_S + A_S) \xrightarrow[T_{SSch} \to 0]{} R_S + A_S \approx 1.$$

D.h. Reflexion und Transmission der Schicht wären nur noch von Substratparametern abhängig und nicht mehr von der Schicht selbst. Nun ist es zwar richtig, dass ein weitestgehend lichtundurchlässiges Substrat die Bestimmung von R_{Sch} und T_{Sch} nahezu unmöglich macht. Das führt dann zwar auf ein deutliches Ansteigen der Fehler von R_{Sch} und T_{Sch} jedoch nicht auf eine Abhängigkeit wie sie in Gl. (3.2.55) zum Ausdruck kommt.

- **2. Näherung zur Bestimmung von R_{Sch} und T_{Sch}**

Wie ändern sich also mit steigender Reflexion R_S, Absorption A_S und sinkender Transmission T_S die Werte R_{Sch} und T_{Sch} wirklich? Dazu soll nun folgende Fallunterscheidung getroffen werden. Erstens der einfallende Strahl trifft zuerst auf das Substrat und dann auf die Schicht und zweitens umgekehrt.

Erster Fall: Strahl trifft zuerst auf das Substrat und dann auf die Schicht. Von den 100% des einfallenden Lichts wird am Substrat ein Anteil von $100\% \cdot R_S = 1 \cdot R_S = R_S$ reflektiert. Hinzu kommt der Anteil des Lichts, der in das Substrat eindringt $100\% - R_S = 1 - R_S$, dann das Substrat passiert $(1-R_S)T_S$, an der Schicht reflektiert wird $(1-R_S)T_S R_{Sch}$ und das Substrat erneut passiert und wieder verlässt $(1-R_S)^2 T_S^2 R_{Sch}$. Somit erhält man im Rahmen dieser 2. Näherung für die **Reflexion der Schicht**

(3.2.56)
$$R_{SSch} \approx R_S + (1-R_S)^2 T_S^2 R_{Sch},$$
$$R_{Sch} \approx \frac{R_{SSch} - R_S}{(1-R_S)^2 T_S^2} \xrightarrow[R_S \to 0, T_S \to 1]{} R_{SSch}.$$

Gl. (3.2.56) weist folglich im Vergleich mit Gl. (3.2.54) den Nenner $(1-R_S)^2 T_S^2$ auf. Mit einer ganz analogen Argumentation erhält man für die **Transmission der Schicht** in 2. Näherung

$$T_{SSch} \approx ((1-R_S)T_S - R_{Sch})T_{Sch},$$

(3.2.57)
$$T_{Sch} \approx \frac{T_{SSch}}{(1-R_S)T_S - \frac{R_{SSch} - R_S}{(1-R_S)^2 T_S^2}} \xrightarrow[R_S \to 0, T_S \to 1]{} \frac{T_{SSch}}{1 - R_{SSch}}.$$

Zweiter Fall: Strahl trifft zuerst auf die Schicht und dann auf das Substrat. Hier gilt ganz analog für die Reflexion und die Transmission

(3.2.58)
$$R_{SSch} \approx R_{Sch} + (1-R_{Sch})^2 T_{Sch}^2 R_S,$$

Analysen für Chalkogenid-Dünnschicht-Solarzellen | 59

(3.2.59) $\quad T_{SSch} \approx ((1-R_{Sch})T_{Sch} - R_S)T_S$.

Löst man Gl. (3.2.59) nach $(1-R_{Sch})T_{Sch}$ auf und setzt dies in Gl. (3.2.58) ein, so erhält man für die **Reflexion der Schicht**

(3.2.60) $\quad R_{Sch} \approx R_{SSch} - R_S \left(\dfrac{T_{SSch}}{T_S} + R_S \right)^2 \xrightarrow{R_S \to 0, T_S \to 1} R_{SSch}$

Löst man Gl. (3.2.59) nach T_{Sch} auf und setzt Gl. (3.2.60) ein, so erhält man für die **Transmission der Schicht**

(3.2.61) $\quad T_{Sch} \approx \dfrac{T_{SSch}/T_S - R_S}{1 - R_{SSch} + R_S (T_{SSch}/T_S + R_S)^2} \xrightarrow{R_S \to 0, T_S \to 1} \dfrac{T_{SSch}}{1 - R_{SSch}}$.

Auch diese Näherungen weisen vehemente Mängel auf. Dies, da auch hier nur die primären Strahlengänge in den Schichten berücksichtigt werden. Strahlenabläufe höherer Ordnung werden vernachlässigt.
Sinnvoll ist es in diesem Zusammenhang sicher, Messungen für beide unterschiedenen Fälle durchzuführen und die Mittelwerte für R$_{Sch}$ und T$_{Sch}$ aus beiden Messungen zu verwenden.

Beispiele: Die aus den UV/Vis/NIR-Spektren für das *Ein-Schicht-System* Substrat und das *Zwei-Schichten-System* Schicht/Substrat bestimmten **Reflexions- R$_{Sch}$ und Transmissionsraten T$_{Sch}$ der Schicht** sollen nun **für die unterschiedlichen Näherungen verglichen** werden. Abb. 3.2.10 zeigt sowohl die gemessenen Reflexions- R$_S$, R$_{SSch}$ und Transmissionsraten T$_S$, T$_{SSch}$ für ein Substrat und die Schichtenfolge Schicht/Substrat als auch die daraus bestimmten Näherungen nach Gl. (3.2.54) sowie Gl. (3.2.56), Gl. (3.2.57), Gl. (3.2.60) und Gl. (3.2.61).

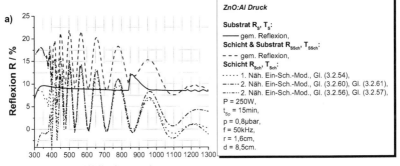

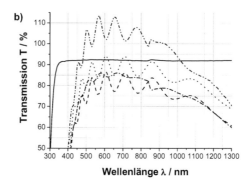

Abb. 3.2.10: a) Reflexionsraten R_{Sch} und **b)** Transmissionsraten T_{Sch} für eine Schicht, wie sie sich mit den beschriebenen Näherungen aus den Reflexions- R_S, R_{SSch} und Transmissionsraten T_S, T_{SSch} des Substrats und der Schichtenfolge Schicht/Substrat ergeben.

Die Reflexionsrate R_{Sch} der als isoliert angenommenen Schicht ist sicher geringer als die des gemessenen Schichtenstapels Schicht/Substrat; die entsprechende Transmissionsrate ist sicher höher. Bei den gegebenen physikalischen Rahmenbedingungen durch das Substrat sind auch die Phasenlagen der gemessenen R_{SSch}, T_{SSch} und der näherungsweise berechneten R_{Sch}, T_{Sch} Spektren als gleich anzunehmen. Die Reflexionsspektren aller Näherungen liegen entsprechend Abb. 3.2.10 a) sehr eng zusammen und sind deshalb in gleicher Weise für weitere Parameterextraktionen verwendbar. Für die Transmissionsraten gilt dies nicht. Die 2. Näherung nach Gl. (3.2.61) führt zu einem Spektrum, das mit dem gemessenen nicht phasengleich ist. Die 2. Näherung nach Gl. (3.2.57) führt sogar zu Transmissionsraten von über 100%. Die einzig sinnvolle Näherung zur Bestimmung von Transmissionsraten T_{Sch} ist daher die der 1. Näherung nach Gl. (3.2.54).

♦

- **Das erweiterte Ein-Schicht-System**

Wir haben bislang aus den gemessenen Reflexions- und Transmissionswerten für ein Zwei-Schichten-System R_{SSch}, T_{SSch} sowie für das zugrunde liegende Ein-Schicht-System Substrat R_S, T_S die Werte für eine isolierte Schicht R_{Sch}, T_{Sch} abschätzen können. Diese kann man dann grundsätzlich im Rahmen des Modells eines Ein-Schichten-Systems verwenden. Da es sich jedoch bei den Werten R_{Sch} und T_{Sch} um Näherungen handelt, sind auch die Ergebnisse der exakten Berechnungen über ein **Ein-Schicht-System als Näherungen** zu betrachten.

3.2.3 Das exakte Zwei-Schichten-System

- **Exakte Bestimmung von R$_{Sch}$ und T$_{Sch}$ sowie vom Brechungsindexverhältnis n$_{Sch}$/n$_e$ und dem Absorptionskoeffizienten α$_{Sch}$**

Um nun eine wirklich exakte Formulierung der Zusammenhänge für ein **Zwei-Schichten-System** zu erhalten, geht man wieder ganz analog zu Abb. 3.2.1 und Tab. 3.2.1 für ein Ein-Schicht-System vor. Für ein Zwei-Schichten-System lassen sich dann folgende Werte für die Reflexion R$_{SSch}$, die Absorption A$_{SSch}$ und die Transmission T$_{SSch}$ einer Schichtenfolge bestehend aus einer Schicht Sch und einem Substrat S ableiten, wenn der Strahl zuerst auf die Schicht Sch und dann auf das Substrat S trifft

(3.2.62)
$$R_{SSch} = R_{/,eSch} + T_{/,eSch}T_{/,Sche}T_{\#,Sch}^2 T_{/,SchS}T_{/,SSch}T_{\#,S}^2 R_{/,St} \cdot \Im_{SchS}$$

$$A_{SSch} = A_{Sch} + A_S = 1 - (R_{SSch} + T_{SSch}),$$

$$T_{SSch} = T_{/,eSch}T_{\#,Sch}T_{/,SchS}T_{\#,S}T_{/,St} \cdot \Im_{SchS}.$$

Hierin bezeichnet $\Im_{SchS}$ den vielfältigen Strahlengang innerhalb des Schichtenstapels. Für **senkrechten Lichteinfall** werden wegen $R_{/,ij} = R_{/,ji} = (n_i - n_j)^2 / (n_i + n_j)^2$ und $T_{/,ij} = T_{/,ji} = 4n_i n_j / (n_i + n_j)^2$, $i,j \in \{Sch; S\}$ die gesamte Reflexion R$_{SSch}$, Absorption A$_{SSch}$ sowie die gesamte Transmission T$_{SSch}$ zu

(3.2.63)
$$R_{SSch} = R_{/,eSch} + T_{/,Sche}^2 T_{\#,Sch}^2 T_{SchS}^2 T_{\#,S}^2 R_{/,St} \cdot \Im_{SchS},$$

$$A_{SSch} = A_{Sch} + A_S = 1 - (R_{SSch} + T_{SSch}),$$

$$T_{SSch} = T_{/,eSch}T_{\#,Sch}T_{/,SchS}T_{\#,S}T_{/,St} \cdot \Im_{SchS}.$$

Setzt man aus Gl. (3.2.63) den Term für die gesamte Transmission in den Term für die gesamte Reflexion ein, so folgt

(3.2.64)
$$R_{SSch} = R_{/,eSch} + T_{/,Sche}T_{\#,Sch}T_{/,SchS}T_{\#,S}\frac{R_{/,St}}{T_{/,St}}T_{SSch},$$

wobei R$_{SSch}$ und T$_{SSch}$ die messbaren Reflexionen und Transmissionen des Zwei-Schichten-Systems sind. Einsetzen der Ausdrücke $R_{/,ij} = R_{/,ji} = (n_i - n_j)^2 / (n_i + n_j)^2$, $T_{/,ij} = T_{/,ji} = 4n_i n_j / (n_i + n_j)^2$ und $T_{\#,i} = e^{-\alpha_i d_i}$, $i,j \in \{Sch; S\}$ für die partiellen Reflexionen und Transmissionen bei senkrechtem Lichteinfall sowie Berücksichtigung von $n_e = n_t$ führt zu

(3.2.65) $$R_{SSch} = \frac{(n_{Sch}/n_e - 1)^2}{(n_{Sch}/n_e + 1)^2} + \frac{4(n_S/n_e - 1)^2}{(n_{Sch}/n_e + 1)^2(n_S/n_{Sch} + 1)^2} e^{-\alpha_{Sch}d_{Sch}} e^{-\alpha_S d_S} T_{SSch}.$$

In Gl. (3.2.65) sind alle Größen der Schicht Sch unbekannt. Löst man Gl. (3.2.65) nach n_{Sch}/n_e auf, so folgt daraus ein *Polynom 4. Grades für den Brechungsindexquotienten*

$$\left(\frac{n_{Sch}}{n_e}\right)^4 + \varsigma_1 \left(\frac{n_{Sch}}{n_e}\right)^3 + \varsigma_2 \left(\frac{n_{Sch}}{n_e}\right)^2 + \varsigma_3 \left(\frac{n_{Sch}}{n_e}\right) + \varsigma_4 = 0,$$

(3.2.66)
$$\varsigma_1 = 2(n_S/n_e)(1 - R_{SSch}) - 2(1 + R_{SSch}),$$
$$\varsigma_2 = ((n_S/n_e)^2 + 1)(1 - R_{SSch} + \varsigma_5) - 2(n_S/n_e)(2 + 2R_{SSch} + \varsigma_5),$$
$$\varsigma_3 = 2(n_S/n_e)(1 - R_{SSch}) - 2(n_S/n_e)^2(1 + R_{SSch}),$$
$$\varsigma_4 = (n_S/n_e)^2(1 - R_{SSch}),$$
$$\varsigma_5 = 4 e^{-\alpha_{Sch}d_{Sch}} e^{-\alpha_S d_S} T_{SSch}.$$

Das Produkt aus **Absorptionskoeffizient α_{Sch}** und Schichtdicke d_{Sch} kann über die *Bilanzgleichung für die Absorptionen* $A_{SSch} = A_{Sch} + A_S$, $A_i = 1 - (R_i + T_i)$ und $A_i = 1 - e^{-\alpha_i d_i}$, $i \in \{SSch; S\}$ bestimmt werden

(3.2.67)
$$A_{Sch} = 1 - e^{-\alpha_{Sch}d_{Sch}} = A_{SSch} - A_S = (R_S - R_{SSch}) + (T_S - T_{SSch})$$
$$\alpha_{Sch} = -\frac{1}{d_{Sch}} \ln(1 - A_{Sch}) = \frac{1}{d_{Sch}} \ln \frac{1}{R_{Sch} + T_{Sch}} = \frac{1}{d_{Sch}} \ln \frac{1}{1 + (R_{SSch} - R_S) + (T_{SSch} - T_S)},$$

wenn A_S bzw. α_S und d_S des Substrats bekannt sind – was vorausgesetzt wurde. Damit folgt für den Faktor ς_5 aus Gl. (3.2.66)

(3.2.68) $$\varsigma_5 = 4 T_{SSch} [1 - (R_S - R_{SSch}) - (T_S - T_{SSch})][R_S + T_S].$$

Die Schichtdicke d_{Sch} lässt sich nun auch für ein Zwei-Schichten-System über Gl. (3.2.23) näherungsweise bestimmen, mit Gl. (3.2.67) steht dann auch der Absorptionskoeffizient fest.

Für den **Brechungsindex** n_{Sch}/n_e erhält man nach Lösung des Polynoms 4. Grades aus Gl. (3.2.66) z.B. mit Anhang B, Anhang A oder einer Software wie Mathematika

$$\left(\frac{n_{Sch}}{n_e}\right)_1 = -\frac{\varsigma_1}{4} - \frac{1}{2}\sqrt{\xi_1} - \frac{1}{2}\sqrt{\xi_2 - \frac{\xi_3}{4\sqrt{\xi_1}}},$$

Analysen für Chalkogenid-Dünnschicht-Solarzellen | 63

(3.2.69)
$$\left(\frac{n_{Sch}}{n_e}\right)_2 = -\frac{\varsigma_1}{4} - \frac{1}{2}\sqrt{\xi_1} + \frac{1}{2}\sqrt{\xi_2 - \frac{\xi_3}{4\sqrt{\xi_1}}},$$
$$\left(\frac{n_{Sch}}{n_e}\right)_3 = -\frac{\varsigma_1}{4} + \frac{1}{2}\sqrt{\xi_1} - \frac{1}{2}\sqrt{\xi_2 + \frac{\xi_3}{4\sqrt{\xi_1}}},$$
$$\left(\frac{n_{Sch}}{n_e}\right)_4 = -\frac{\varsigma_1}{4} + \frac{1}{2}\sqrt{\xi_1} + \frac{1}{2}\sqrt{\xi_2 + \frac{\xi_3}{4\sqrt{\xi_1}}},$$

$$Sinnvoll: \left(\frac{n_{Sch}}{n_e}\right)_3 = -\frac{\varsigma_1}{4} + \frac{1}{2}\sqrt{\xi_1} - \frac{1}{2}\sqrt{\xi_2 + \frac{\xi_3}{4\sqrt{\xi_1}}}.$$

wobei

(3.2.70)
$$\xi_1 = \frac{\varsigma_1^2}{4} - \frac{2\varsigma_2}{3} + \xi_4 + \xi_5, \quad \xi_5 = \frac{\xi_6}{32^{1/3}},$$
$$\xi_2 = \frac{\varsigma_1^2}{2} - \frac{4\varsigma_2}{3} - \xi_4 - \xi_5, \quad \xi_6 = \left(\xi_7 + \sqrt{-4\xi_8^3 + \xi_7^2}\right)^{1/3},$$
$$\xi_3 = \varsigma_1^3 - 4\varsigma_1\varsigma_2 + 8\varsigma_3, \quad \xi_7 = 2\varsigma_2^3 - 9\varsigma_1\varsigma_2\varsigma_3 + 27\varsigma_3^2 + 27\varsigma_1^2\varsigma_4 - 72\varsigma_2\varsigma_4,$$
$$\xi_4 = \frac{2^{1/3}\xi_8}{3\xi_6}, \quad \xi_8 = \varsigma_2^2 - 3\varsigma_1\varsigma_3 + 12\varsigma_4,$$

zu verwenden sind.

Mit Hilfe des *Snelliusschen Gesetzes* lassen sich wiederum weitere Konstanten herleiten

(3.2.71)
$$\frac{\sin\theta_e}{\sin\theta_{Sch}} = \frac{k_{Sch}}{k_e} = \frac{n_{Sch}}{n_e} = \frac{\lambda_e}{\lambda_{Sch}} = \frac{c_e}{c_{Sch}} = \sqrt{\frac{\varepsilon_{Sch}\mu_{Sch}}{\varepsilon_e\mu_e}} \neq 1.$$

Unbekannt sind jedoch noch die **Reflexionsrate R$_{Sch}$ und die Transmissionsrate T$_{Sch}$** einer als **isoliert angenommenen Schicht**, bei nunmehr bekannten n_{Sch}/n_e, α_{Sch} und d_{Sch}.

Gl. (3.2.53) ist eine Bilanzgleichung für die beiden unbekannten Größen R$_{Sch}$ und T$_{Sch}$. Um diese beiden Größen isoliert berechnen zu können benötigen wir zumindest eine zweite, davon unabhängige, Beziehung zwischen R$_{Sch}$ und T$_{Sch}$ um ein 2x2-Gleichungssystem (GLS) aufzustellen. Diese Beziehung finden wir in Gl. (3.2.11). Damit erhalten wir folgendes exaktes (d.h. ohne Näherungen belastetes), nichtlineares 2x2-Gleichungssystem für R$_{Sch}$ und T$_{Sch}$

(3.2.72)
$$R_{Sch} + T_{Sch} = 1 + (R_{SSch} - R_S) + (T_{SSch} - T_S) = \varsigma_1,$$

$$\frac{n_{Sch}}{n_e} = \frac{\sqrt{1 + T_{Sch}(R_{Sch} + T_{Sch})} + \sqrt{R_{Sch}}}{\sqrt{1 + T_{Sch}(R_{Sch} + T_{Sch})} - \sqrt{R_{Sch}}}.$$

64 | Theorie

Hierin enthält ζ_1 ausschließlich messbare Größen. Löst man die zweite Beziehung in Gl. (3.2.72) nach R_{Sch} auf, erhält man die Reflexionsrate der als isoliert angenommenen Schicht zu

$$(3.2.73) \qquad R_{Sch} = \frac{T_{Sch}^2 + 1}{\zeta_2 - T_{Sch}}, \quad \zeta_2 = \left(\frac{n_{Sch}/n_e + 1}{n_{Sch}/n_e - 1}\right)^2,$$

wobei auch ζ_2 über Gl. (3.2.66) und Gl. (3.2.68) ausschließlich messbare Größen beinhaltet. Nun lässt sich R_{Sch} aus der ersten Gleichung des GLS (Gl. (3.2.72))

$$(3.2.74) \qquad R_{Sch} + T_{Sch} = \frac{1 + \zeta_2 T_{Sch}}{\zeta_2 - T_{Sch}} = \zeta_1$$

eliminieren und man erhält die Transmissions- und dann auch die Reflexionsrate der als isoliert angenommenen Schicht zu

$$(3.2.75) \qquad T_{Sch} = \frac{\zeta_1 \zeta_2 - 1}{\zeta_1 + \zeta_2}, \quad R_{Sch} = \frac{\zeta_1^2 + 1}{\zeta_1 + \zeta_2}.$$

Beispiele: Hier sollen **Brechungsindizes** n_{Sch} und **Schichtdicken** d_{Sch} verglichen werden, die einerseits mit dem exakten Zwei-Schichten-System und andererseits über die 1. und 2. Näherung zur Bestimmung von R_{Sch} und T_{Sch} und dem exakten Ein-Schicht-System berechnet wurden.
Abb. 3.2.11 zeigt diesen Vergleich für den Fall, dass die Photonen zuerst auf die Schicht und danach auf das Substrat treffen. Die **mit Hilfe der Näherungen über das exakte Ein-Schicht-System** berechneten Brechungsindizes n_{Sch} sind bei richtiger Wellenlängenabhängigkeit etwas kleiner als die über das exakte **Zwei-Schichten-System** bestimmten Werte. Die Schichtdicken d_{Sch} hingegen sind für die Näherungen durchwegs etwas größer als die exakten Werte.

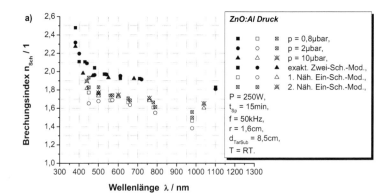

Analysen für Chalkogenid-Dünnschicht-Solarzellen | 65

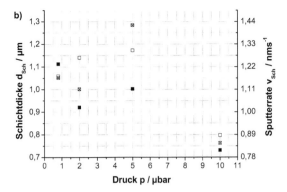

Abb. 3.2.11: Vergleich der exakt über ein Zwei-Schichten-System bestimmten **a)** Brechungsindizes n_{Sch} und **b)** Schichtdicken d_{Sch} mit den über Gl. (3.2.54) bis Gl. (3.2.61) näherungsweise bestimmten Werten für Reflexionen R_{Sch} und Transmissionen T_{Sch} der Schicht. Die Brechungsindizes der Näherungen sind durchwegs etwas zu gering und und über Gl. (3.2.23) die Schichtdicken etwas zu hoch.

Hier nun werden Brechungsindizes n_{Sch} und Schichtdicken d_{Sch} für die **Verwendung des Ein-Schicht-Systems, sowohl mit als auch ohne Reflexionsmessungen**, und der Näherung für R_{Sch} bzw. T_{Sch} nach Gl. (3.2.54) dargestellt. Vergleicht man Abb. 3.2.11 mit Abb. 3.2.12, so stimmen die Brechungsindizes n_{Sch} bei ausschließlicher Verwendung von Transmissionsmessungen überraschend gut mit den exakt über ein Zwei-Schichten-System bestimmten Werten überein. Gleiches gilt natürlich dann auch mit Gl. (3.2.23) für die Schichtdicken d_{Sch}.

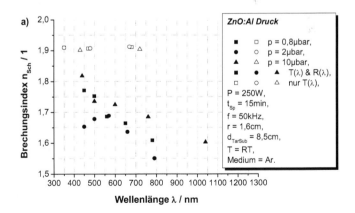

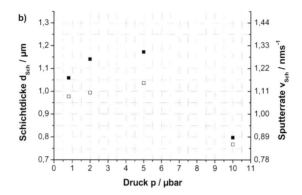

Abb. 3.2.12: Vergleich der näherungsweise über ein Ein-Schicht-System bestimmten **a)** Brechungsindizes n_{Sch} und **b)** Schichtdicken d_{Sch} mit den über Gl. (3.2.54) bestimmten R_{Sch} und T_{Sch}-Werten. Zu sehen ist der Vergleich zwischen einerseits ausschließlich mit Transmissionsmessungen und andererseits sowohl mit Transmissions- als auch Reflexionsmessungen bestimmten Parametern.

Bei den Näherungen zur Bestimmung von R_{Sch} und T_{Sch} nach Gl. (3.2.56) bis Gl. (3.2.61) wird die **Fallunterscheidung** gemacht, dass die Photonen einerseits **zuerst auf die Schicht und dann auf das Substrat** treffen und andererseits **zuerst auf das Substrat und dann auf die Schicht**. Die sich hieraus ergebenden Unterschiede im Brechungsindex n_{Sch} und der Schichtdicke d_{Sch} sind in Abb. 3.2.13 zu sehen. Treffen die Photonen zuerst auf das Substrat und dann auf die Schicht führt dies grundsätzlich zu sehr niedrigen Brechungsindizes und hohen Schichtdicken.

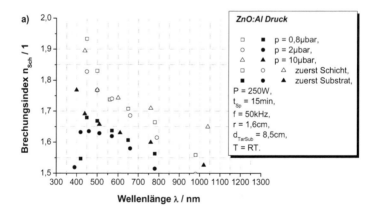

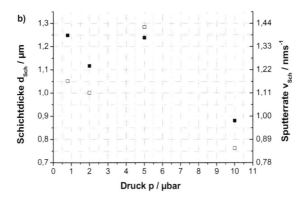

Abb. 3.2.13: Vergleich der näherungsweise über ein Ein-Schicht-System bestimmten **a)** Brechungsindizes n_{Sch} und **b)** Schichtdicken d_{Sch} mit den über Gl. (3.2.56) bis Gl. (3.2.61) bestimmten R_{Sch} und T_{Sch}-Werten. Zu sehen ist der Vergleich zwischen Messungen bei denen die Photonen einerseits zuerst auf die Schicht und dann auf das Substrat treffen und andererseits zuerst auf das Substrat und dann auf die Schicht.

3.2.4 Grundlegendes zum Vermessen von Mehr-Als-Zwei-Schichten-Systemen

Will man mehr als zwei Schichten aufbringen und sind die zuerst aufgebrachten Schichten auch weitgehend transparent, dann kann das bislang aufgezeigte **Näherungsverfahren iterativ angewendet** werden. Hierzu sind z.b. zuerst die Reflexion R_{SSch} und die Transmission T_{SSch} des Zwei-Schichten-Systems zu bestimmen und dann die Reflexion $R_{SSchSch}$ und die Transmission $T_{SSchSch}$ des „Mehr-als-Zwei-Schichten-Systems". Ersetzt man nun in allen Gleichungen des vorausgegangenen Kapitels R_S und T_S durch R_{SSch} und T_{SSch} und die zuvor verwendeten R_{SSch} und T_{SSch} durch $R_{SSchSch}$ und $T_{SSchSch}$, dann lassen sich alle anderen Größen für die „Mehr-als-zwei-Schichten" berechnen. Die entsprechende *Fehlerfortpflanzungsrechnung*, z.B. nach Gauß, führt dann jedoch zu vergleichsweise hohen Standardabweichungen für die physikalischen Größen der „mehr-als-zweiten" Schicht.

3.3 Der Vergleich mit dem Keradec/Swanepoel-Modell

3.3.1 Parameter des Substrats

Auch *Robert Swanepoel* (südafrikanischer Physiker) betrachtet für ein Substrat vorerst ein Ein-Schicht-System entsprechend Abb. 3.2.1 und Tab. 3.2.1. Er betrachtet hierbei jedoch lediglich das messbare Transmissionsspektrum und stellt folgerichtig die Beziehung Gl. (3.2.1) auf

(3.3.1) $$T_S = T_{/,eS} T_{\#,S} T_{/,St} \sum_{p=0}^{p_0} \left(R_{/,Se} T_{\#,S}^2 R_{/,St} \right)^p.$$

Dann jedoch wird die Summe in Gl. (3.3.1) durch Anwendung der binomischen Reihe $\sum_{p=0}^{p_0} a^p = 1/(1-a)$ substituiert, so dass sich die Transmission exakt zu

(3.3.2) $$T_S = \frac{T_{/,eS} T_{\#,S} T_{/,St}}{1 - R_{/,Se} T_{\#,S}^2 R_{/,St}}.$$

ergibt.

Berücksichtigt man senkrechten Lichteinfall, dann gilt für ein Ein-Schicht-System, vgl. Abb. 3.2.1 und Gl. (3.2.1), $T_{/,eS} = T_{/,St} = 1 - R_{/,eS}$ und $R_{/,eS} = R_{/,St} = \left((n_S/n_e)^2 - 1 \right) / \left((n_S/n_e)^2 + 1 \right)$. Jetzt nähert Swanepoel, indem er unter Vernachlässigung multipler Reflexionen in der Schicht, die Gesamtreflexion auf $R \approx R_{/,eS}$ setzt und ein 100% transparentes Substrat $T_{\#,S} = e^{-\alpha_S d_S} \xrightarrow{\alpha_S \to 0} 1$ betrachtet. Für Gl. (3.3.2) folgt damit

(3.3.3) $$T_S \approx \frac{(1-R_S)^2}{1-R_S^2}, \qquad R_S \approx \frac{(n_S/n_e)^2 - 1}{(n_S/n_e)^2 + 1}$$

R_S eingesetzt in T_S und aufgelöst nach dem **Brechungsindexquotienten** n_S/n_e ergibt dann

(3.3.4) $$n_S \approx \frac{n_S}{n_e} \approx \frac{1}{T_S} \pm \sqrt{\frac{1}{T_S^2} - 1},$$

wobei nur das positive Vorzeichen verwendet wird, vgl. Gl. (3.2.15).

3.3.2 Die wellenlängenabhängige Transmissionsrate T(n_{Sch},α_{Sch},d_{Sch}) nach Keradec

Auch Jean-Pierre Keradec [3.11, 3.12] (französischer Physiker) betrachtet ein **Ein-Schicht-System**, jedoch nicht entsprechend Abb. 3.2.1 für Reflexions- R, Absorptions- A und Transmissionsraten T, sondern entsprechend Abb. 3.3.1 für die diesen Raten entsprechenden Fresnelschen Reflexions-(, „Absorptions-") und Transmissionskoeffizienten, vgl. Gl. (3.1.18) bis Gl. (3.1.21).

Analysen für Chalkogenid-Dünnschicht-Solarzellen | 69

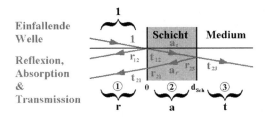

Abb. 3.3.1: Systemskizze zur Bestimmung der Reflexionskoeffizienten r und Transmissionskoeffizienten t aus der simplifizierten Summe aller Teilreflexionen, Teilabsorptionen und Teiltransmissionen auf Basis der Fresnelschen Gleichungen.

Die Fresnelschen Koeffizienten sind jedoch nur für eine Grenzfläche zwischen zwei Schichten definiert. Entsprechend Abb. 3.3.1 soll nun auch ein Ein-Schicht-System über die Fresnelschen Koeffizienten beschrieben werden; es lässt sich folgendes 6x6 Gleichungssystem (GLS) aufstellen

(3.3.5)
$$a_t(0) = t_{12} + a_r(0) r_{21},$$
$$a_r(d) = a_t(d) r_{23},$$
$$r = r_{12} + a_r(0) t_{21},$$
$$t = a_r(d) t_{23},$$
$$a_t(d) = a_t(0) e^{-k_D d_{Sch}},$$
$$a_r(0) = a_r(d) e^{-k_D d_{Sch}}.$$

Eliminiert man aus diesem Gleichungssystem alle „Absorptionskoeffizienten" und löst es nach den Reflexions- r und Transmissionskoeffizienten t des Ein-Schicht-Systems auf, dann erhält man für senkrechten Lichteinfall unter Berücksichtigung von $T_j = (n_3/n_1)|t|^2$, $n_3 = n_1$, $t_{ij} = t_{ji}$, $i, j \in \{1,2\}$, $R_j = |r|^2$ und $R_j + T_j = 1$ für eine Grenzfläche des Ein-Schicht-Systems, vgl. Gl. (3.1.32), Gl. (3.1.33) und Gl. (3.1.36),

(3.3.6)
$$t = \frac{t_{12} t_{23} e^{-k_D d_{Sch}}}{1 - r_{12} r_{23} e^{-2k_D d_{Sch}}},$$

$r = (r_{12} + r_{23} e^{-2k_D d_{Sch}})/(1 - r_{12} r_{23} e^{-2k_D d_{Sch}})$. Aus dem Transmissionskoeffizienten t ergibt sich die **Transmissionsrate T** über

(3.3.7)
$$T = \frac{n_3}{n_1}|t|^2 = \frac{n_3}{n_1} \left| \frac{t_{12} t_{23} e^{-k_D d_{Sch}}}{1 - r_{12} r_{23} e^{-2k_D d_{Sch}}} \right|^2.$$

Bevor wir jedoch den Betrag des Transmissionskoeffizienten quadrieren, ist es sinnvoll diesen physikalisch zu interpretieren: Im Zähler steht letztendlich die Beschreibung der puren Transmission $t_{12}\ e^{-k_D d}\ t_{23}$, im Nenner hingegen steht der um die Reflexion $r_{12}\ r_{23}\ e^{-2k_D d}$ geminderte Anteil des einfallenden („1") Lichts. Die Absorption wird über den Exponentialterm berücksichtigt. Während der Zähler konsistent ist, gilt dies nicht für den Nenner. Dies, da einfallende und reflektierte Welle abhängig von der Schichtdicke d_{Sch}, dem Absorptionskoeffizienten α_{Sch} und den Brechungsindizes n_1, n_2 und n_3 zueinander Phasenverschoben sind. Berücksichtigt man die Phasenverschiebung φ bei der Quadratur des Nenners, dann ist wegen des Skalarprodukts zwischen den Feldvektoren (vgl. Fresnelsche Gleichungen) für den gemischten Term eigentlich cos²φ, *nach Keradec jedoch näherungsweise cosφ* zu berücksichtigen. Es gilt

(3.3.8) $$T = \frac{n_3}{n_1}|t|^2 = \frac{n_3}{n_1}\frac{t_{12}^2\ t_{23}^2\ e^{-\alpha_{Sch} d_{Sch}}}{1 - 2 r_{12}\ r_{23}\ e^{-\alpha_{Sch} d_{Sch}} \cos\varphi + r_{12}^2\ r_{23}^2\ e^{-2\alpha_{Sch} d_{Sch}}}.$$

Hierin ist $\alpha_{Sch} = 2k_D$ der Absorptionskoeffizient der Schicht, entsprechend Gl. (3.1.55) und Gl. (3.1.56).

Die Phasenverschiebung φ ergibt sich aus dem Gangunterschied Δs zwischen der Welle im Material und der Welle im Medium $\Delta s = z\lambda = 2n_2 d_{Sch} \cos\theta_2$. Für senkrechten Lichteinfall ist der Winkel des Strahls im Medium zur Flächennormalen $\theta_2 = 0$, damit ist $z = 2n_2 d_{Sch}/\lambda$ und $\varphi = z\,2\pi = 4\pi n_2 d_{Sch}/\lambda$, vgl. Gl. (3.3.11). Ist Δs nun ein ganzzahliges Vielfaches der Wellenlänge λ (ja sogar $z \in I\!N$, wobei IN die Menge der natürlichen Zahlen ist, da n_2 und d_{Sch} positiv sind) dann interferieren die beiden Wellen konstruktiv, $\cos\varphi = 1$, und die Transmission wird nach Gl. (3.3.8) maximal. Ist $z + 1/2 \in I\!N$, dann interferieren die beiden Wellen destruktiv und die Transmission wird minimal.

Die Transmission, wie sie in Gl. (3.3.8) formuliert ist, kann **näherungsweise zur Bestimmung der Parameter eines Zwei-Schichten-Systems**, d.h. einer unbekannten Schicht auf einem bekannten Substrat, verwendet werden. Dazu benötigt man die Fresnelschen Reflexions- und Transmissionskoeffizienten für senkrechten Lichteinfall

(3.3.9) $$r_{ij} = \frac{n_i - n_j}{n_i + n_j}, \qquad t_{ij} = \frac{2 n_i}{n_i + n_j}, \qquad i,j \in \{1,2,3\},$$

und definiert das bekannte Medium als Schicht 1, die unbekannte Schicht als Schicht 2 und das bekannte Substrat als Schicht 3 – dies entspricht einem *Lichteinfall zuerst auf die unbekannte Schicht und dann auf das Substrat*. Da die Brechungsindizes für das Medium und das Substrat bekannt sind, lassen sich die Fresnelschen Reflexions- und Transmissionskoeffizienten, nach Gl. (3.3.9), für beide Grenzflächen in Abhängigkeit des unbekannten Brechungsindexes der Schicht n_{Sch} ausdrücken. Setzt man diese in Gl. (3.3.8) ein, dann erhält man den durch Gl. (3.3.10) und Gl. (3.3.11) gegebenen Transmissionskoeffizienten als Funktion des Brechungsindexes n_{Sch}, der Absorption α_{Sch} und der Dicke d_{Sch} der unbekannten Schicht.

3.3.3 Brechungsindex n_{Sch} und Absorptionskoeffizient α_{Sch} nach Swanepoel

Dieses Modell benutzt zur Bestimmung der physikalischen Parameter lediglich das Transmissionsspektrum. Zur mathematischen Ableitung der physikalischen Größen aus dem Spektrum wurden wiederholt Näherungen gemacht; die auftretenden Reflexionen wurden weitgehend rechentechnisch berücksichtigt. Das Transmissionsspektrum wird, wie soeben gezeigt, mathematisch mit

(3.3.10) $$T(n_{Sch}, \alpha_{Sch}, d_{Sch}) = \frac{Ax}{B - Cx\cos\varphi + Dx^2}.$$

beschrieben [3.13]. Hierin sind

(3.3.11)
$$A = 16 n_{Sch}^2 n_S,$$
$$B = (n_{Sch} + 1)^3 (n_{Sch} + n_S^2),$$
$$C = 2(n_{Sch}^2 - 1)(n_{Sch}^2 - n_S^2),$$
$$D = (n_{Sch} - 1)^3 (n_{Sch} - n_S^2),$$
$$\varphi = \frac{4\pi n_{Sch} d_{Sch}}{\lambda},$$
$$x = e^{-\alpha_{Sch} d_{Sch}}.$$

Die Kosinusfunktion im Nenner von Gl. (3.3.10) beschreibt die durch Interferenz der einfallenden und reflektierten Welle verursachten stehenden Wellen im Transmissionsspektrum. Wie gezeigt, kann sie Werte zwischen -1 und 1 annehmen. Setzt man also einerseits $\cos\varphi = 1$ wird der Nenner minimal und man erhält die Einhüllende der Maxima der Transmissionsfunktion zu

(3.3.12) $$T_M(n_{Sch}, \alpha_{Sch}, d_{Sch}) = \frac{Ax}{B - Cx + Dx^2}.$$

Setzt man andererseits $\cos\varphi = -1$ wird der Nenner maximal und man erhält die Einhüllende der Minima zu

(3.3.13) $$T_m(n_{Sch}, \alpha_{Sch}, d_{Sch}) = \frac{Ax}{B + Cx + Dx^2}.$$

Betrachten wir zuerst die Differenz der Kehrwerte aus Gl. (3.3.12) und Gl. (3.3.13), dann führt dies zu

(3.3.14) $$\frac{1}{T_m} - \frac{1}{T_M} = \frac{2C}{A},$$

setzt man noch C und A aus Gl. (3.3.11) ein, dann kann man nach dem **Brechungsindex** n_{Sch} auflösen und erhält

(3.3.15) $\quad n_{Sch}(\lambda) = \pm\sqrt{N \pm \sqrt{N^2 - n_S^2}}, \quad N = 2n_S\left(\frac{1}{T_m} - \frac{1}{T_M}\right) + \frac{n_S^2 + 1}{2}.$

Hierin wird nur das positive Vorzeichen verwendet. Da die Einhüllenden des Transmissionsspektrums von der Wellenlänge λ abhängen, d.h. $T_M = T_M(\lambda)$ und $T_m = T_m(\lambda)$, lässt sich hiermit der wellenlängenabhängige Brechungsindex $n_{Sch}(\lambda)$ berechnen. Die Wellenlängenabhängigkeit des Brechungsindexes $n_S(\lambda)$ des vergleichsweise dicken, transparenten Substrats kann meist vernachlässigt werden.

Da die Substrateinflüsse auch zur Schichtdickenbestimmung weitestgehend vernachlässigbar sind, kann die **Schichtdicke** d_{Sch} wieder über Gl. (3.2.23)

(3.3.16) $\quad d_{Sch} = \dfrac{m_2 - m_1}{2\left(\dfrac{n_{Sch}(\lambda_2)}{\lambda_2} - \dfrac{n_{Sch}(\lambda_1)}{\lambda_1}\right)\cos\theta_e}, \quad m_1, m_2 \in IN,$

berechnet werden. Das heißt man verwendet aus dem Transmissionsspektrum zwei beliebige Minima mit den Ordnungszahlen m₁ und m₂ bei den Wellenlängen λ_1 und λ_2 sowie den wellenlängenabhängigen Brechungsindizes $n_{Sch}(\lambda_1)$ und $n_{Sch}(\lambda_2)$, vgl. Gl. (3.3.15). Bei senkrechtem Lichteinfall $\theta_e = 0$ ist $\cos\theta_e = 1$.

Betrachten wir uns nun die Summe der Kehrwerte aus Gl. (3.3.12) und Gl. (3.3.13), so erhalten wir

(3.3.17) $\quad \dfrac{1}{T_m} + \dfrac{1}{T_M} = \dfrac{2(B + Dx^2)}{Ax}.$

Löst man dies nach x auf, so folgt

(3.3.18) $\quad x = \dfrac{X \mp \sqrt{X^2 - (n_{Sch}^2 - 1)^3(n_{Sch}^2 - n_S^4)}}{(n_{Sch} - 1)^3(n_{Sch} - n_S^2)},$

$X = 4n_{Sch}^2 n_S\left(\dfrac{1}{T_m} + \dfrac{1}{T_M}\right),$

wobei nur das negative Vorzeichen vor der Wurzel verwendet wird. Da die Brechungsindizes wellenlängenabhängig sind, ist dies auch die Größe $x = x(\lambda)$.

Nun kann man Gl. (3.3.18) und Gl. (3.3.16) in Gl. (3.3.11) einsetzen um den wellenlängenabhängigen **Absorptionskoeffizienten**

(3.3.19) $$\alpha_{Sch}(\lambda) = \frac{1}{d_{Sch}} \ln \frac{1}{x(\lambda)}$$

zu bestimmen.

Beispiele: Die nach dem **Keradec/Swanepoel-Modell** bestimmten Parameter Brechungsindex n_{Sch} und Schichtdicke d_{Sch} für *transparente Zinkoxid-Schichten (ZnO:Al)* sollen nun noch mit den exakten Werten des **Zwei-Schichten-Modells** verglichen werden.

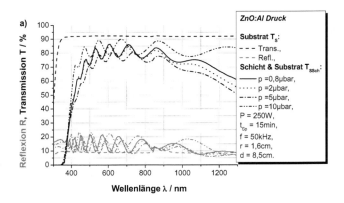

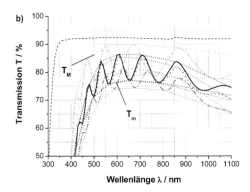

Abb. 3.3.2: **a)** Gemessene UV/Vis/NIR-Reflexions- R_S, R_{SSch} und Transmissionsraten T_S, T_{SSch} und **b)** die entsprechenden Einhüllenden T_M und T_m der Transmissionsspektren T_{SSch} nach Swanepoel [3.13] für eine transparente, aluminiumdotierte Zinkoxid-Schicht (ZnO:Al).

Abb. 3.3.2 a) zeigt die gemessenen Transmissions- T_{SSch} und Reflexionsraten R_{SSch} des Schichtensystems bestehend aus Schicht und Substrat und des isolierten Substrats. In Abb. 3.3.2 b) sind ausschließlich die entsprechenden Transmissionsspektren T_{SSch} mit deren minimalen T_m und maximalen T_M Einhüllenden gezeigt, welche für die Auswertung nach dem Keradec/Swanepoel-Modell benötigt werden. Je kleiner die Abstände zwischen den lokalen Maxima bzw. Minima der Schwingungen sind, desto dicker ist die Schicht.

Abb. 3.3.3 zeigt eine gute Übereinstimmung der beiden verglichenen Modelle für den **Brechungsindex** n_{Sch} und die **Schichtdicke** d_{Sch}.

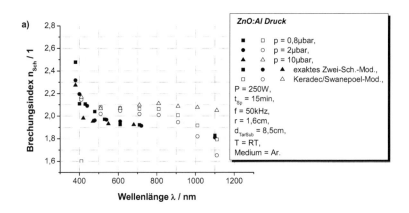

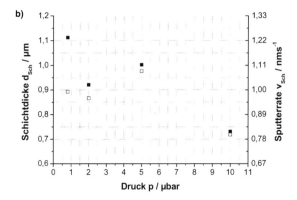

Abb. 3.3.3: Vergleich von **a)** Brechungsindizes n_{Sch} und **b)** Schichtdicken d_{Sch}, bestimmt einerseits mit dem exakten Zwei-Schichten-Modell und andererseits nach Swanepoel [3.13]. Es ergibt sich für die transparenten, aluminiumdotierten Zinkoxid-Schichten (ZnO:Al) durchwegs eine gute Übereinstimmung der beiden untersuchten Parameter.

Analysen für Chalkogenid-Dünnschicht-Solarzellen | 75

Opake Zinnsulfid-Schichten (Sn$_x$S$_y$-Schichten) sollen einerseits mit dem **Keradec/Swanepoel-Modell** und andererseits mit der **1. Näherung** zur Bestimmung von R$_{Sch}$, T$_{Sch}$ nach Gl. (3.2.54) und nachfolgender Anwendung des **Ein-Schicht-Modells** (für die Fabry-Perot Extrema) nach Gl. (3.2.11) ausgewertet werden. Die gemessenen Spektren der offensichtlich vergleichsweise dünnen Schichten, sowie die entsprechenden Einhüllenden sind in Abb. 3.3.4 zu sehen. Abb. 3.3.5 a) und b) zeigen ähnliche Werte für Brechungsindex n$_{Sch}$ und Schichtdicke d$_{Sch}$. Lediglich die Absorptionskoeffizienten α$_{Sch}$ weichen leicht voneinander ab, liegen aber in der richtigen Größenordnung.

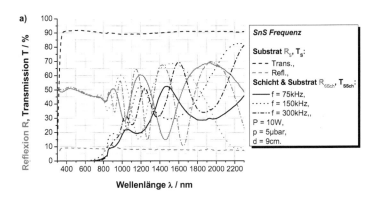

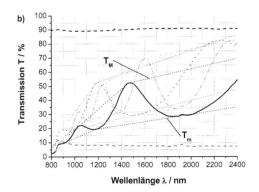

Abb. 3.3.4: a) Gemessene UV/Vis/NIR-Reflexions- R$_S$, R$_{SSch}$ und Transmissionsraten T$_S$, T$_{SSch}$ und **b)** die Einhüllenden T$_M$ und T$_m$ der Transmissionsspektren T$_{SSch}$ nach Swanepoel [3.13] für eine opake Zinnsulfid (Sn$_x$S$_y$) Schicht.

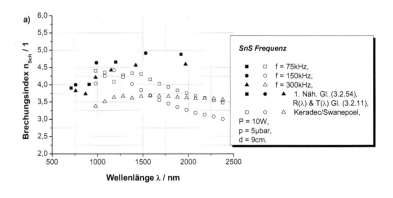
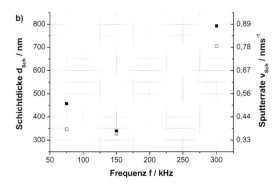
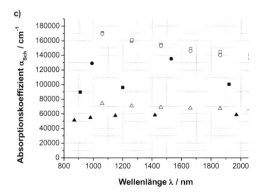

Abb. 3.3.5: Vergleich von **a)** Brechungsindizes n_{Sch}, **b)** Schichtdicken d_{Sch} und **c)** Absorptionskoeffizienten α_{Sch} bestimmt einerseits mit der 1. Näherung nach Gl. (3.2.54) und unter Verwendung des exakten Ein-Schicht-Modells mit Gl. (3.2.11) und andererseits nach Keradec und Swanepoel [3.13]. Es ergibt sich für die opaken Zinnsulfid-Schichten (Sn_xS_y) eine annähernde Übereinstimmung der untersuchten Parameter.

♦

3.4 Quantenmechanisches Modell

3.4.1 Quantenmechanisches Modell für ein Ein-Schicht-System

Bislang wurden die in dieser Arbeit entwickelten *Ein- und Zwei-Schichten-Systeme* verwendet um wesentliche physikalische Parameter aus den UV/Vis/NIR-Spektren der Schichten zu extrahieren. Hier soll nun dieses Verfahren umgekehrt werden, d.h. ein einfaches *quantenmechanisches Modell* verwendet werden um mit Hilfe dieser Parameter wieder Spektren zu erzeugen. Der Vergleich dieser Spektren mit den gemessenen Spektren, stellt neben dem *Keradec/Swanepoel Verfahren* eine zweite Möglichkeit zur Kontrolle der Ein- und Zwei-Schichten-Systeme dar.

- **Schrödinger-Gleichung und Wahrscheinlichkeitsstromdichten**

Nach Louis-Victor DeBroglie (französischer Physiker) unterliegen alle quantenmechanischen Teilchen, somit auch die Photonen, dem **Welle-Teilchen-Dualismus**, so dass für den Impuls $p = mv = \hbar k = -i\hbar \nabla$ und die Energie $E = p^2/2m = mv^2/2 = \hbar \omega = i\hbar \partial/\partial t$ gilt. Mit der *Energieerhaltung für das Teilchen-Bild* folgt daraus die *Energieerhaltung im Wellen-Bild*

$$E(k) = T + V = \frac{p_k^2}{2m} + V = \frac{\hbar^2}{2m}k^2 + V = -\frac{\hbar^2}{2m}\nabla^2 + V,$$

$$E(\omega) = \frac{p_\omega^2}{2m} = \hbar\omega = i\hbar\frac{\partial}{\partial t},$$

(3.4.1)
$$E = E(k) + E(\omega) = \frac{p_k^2 + p_\omega^2}{2m} + V$$
$$= \frac{\hbar^2}{2m}k^2 + V + \hbar\omega$$
$$= \underbrace{-\frac{\hbar^2}{2m}\nabla^2 + V}_{Ortsabhängigkeit} + \underbrace{i\hbar\frac{\partial}{\partial t}}_{Zeitabhängigkeit},$$

mit $p_k^2 = p_{k,x}^2 + p_{k,y}^2 + p_{k,z}^2$ entspricht $p_k^2 + p_\omega^2$ dem Quadrat eines Minkowskischen Vierervektor-Impulses (Hermann Minkowski, deutscher Physiker). Die sich aus dieser Energieerhaltung im Wellen-Bild ergebende Differentialgleichung ist die **zeitabhängige Schrödinger-Gleichung** (Erwin Schrödinger, österreichischer Physiker)

(3.4.2)
$$-\frac{\hbar^2}{2m}\nabla^2 + i\hbar\frac{\partial}{\partial t} + (V - E) = 0.$$

78 | Theorie

Gelöst wird sie natürlich durch eine **Wellenfunktion**

(3.4.3)
$$\begin{aligned}\psi(\vec{r},t) &= \psi_0 \cos(\vec{k}\vec{r} \mp \omega t) + i\psi_0 \sin(\vec{k}\vec{r} \mp \omega t) \\ &= \psi_{\text{Re}}(\vec{r},t) + i\psi_{\text{Im}}(\vec{r},t) \\ &= \psi_0 e^{i(\vec{k}\vec{r} \mp \omega t)} \\ &= \psi_0 e^{i(\vec{k}\vec{r})} e^{\mp i(\omega t)} \\ &= \psi(\vec{r})\psi(t)\end{aligned}$$

Die **Aufenthaltswahrscheinlichkeit** des/der Teilchens/Welle an einem wohldefinierten Ort zu einer bestimmten Zeit ergibt sich aus dem Quadrat seiner/ihrer Wellenfunktion, welche auf 1 (d.h. auf 100%) normiert wird

(3.4.4)
$$\begin{aligned}\rho(\vec{r},t) &= \psi(\vec{r},t)\psi*(\vec{r},t) \\ &= \psi_{\text{Re}}^2(\vec{r},t) + \psi_{\text{Im}}^2(\vec{r},t) \\ &= \psi_0^2 \\ &\stackrel{!}{=} 1.\end{aligned}$$

Die **Kontinuitätsgleichung** sagt aus, dass die Massenänderung in einem abgeschlossenen Volumen V gleich dem Massentransfer durch die das Volumen einschließende Fläche A sein muß, d.h.

(3.4.5) $$\frac{\partial}{\partial t}\int_V \rho(\vec{r},t)dV + \oint_A \vec{j}(\vec{r},t)\cdot d\vec{A} = 0.$$

Mit dem *Integralsatz von Gauß* $\oint_A \vec{j}(\vec{r},t)\cdot d\vec{A} = \int_V \nabla\cdot \vec{j}(\vec{r},t)dV$ folgt für die Kontinuitätsgleichung

(3.4.6)
$$\begin{aligned}&\frac{\partial}{\partial t}\int_V \rho(\vec{r},t)dV + \int_V \nabla\cdot \vec{j}(\vec{r},t)\cdot dV = 0, \\ \Leftrightarrow\ & \frac{\partial}{\partial t}\rho(\vec{r},t) + \nabla\cdot \vec{j}(\vec{r},t) = 0.\end{aligned}$$

Nach Einsetzen der Aufenthaltswahrscheinlichkeit nach Gl. (3.4.4) und unter Berücksichtigung des nach $\partial/\partial t$ aufgelösten Hamilton-Operators der zeitabhängigen Schrödinger-Gleichung, d.h.
$$\frac{\partial}{\partial t} = \frac{i}{\hbar}\left[-\frac{\hbar^2}{2m}\nabla^2 + (V(\vec{r})-E)\right], \text{ folgt}$$

(3.4.7)
$$\begin{aligned}\frac{\partial}{\partial t}\rho(\vec{r},t) &= \psi*(\vec{r},t)\frac{\partial}{\partial t}\psi(\vec{r},t) + \psi(\vec{r},t)\frac{\partial}{\partial t}\psi*(\vec{r},t) \\ &= -\nabla\left\{\frac{i\hbar}{2m}[\psi*(\vec{r},t)\nabla\psi(\vec{r},t) - \psi(\vec{r},t)\nabla\psi*(\vec{r},t)]\right\}.\end{aligned}$$

Der Vergleich mit der Kontinuitätsgleichung führt zu

(3.4.8) $$j(\vec{r},t) = \frac{i\hbar}{2m}[\psi^*(\vec{r},t)\nabla\psi(\vec{r},t) - \psi(\vec{r},t)\nabla\psi^*(\vec{r},t)]$$

j bezeichnet man als **Wahrscheinlichkeitsstromdichte**.

- **Reflexion und Transmission**

Es soll ohne Beschränkung der Allgemeinheit ein **Ein-Schicht-System** betrachtet werden. Eine von links einfallende, auf eins normierte Welle $\psi_e = e^{-ikr}$, $r \leq -r_0$ wird bei -r_0 teilweise reflektiert $\psi_r = \psi_{r,0} e^{+ikr}$, $r \leq -r_0$ und teilweise durch die Potentialbarriere bzw. den Potentialtopf transmittiert $\psi_t = \psi_{t,0} e^{-ikr}$, $r \geq r_0$. Für diese Teilwellen erhält man **Wahrscheinlichkeitsstromdichten** entsprechend Gl. (3.4.8) von

$$j_t(\vec{r},t) = \frac{i\hbar}{2m}[\psi_t^*(\vec{r},t)\nabla\psi_t(\vec{r},t) - \psi_t(\vec{r},t)\nabla\psi_t^*(\vec{r},t)]$$
$$\Rightarrow j_t = \frac{\hbar k}{2m}[\psi_{t,0}^2 + \psi_{t,0}^2]$$
$$= \frac{\hbar k}{m}\psi_{t,0}^2$$

(3.4.9) $$j_e = \frac{\hbar k}{m}, \quad j_r = \frac{\hbar k}{m}\psi_{r,0}^2, \quad j_t = \frac{\hbar k}{m}\psi_{t,0}^2.$$

Reflexions- R und **Transmissionsraten T** lassen sich mit diesen Wahrscheinlichkeitsstromdichten definieren zu

(3.4.10) $$R = \frac{j_r}{j_e} = \psi_{r,0}^2, \qquad T = \frac{j_t}{j_e} = \psi_{t,0}^2.$$

Zur Bestimmung der Amplituden der Wellenfunktionen und damit der Reflexions- und Transmissionsgrade geht man wie folgt vor. Man definiert die **Wellenfunktionen (Zustände der Materiewellen)** für die Bereiche Einfall/Reflexion, Schicht und Transmission

(3.4.11) $$\psi(\vec{r}) = \begin{cases} \psi_e(\vec{r}) + \psi_r(\vec{r}) = e^{-i\vec{k}_e\vec{r}} + \sqrt{R}\,e^{i\vec{k}_e\vec{r}} & \text{für } -\infty < r \leq -r_0, \\ \psi_{Sch}(\vec{r}) = \psi_+ e^{i\vec{k}_{Sch}\vec{r}} + \psi_- e^{-i\vec{k}_{Sch}\vec{r}} & \text{für } -r_0 < r < +r_0, \\ \psi_t(\vec{r}) = \sqrt{T}\,e^{-i\vec{k}_t\vec{r}} & \text{für } +r_0 \leq r < +\infty, \end{cases}$$

wobei Gl. (3.4.10) berücksichtigt wurde, und erhält damit aus den **zeitunabhängigen Schrödinger-Gleichungen** für die entsprechenden Bereiche durch Einsetzen die **Wellenzahlen**

80 | Theorie

$$\left[-\frac{\hbar^2}{2m}\nabla^2 + (V_{Sch} \mp E)\right]\psi(r) = 0 \quad \Leftrightarrow \quad \frac{\hbar^2}{2m}k_{Sch}^2 + (V_{Sch} \mp E) = 0$$

(3.4.12) $$k = \begin{cases} \sqrt{\frac{2m}{\hbar^2}E} = k_e = k_t & \text{für} \quad \pm\infty < r \leq \pm r_0, \\ \sqrt{\frac{2m}{\hbar^2}(E \mp V_{Sch})} = k_{Sch} & \text{für} \quad -r_0 < r < +r_0, \end{cases}$$

wobei das − für **Potentialbarrieren** sowie das + für **Potentialtöpfe** steht. Für Potentialtöpfe sind beide Wellenzahlen reell. Für Potentialbarrieren sind zwei Fälle zu unterscheiden: Falls $E \geq V_0$ ist, ist k_{Sch} reell, andernfalls imaginär. Nur für imaginäre k_{Sch} erhält man Absorptionen $\alpha_{Sch} \neq 0$. Mit Gl. (3.4.12) sind die Wellenzahlen Funktionen der Energie $k_{Sch}(E)$. Ausserhalb der Schicht, d.h. in Luft oder Vakuum, ist die Wellenzahl $k_e = k_t$ und damit das Potential $V = 0$ zu setzen.

Nun verwendet man die **Randbedingungen (Anschlußbedingungen)**, d.h. Gleichsetzen der entsprechenden Wellenfunktionen und ihrer Ableitungen bei $-r_0$ und r_0. Mit $\psi_e = e^{-ik_e r}$, $\psi_r = \sqrt{R}\, e^{+ik_e r}$, $\psi_t = \sqrt{T}\, e^{-ik_t r}$ und $\psi_S = \psi_+ e^{ik_{Sch} r} + \psi_- e^{-ik_{Sch} r}$, vgl. Gl. (3.4.10), erhält man folgendes Gleichungssystem (GLS)

(3.4.13) $$\begin{aligned} \psi_e(-\vec{r}_0) + \psi_r(-\vec{r}_0) &= \psi_{Sch}(-\vec{r}_0), \\ \psi_{Sch}(\vec{r}_0) &= \psi_t(\vec{r}_0), \\ \nabla\psi_e(-\vec{r}_0) + \nabla\psi_r(-\vec{r}_0) &= \nabla\psi_{Sch}(-\vec{r}_0), \\ \nabla\psi_{Sch}(\vec{r}_0) &= \nabla\psi_t(\vec{r}_0). \end{aligned}$$

Nach lösen dieses 4x4-Gleichungssystems erhält man für die **Reflexions-** R_{Sch} und die **Transmissionsrate** T_{Sch} eines Ein-Schicht-Systems unter Berücksichtigung, dass das Medium auf beiden Seiten der Schicht das gleiche ist $k_t = k_e$ und die Schichtdicke durch $d_{Sch} = 2r_0$, vgl. Abb. 3.4.1, gegeben ist

(3.4.14) $$R_{Sch} = \frac{\left(1 - (k_e/k_{Sch})^2\right)^2 \sin^2(k_{Sch}d_{Sch})}{4(k_e/k_{Sch})^2 + \left(1 - (k_e/k_{Sch})^2\right)^2 \sin^2(k_{Sch}d_{Sch})},$$

$$T_{Sch} = \frac{4(k_e/k_{Sch})^2}{4(k_e/k_{Sch})^2 + \left(1 - (k_e/k_{Sch})^2\right)^2 \sin^2(k_{Sch}d_{Sch})},$$

wenn die Absorption der Schicht vernachlässigt wird ($\alpha_{Sch} = 0$).

Wegen der Sinus-Funktion in Gl. (3.4.14) ergeben sich Maxima der Reflexion R_{Sch} und Minima der Transmission T_{Sch} für $\sin^2(2k_{Sch}r_0) = 1$, d.h. für $2k_{Sch}r_0 = (2n+1)\pi/2$. Diese bezeichnet man als **Fabry-Perot Extrema**.

Hier wurde exemplarisch das **Ein-Schicht-System** beschrieben, vgl. Abb. 3.4.1 a). Durch Betrachtung der entsprechenden Potentialbarrieren und ihrer Randbedingungen können auch das **Keradec/Swanepoel Modell** und das **Zwei-Schichten-System** quantenmechanisch betrachtet werden, vgl. Abb. 3.4.1 b) und c).

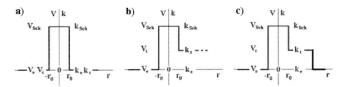

Abb. 3.4.1: Modell der quantenmechanischen Potentialbarriere für **a)** das Ein-Schicht-System, **b)** das Keradec/Swanepoel Modell und **c)** das Zwei-Schichten-System. Für das Keradec/Swanepoel Modell entspricht der Transmissionsbereich der zweiten Schicht bzw. dem Substrat; die Grenzfläche zwischen Substrat und Umgebung wird hier vernachlässigt.

Beispiel: Näherungsweise kann dieses **Ein-Schicht-Modell** auch für ein **Zwei-Schichten-System** verwendet werden, wenn der **Einfluss des Substrats nahezu vernachlässigbar** ist. Dies soll am Beispiel einer *mit Aluminium dotierten Zinkoxid-Schicht auf Glas* gezeigt werden.

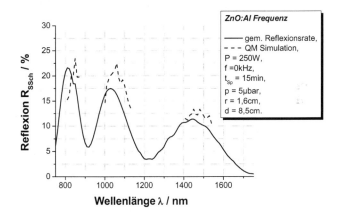

Abb. 3.4.2: Vergleich einer gemessenen und einer über das quantenmechanische Modell simulierten Reflexionsrate als Funktion der Wellenlänge für eine Zinkoxid-Schicht auf Glas.

Aus den gemessenen Reflexions- R_S, R_{SSch} (Abb. 3.4.2) und Transmissionsspektren T_S, T_{SSch} des Zwei-Schichten-Systems wurden mit Hilfe von Gl. (3.2.54) die Näherungswerte der Reflexions- R_{Sch} und Transmissionsrate T_{Sch} der Schicht bestimmt. Über das theoretische Modell des *Ein-*

Schicht-Systems mit 1. Näherung für einen Schichtenstapel, Gl. (3.2.11), konnte das Brechungsindexverhältnis $n_{Sch}/1$ zwischen Schicht und Luft errechnet werden. Das Snelliussche Gesetz Gl. (3.2.17) lieferte dann, bei bekannter Wellenzahl $k_e = 2\pi/\lambda_e$ in Luft, die entsprechende Wellenzahl k_{Sch} für die Schicht. Diese beiden Wellenzahlen eingesetzt in das *quantenmechanische Modell* Gl. (3.4.14) führen zu R_{Sch}. Verwendet man abschließend nochmals Gl. (3.2.54) um aus R_{Sch} und R_S wieder R_{SSch} zu bestimmen, so erhält man die simulierte Reflexionskurve in Abb. 3.4.2. Die Übereinstimmung der gemessenen und simulierten Kurve für die Fabry-Perot Extrema kann als sehr gut bezeichnet werden.

♦

3.4.2 Quantenmechanisches Modell für Zwei-Schichten-Systeme

Grundsätzlich lässt sich ein quantenmechanisches **Zwei-Schichten-System** mathematisch wie ein quantenmechanisches Ein-Schicht-System behandeln, wenn es lediglich um eine Schicht ergänzt wird. Dies bedeutet einerseits eine **zusätzliche Wellenfunktion**, d.h. zu $\psi_e = e^{-ik_e r}$, $\psi_r = \sqrt{R}\, e^{+ik_e r}$, $\psi_t = \sqrt{T}\, e^{-ik_t r}$ und $\psi_{Sch} = \psi_+ e^{ik_{Sch} r} + \psi_- e^{-ik_{Sch} r}$ kommt $\psi_S = \psi_+ e^{ik_S r} + \psi_- e^{-ik_S r}$ hinzu. Andererseits erhöht sich auch die Anzahl der Grenzflächen zwischen zwei Medien von zwei auf drei und damit die Anzahl der **Randbedingungen (Anschlußbedingungen)** von vier auf sechs Gleichungen, vgl. Gl. (3.4.13). Dies führt insgesamt zu einem 6x6-Gleichungssystem (GLS) für die sechs unbekannten Amplituden der Wellenfunktionen. Interessant sind jedoch wieder nur die **Reflexion R** und die **Transmission T**. Der mathematische Aufwand zur Lösung dieses GLS ist jedoch vergleichsweise hoch, so dass hier eine andere Möglichkeit zur Behandlung eines Zwei-Schichten-Systems mit einem 4x4-Gleichungssystem vorgestellt werden soll.

Vernachlässigt man, wie dies auch **Keradec und Swanepoel** machten, die i.a. weit entfernte Grenzfläche zwischen transparentem Substrat und Umgebung, dann betrachtet man für ein Zwei-Schichten-System quantenmechanisch eine Potentialbarriere wie sie in Abb. 3.4.1 b) dargestellt ist. Für diese erhält man unter Berücksichtigung der Absorption über k_D für die **Randbedingungen (Anschlußbedingungen)** bei $-r_0$ und r_0 folgendes 4x4-Gleichungssystem,

(3.4.15)
$$e^{ik_e r_0} + \sqrt{R}\, e^{-ik_e r_0} = \psi_+ e^{-ik_{Sch} r_0} + \psi_- e^{ik_{Sch} r_0}$$
$$\sqrt{T}\, e^{-ik_t r_0} = \psi_+ e^{i(k_{Sch}+ik_D)r_0} + \psi_- e^{-i(k_{Sch}+ik_D)r_0}$$
$$-ik_e e^{ik_e r_0} + ik_e \sqrt{R}\, e^{-ik_e r_0} = ik_{Sch}\psi_+ e^{-ik_{Sch} r_0} - ik_{Sch}\psi_- e^{ik_{Sch} r_0}$$
$$-ik_t \sqrt{T}\, e^{-ik_t r_0} = i(k_{Sch}+ik_D)\psi_+ e^{i(k_{Sch}+ik_D)r_0} - i(k_{Sch}+ik_D)\psi_- e^{-i(k_{Sch}+ik_D)r_0}.$$

Löst man dieses wiederum nach den **Reflexions- R** und **Transmissionsraten T**, so erhält man unter Berücksichtigung der Schichtdickendefinition $d_{Sch} = 2r_0$, dem Absorptionskoeffizienten nach Gl. (3.1.56) $\alpha_{Sch} = 2k_D$ und des auf der Transmissions-Seite liegenden Substrats $k_t = k_S$

$$R_{Sch} = \frac{\left(\dfrac{k_e}{k_{Sch}} - \dfrac{k_S}{k_{Sch} + i\alpha_{Sch}/2}\right)^2 + \ldots}{\left(\dfrac{k_e}{k_{Sch}} + \dfrac{k_S}{k_{Sch} + i\alpha_{Sch}/2}\right)^2 + \ldots}$$

$$\frac{\ldots + \left(1 + \dfrac{k_e k_S}{k_{Sch}(k_{Sch} + i\alpha_{Sch}/2)} - \dfrac{k_e^2}{k_{Sch}^2} - \dfrac{k_S^2}{(k_{Sch} + i\alpha_{Sch}/2)^2}\right)\sin^2\!\left((k_{Sch} - i\alpha_{Sch}/4)d_{Sch}\right)}{\ldots + \left(1 + \dfrac{k_e k_S}{k_{Sch}(k_{Sch} + i\alpha_{Sch}/2)} - \dfrac{k_e^2}{k_{Sch}^2} - \dfrac{k_S^2}{(k_{Sch} + i\alpha_{Sch}/2)^2}\right)\sin^2\!\left((k_{Sch} - i\alpha_{Sch}/4)d_{Sch}\right)}$$

(3.4.16)

$$T_{Sch} = \frac{4\dfrac{k_e^2}{k_{Sch}^2}}{\left(\dfrac{k_e}{k_{Sch}} + \dfrac{k_S}{k_{Sch} + i\alpha_{Sch}/2}\right)^2 + \ldots}$$

$$\overline{\ldots + \left(1 + \dfrac{k_e k_S}{k_{Sch}(k_{Sch} + i\alpha_{Sch}/2)} - \dfrac{k_e^2}{k_{Sch}^2} - \dfrac{k_S^2}{(k_{Sch} + i\alpha_{Sch}/2)^2}\right)\sin^2\!\left((k_{Sch} - i\alpha_{Sch}/4)d_{Sch}\right)}$$

Für $\alpha_{Sch} \to 0$ und $k_S \to k_e$ gehen die Reflexions- R und Transmissionsraten T aus Gl. (3.4.16) in diejenigen aus Gl. (3.4.14) über.

Bemerkung: Interessant ist noch der Vergleich zwischen Gl. (3.4.14) und Gl. (3.4.16) einerseits und den zentralen Gleichungen, Gl. (3.3.8) bzw. Gl. (3.3.10), des Keradec/Swanepoel-Modells andererseits. Berücksichtigt man, dass $\sin^2\varphi = 1 - \cos^2\varphi$ mit $\varphi = (k_{Sch} - i\alpha/4)d_{Sch}$ gilt, so ließen sich Gl. (3.4.14) und Gl. (3.4.16) in die Form von Gl. (3.3.10) überführen, wenn in dieser die Kosinus-Funktion nicht den Exponenten 1 hätte. Dennoch sind sich **quantenmechanisches Modell** und **Keradec/Swanepoel-Modell** insofern ähnlich, als sich auch die Kosinus-Quadrat-Funktion und die Kosinus-Funktion ähnlich sind.

Neben den bislang diskutierten Modellen existieren noch weitere attraktive Fragmente von Modellen (z.B. [3.14]), auf die hier nicht weiter eingegangen werden soll.

3.5 Elektrische Bestimmung des spezifischen Widerstandes dünner Schichten

3.5.1 Van-der-Pauw Methode

- **Vier-Spitzen-Messung**

Vorauszusetzen sind isotrop homogene (oder als im Mittel homogen anzunehmende) Schichten mit einer konstanten Schichtdicke d_{Sch}. Die Auflagefläche der Meßspitzen soll als verschwindend klein angenommen werden können; der Kontakt zwischen Meßspitzen und Schicht soll Ohmsch sein. Dies ist durch geeignete Wahl des Materials für die Meßspitzen sicher zu stellen.
Die Widerstandsmessung erfolgt dann mit der **Vier-Punkt-Methode**. Durch zwei Kontakte wird in die Schicht ein Strom I_{AB} eingeprägt. Damit weist jeder dieser beiden Kontakte A, B ein Potential auf, das über ein elektrisches Feld E an den beiden Orten C, D ein ortsabhängiges r Potential $V = \int E \, dr$ verursacht, vgl. Abb. 3.5.1. Durch zwei weitere Kontakte wird die wohldefinierte Potentialdifferenz, d.h. die Spannung U_{CD} zwischen C und D, gemessen. Mit Hilfe des folgenden mathematischen Konzeptes kann dann der Flächenwiderstand der Schicht R_{Sch} bestimmt und, bei homogenen Schichten, der spezifische Widerstand ρ_{Sch} berechnet werden.

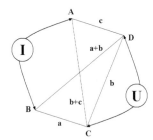

Abb. 3.5.1. Systemskizze für eine Vier-Spitzen-Messung nach Van-der-Pauw.

- **Das elektrische Feld in dünnen Schichten**

Zur Bestimmung des elektrischen Feldes gehen wir von der Maxwellschen Gleichung

(3.5.1) $\qquad \nabla \times D = \rho_{Sch}$

aus. Hierin sind $D = \varepsilon E$ die elektrische Flussdichte (Verschiebungsdichte), wobei ε die Dielektrizitätskonstante und E die elektrische Feldstärke sind, sowie $\rho_{Sch} = q/V$ die Volumenladungsdichte. Integriert man auf beiden Seiten über den Ort r, dann erhält man

(3.5.2) $\qquad E = \frac{\rho_{Sch} r}{\varepsilon} = \frac{q\,r}{\varepsilon V} = \frac{It\,r}{\varepsilon V}.$

In Gl. (3.5.2) wurde zudem mit der Zeit t erweitert und der Strom $I = q/t$ eingeführt. Die Bewegung eines Ladungsträgers in einem Würfel mit der Kantenlänge λ kann entweder als ohmscher Stromfluss oder als Umladen einer Kapazität betrachtet werden. Einerseits gilt $R_{Sch} = \rho_{Sch} \lambda/\lambda^2 = \rho_{Sch} \lambda^2/n_\lambda$, andererseits $C = \varepsilon_{Sch}\lambda^2/\lambda$. Unter Verwendung der thermischen Spannung $U_t = kT/q$ erhält man auch $R_{Sch} = U_t/I = kTt/q^2$ oder $C = q/U_t = q^2/kT$. Durch Gleichsetzen der Widerstandswerte R_{Sch} folgt für den spezifischen Widerstand $\rho_{Sch} = tkT/(\lambda^2 n_\lambda q^2)$ und für die Dielektrizitätskonstante $\varepsilon_{Sch} = \lambda^2 n_\lambda q^2/(kT)$. Mit diesen beiden Ausdrücken ergibt sich der Zusammenhang zwischen spezifischem Widerstand ρ_{Sch} und Dielektrizitätskonstante ε_{Sch} zu

(3.5.3) $\quad \rho_{Sch} = t/\varepsilon_{Sch}.$

Setzt man Gl. (3.5.3) in Gl. (3.5.2) ein und berücksichtigt, dass das Volumen $V = \pi r^2 d_{Sch}$ des elektrischen Feldes für dünne Schichten mit einer Schichtdicke d_{Sch} nach Abb. 3.5.2 nahezu zylinderförmig ist, dann erhält man für das **elektrische Feld**

(3.5.4) $\quad E = \dfrac{I_{CD}\rho_{Sch}\, r}{V} = \dfrac{I_{CD}\rho_{Sch}}{\pi r d_{Sch}}.$

- **Van-der-Pauw Gleichung**

Für die Spannung zwischen den Punkten C und D als Funktion des Potentials am Ort B gilt folglich

(3.5.5) $\quad U_{CD,B} = \dfrac{\rho_{Sch} I_{CD}}{\pi d_{Sch}} \int_a^{a+b} \dfrac{1}{r} dr = \dfrac{\rho_{Sch} I_{CD}}{\pi d_{Sch}} \ln\left(\dfrac{a+b}{a}\right)$

und als Funktion des Potentials am Ort A

(3.5.6) $\quad U_{CD,A} = \dfrac{\rho_{Sch} I_{CD}}{\pi d_{Sch}} \int_c^{b+c} \dfrac{1}{r} dr = \dfrac{\rho_{Sch} I_{CD}}{\pi d_{Sch}} \ln\left(\dfrac{b+c}{c}\right).$

Da die Potentiale beider Orte, A und B, auf die Spannung zwischen C und D gleichermaßen Einfluss haben, sind die Spannungen aus Gl. (3.5.5) und Gl. (3.5.6) nach dem Superpositionsprinzip zu addieren, es gilt

(3.5.7) $\quad U_{CD} = \dfrac{\rho_{Sch} I_{CD}}{\pi d_{Sch}} \left(\ln\left(\dfrac{a+b}{a}\right) + \ln\left(\dfrac{b+c}{c}\right) \right) = \dfrac{\rho_{Sch} I_{CD}}{\pi d_{Sch}} \ln\left(\dfrac{(a+b)(b+c)}{ac}\right).$

Division durch den Strom I_{CD}, führt auf einen *Widerstand der Schicht* von

(3.5.8) $\quad R_{CD} = \dfrac{U_{CD}}{I_{CD}} = \dfrac{\rho_{Sch}}{\pi d_{Sch}} \ln\left(\dfrac{(a+b)(b+c)}{ac}\right).$

Tauscht man nun die elektrischen Anschlüsse der Stromquelle und des Spannungsmessgerätes zyklisch durch, so dass der Strom über die Kontakte B und C eingeprägt und die Spannung über die Kontakte D und A abgegriffen wird, dann erhält man ganz analog zu Gl. (3.5.5) bis Gl. (3.5.8) mit Hilfe der Streckenbezeichnungen aus Abb. 3.5.1 einen Schichtwiderstand von

(3.5.9) $\quad R_{DA} = \dfrac{U_{DA}}{I_{DA}} = \dfrac{\rho_{Sch}}{\pi d_{Sch}} \ln\left(\dfrac{(a+b)(b+c)}{b(a+b+c)}\right)$

Löst man nun Gl. (3.5.8) und Gl. (3.5.9) nach den Argumenten der jeweiligen Logarithmen auf und addiert deren Kehrwerte, so erhält man

(3.5.10) $\quad e^{-\frac{\pi d_{Sch}}{\rho_{Sch}} R_{CD}} + e^{-\frac{\pi d_{Sch}}{\rho_{Sch}} R_{DA}} = \dfrac{ac+b(a+b+c)}{(a+b)(b+c)} = \dfrac{ac+ba+b^2+bc}{ab+ac+b^2+bc} = 1.$

Diese Gleichung bezeichnet man nach ihrem Entdecker als **Van-der-Pauw Gleichung**.

- **Der spezifische Widerstand nach Van-der-Pauw**

Bilden die Punkte A, B, C und D ein Quadrat, dann kann bei homogenen Schichten davon ausgegangen werden, dass die Widerstände R_{CD} und R_{DA} gleich groß sind ($R_{CD} = R_{DA}$). Für diesen Fall gilt mit der Van-der-Pauw Gleichung (benannt nach dem niederländischen Ingenieur L.J. Van-der-Pauw)

(3.5.11) $\quad 2e^{-\frac{\pi d_{Sch}}{\rho_{Sch}} R_{CD}} = 1.$

Nach Anwendung der Logarithmusgesetze $\ln(xy) = \ln x + \ln y$ und $\ln 1 = 0$ erhält man den **spezifischen Widerstand der Schicht** und den **Schichtwiderstand** zu

(3.5.12) $\quad \rho_{Sch} = \dfrac{1}{\sigma_{Sch}} = \dfrac{\pi d_{Sch}}{\ln 2} R_{CD}, \quad R_{Sch} = \dfrac{\rho_{Sch}}{d_{Sch}} = \dfrac{\pi}{\ln 2} R_{CD},$

wobei σ_{Sch} die Leitfähigkeit der Schicht ist, vgl. auch Gl. (3.2.19). Bemerkenswert ist, dass diese Gleichung unabhängig vom Abstand der Spitzen ist.

3.5.2 Lineare Vier-Spitzen-Methode

- **Lineare Vier Spitzen Messung**

Vorauszusetzen sind isotrop homogene (oder als im Mittel homogen anzunehmende) Schichten mit einer konstanten Schichtdicke d_{Sch}. Die Auflagefläche der Meßspitze soll als verschwindend klein angenommen werden können; der Kontakt zwischen Meßspitze und Schicht soll ohmsch sein. Dies ist durch geeignete Wahl des Materials für die Meßspitzen sicher zu stellen.
Die Widerstandsmessung erfolgt dann ganz analog zur Van-der-Pauw Methode. Nur liegen hier die **vier Spitzen in einer Reihe** und haben jeweils voneinander den Abstand s. Durch die beiden äußeren Kontakte wird in die Schicht ein Strom I_{AB} eingeprägt und durch die beiden inneren Kontakte wird die Spannung U_{CD} gemessen, vgl. Abb. 3.5.2. Mit Hilfe des folgenden mathematischen Konzeptes kann dann der Flächenwiderstand der Schicht R_{Sch} bestimmt und, bei homogenen Schichten, der spezifische Widerstand ρ_{Sch} berechnet werden.

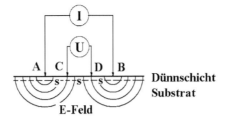

Abb. 3.5.2: Systemskizze für eine lineare Vier-Spitzen-Messung.

- **Der spezifische Widerstand nach der klassischen Methode**

Die **elektrischen Felder** breiten sich in dünnen, homogenen Schichten an der Oberfläche ausgehend von den Punkten A oder B kreisförmig aus. Unter der Annahme, dass die Dicke d_{Sch} der Schichten sehr klein ist, ändert sich die Feldstärke von der Oberfläche zur Grenzfläche nur geringfügig, so dass ein zylinderförmiges elektrisches Feld ausgehend von A oder B angenommen werden kann, vgl. Gl. (3.5.4),

(3.5.13) $$E = \frac{I_{CD}\rho_{Sch} r}{V} = \frac{I_{CD}\rho_{Sch}}{\pi r d_{Sch}}.$$

Die, durch das von A oder B ausgehende zylinderförmige elektrische Feld, erzeugte Spannung zwischen den beiden innenliegenden Spitzen C und D ergibt sich zu

(3.5.14) $$U_{CD,A} = U_{CD,B} = \int_C^D E\, dr = \frac{\rho_{Sch}I_{CD}}{\pi d_{Sch}} \int_s^{2s} \frac{1}{r} dr$$
$$= \frac{\rho_{Sch}I_{CD}}{\pi d_{Sch}} \ln\left(\frac{2s}{s}\right) = \frac{\rho_{Sch}I_{CD}}{\pi d_{Sch}} \ln(2).$$

Durch Addition (Superpositionsprinzip) dieser beiden Spannungen erhält man

(3.5.15) $$U_{CD} = U_{CD,A} + U_{CD,B} = \frac{\rho_{Sch}I_{CD}}{\pi d_{Sch}} 2\ln(2).$$

Damit ergibt sich nach Division durch I_{CD} der **spezifische Widerstand der Schicht** und der **Schichtwiderstand** zu

(3.5.16) $$\rho_{Sch} = \frac{1}{\sigma_{Sch}} = \frac{\pi d_{Sch}}{2\ln 2}\frac{U_{CD}}{I_{CD}} = \frac{\pi d_{Sch}}{2\ln 2} R_{CD}, \quad R_{Sch} = \frac{\rho_{Sch}}{d_{Sch}} = \frac{\pi}{2\ln 2} R_{CD},$$

wobei σ_{Sch} die Leitfähigkeit der Schicht ist. Diese Zusammenhänge weichen von den (spezifischen) Schichtwiderständen nach Van-der-Pauw ab, was auf die unterschiedlichen geometrischen Anordnungen der Meßspitzen zurückzuführen ist.

Bemerkung: Für unendlich **dicke Substrate** ist ausgehend von A oder B ein radiales elektrisches Feld (vgl. Abb. 3.5.2) mit der Feldstärke $E = \rho_{Sch} I_{CD}/(2\pi r^2)$ anzunehmen. Analog zum Vorgehen von Gl. (3.5.14) bis Gl. (3.5.16) erhält man hiermit den spezifischen Widerstand des Substrates zu $\rho_{Sch} = 1/\sigma_{Sch} = 2\pi s U_{CD}/I_{CD} = 2\pi s R_{CD}$. Der Schichtwiderstand ist hier nicht mehr vom Abstand s der Spitzen *un*abhängig!

3.5.3 Zwei-Spitzen-Methode

Die Formeln für den spezifischen Widerstand der Schicht sind folglich abhängig vom gewählten Verfahren: *Van-der-Pauw Methode* bzw. *Lineare Vier-Spitzen-Methode*.
Bei der Van-der-Pauw Methode stehen die Strecken $\overline{AD}$ und $\overline{BC}$ i.a. senkrecht auf die zentrale Meßstrecke $\overline{CD}$, wohingegen bei der klassischen Vier-Spitzen-Methode die drei Strecken $\overline{AC}$, $\overline{CB}$ und $\overline{CD}$ zwischen den Meßspitzen kollinear sind. Aufgrund dieses geometrischen Unterschiedes im Meßaufbau sind auch die (spezifischen) Schichtwiderstände verschieden. Legt man die Meßstrecken $\overline{CD}$ beider Methoden übereinander, dann stehen hiermit die Strecken $\overline{AD}$ und $\overline{BC}$ der Van-der-Pauw Methode auch senkrecht auf die Strecken $\overline{AC}$ und $\overline{CB}$ der klassischen Vier-Spitzen-Methode. Lässt man nun diese Strecken $\overline{AD}$ und $\overline{BC}$ sowie $\overline{AC}$ und $\overline{CB}$ gegen null gehen, dann erhält man sowohl aus der Van-der-Pauw Methode als auch aus der klassischen Vier-Spitzen Methode die **Zwei-Spitzen-Methode**. Hierbei geht jedoch auch die Meßstrecke $\overline{CD}$ gegen null, so dass eine ausführlichere Diskussion über den Residuensatz zu erfolgen hat.
Über den Durchschnitt der arithmetischen Mittelwerte für die *spezifischen Widerstände und* die *entsprechenden Leitwerte* aus Gl. (3.5.12) und Gl. (3.5.16) erhält man sowohl den **spezifischen Widerstand der Schicht**

(3.5.17) $\qquad \rho_{Sch} = \frac{1}{\sigma_{Sch}} = \frac{\pi d_{Sch}}{\sqrt{2}\ln 2}\frac{U_{CD}}{I_{CD}} = \frac{\pi d_{Sch}}{\sqrt{2}\ln 2} R_{CD}$

als auch den **Schichtwiderstand**

(3.5.18) $\qquad R_{Sch} = \frac{\rho_{Sch}}{d_{Sch}} = \frac{\pi}{\sqrt{2}\ln 2} R_{CD}.$

Dies entspricht der Betrachtung von *Serien- und Parallelschaltung* der elementaren Widerstände des elektrischen Ersatzschaltbildes für eine Dünnschicht.
Experimentell ist somit lediglich der ohmsche Widerstand R_{CD} der Schicht mit einem **Zwei Spitzen I(U)-Messplatz** zu bestimmen und dann über Gl. (3.5.17) bzw. Gl. (3.5.18) der spezifische Schichtwiderstand ρ_{Sch} bzw. der Schichtwiderstand R_{Sch} zu berechnen.

Beispiele: Auf diese Weise konnten **Leitfähigkeiten** σ_{Sch} für *aluminiumdotierte Zinkoxidschichten (ZnO:Al Schichten)* bestimmt werden.
Gezeigt sind einerseits Leitfähigkeiten von ZnO:Al Schichten, die in inertem *Argon Prozessgas mit bis zu 10 Volumenprozent Sauerstoff oder Stickstoff* bei Raumtemperatur gesputtert worden sind, vgl. Abb. 3.5.3. Mit steigendem Sauerstoffgehalt von 0% ... 10% im Inertgas fallen die Leitfähigkeiten der ZnO:Al Schichten für den in der Legende gegebenen Parametersatz

kontinuierlich von $\sigma_{Sch} = 10\Omega^{-1}cm^{-1}$ auf $\sigma_{Sch} = 10^{-7}\Omega^{-1}cm^{-1}$. Für einen ebenso steigenden Stickstoffgehalt fallen die Leitfähigkeiten ganz ähnlich im Bereich zwischen $\sigma_{Sch} = 100\Omega^{-1}cm^{-1}$ und $\sigma_{Sch} = 0{,}1\Omega^{-1}cm^{-1}$.

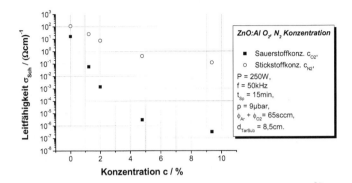

Abb. 3.5.3: Leitfähigkeiten für ZnO:Al Schichten, die über die Zwei-Spitzen Methode bestimmt wurden. Hier wurde dem inerten Prozessgas Argon einerseits reaktiver Sauerstoff, andererseits Stickstoff mit bis zu 10 Volumenprozent zugesetzt.

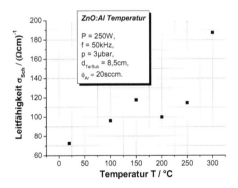

Abb. 3.5.4: Leitfähigkeiten für ZnO:Al Schichten, die über die Zwei-Spitzen Methode bestimmt wurden. Hier wurden die ZnO:Al Schichten auf temperierte Glassubstrate gesputtert.

Gezeigt sind andererseits Leitfähigkeiten für ZnO:Al Schichten, die *auf unterschiedlich temperierten Glassubstraten gesputtert* wurden, vgl. Abb. 3.5.4. Für einen Temperaturbereich von Raumtemperatur bis T = 300°C steigen die Leitfähigkeiten der ZnO:Al Schichten für den in der Legende gegebenen Parametersatz im Bereich $\sigma_{Sch} = 70\Omega^{-1}cm^{-1}$ ... $190\Omega^{-1}cm^{-1}$ nahezu exponential an, wobei sich bei T ≈ 150°C ein lokales Maximum mit $\sigma_{Sch} = 120\Omega^{-1}cm^{-1}$ befindet. ♦

3.5.4 Einfluss des Substrats und der Meßspitzen

Die mit dem I(U)-Messplatz angelegten Spannungen waren durchwegs deutlich unter U < 1V. Damit besitzen die in die Schicht injizierten Elektronen Energien, die unter E < 1eV sind. Die Potentialbarrieren, welche von den verwendeten Schichten (wie z.b. aluminiumdotiertes Zinkoxid) diesen Elektronen entgegenstellt werden, weisen idealerweise einen Betrag von E=1,4eV auf. Somit besteht nach dem klassischen physikalischen Verständnis keine Möglichkeit für ein Eindringen der Elektronen in die Absorberschicht. Quantenmechanisch besteht jedoch die Möglichkeit des Tunnelns durch die Schicht. In jedem Fall ist für die Absorberschichten ein sehr hoher Schichtwiderstand zu erwarten.

Ein **Tunneln von Elektronen** durch die Schicht in das Substrat ist schon deswegen unwahrscheinlich. Dennoch sind Tunnelströme in das Glassubstrat grundsätzlich möglich, diese beschränken sich jedoch nur auf einige wenige Nanometer [3.15] und sind aufgrund der Potentialbarriere des Substrats von E = 3,9eV mit Sicherheit deutlich kleiner als die Tunnelströme durch die Schicht. Hier kann deshalb ohne Beschränkung der Allgemeinheit davon ausgegangen werden, dass die verwendeten Glassubstrate lediglich einen zu vernachlässigenden Einfluss auf die Messungen haben.

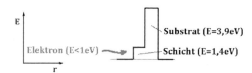

Abb. 3.5.5: Systemskizze zur Abschätzung des Einflusses, den das Substrat auf die Schichtwiderstandsmessungen hat.

Das Material der Meßspitzen ist so zu wählen, dass der Kontakt zu den analysierten Schichten (z.B. aluminiumdotiertes Zinkoxid) keinen Schottky-Charakter aufweist. In Folge dessen wurden für alle untersuchten Schichten Federmeßspitzen aus Gold verwendet. Diese weisen zudem den Vorteil auf, dass der Anpressdruck der Spitzen auf die Schicht begrenzt werden kann und damit Defekte in den Schichten vermieden werden.

3.6 Dotierstoffkonzentrationen, Beweglichkeiten und Stoßzeiten

3.6.1 Dotierstoffkonzentrationen n, p und Energieniveaus E

Bislang wurden basierend auf spektroskopische Messungen verschiedene Modelle zur Bestimmung des Brechungsindexes n_{Sch} sowie des Absorptionskoeffizienten α_{Sch} diskutiert und damit auch, über das Snelliussche Gesetz, die Berechnung der Dielektrizitätskonstanten ε ermöglicht. Zur Ableitung des Absorptionskoeffizienten α_{Sch} wurde auch von kombinierten

Analysen für Chalkogenid-Dünnschicht-Solarzellen | 91

quantenmechanischen Zuständen ausgegangen. Damit wurde es möglich über den Tauc-Plot die Bandlückenenergie E_g abzuschätzen.
Aus elektrischen Widerstandsmessungen ergab sich darüber hinaus der spezifische Widerstand ρ_{Sch} einer untersuchten Schicht.
Aufbauend darauf lässt sich nun durch separate Betrachtung der quantenmechanischen Elektronen- und Löcherzustände die Ladungsträgerdichte n_e eines unbekannten Halbleiters erarbeiten. Mit Hilfe des Drude-Modells ergibt sich dann im weiteren Verlauf die Beweglichkeit µ der Ladungsträger in einer dünnen halbleitenden Schicht und die Stoßzeit τ zwischen zwei Stößen dieser beweglichen Ladungsträger in dieser Schicht.

Intrinsischer Halbleiter: Für Elektronen im Leitungsband eines *Halbleiters mit isotroper parabolischer Bandstruktur* gilt

(3.6.1) $\quad E = \hbar\omega - E_L = \frac{p^2}{2m_L} = \frac{(\hbar k)^2}{2m_L} \Rightarrow k = \frac{1}{\hbar}\sqrt{2m_L(\hbar\omega - E_L)}.$

Hierin ist E_L die kleinste Energie im Leitungsband, d.h. die untere Bandkante, und m_L die effektive Masse der Elektronen im Leitungsband. Das Volumen

(3.6.2) $\quad V_k = \frac{4}{3}\pi k^3 = \frac{4\pi}{3\hbar^3}[2m_L(\hbar\omega - E_L)]^{3/2}.$

im reziproken Raum (k-Raum) entspricht der Anzahl der quantenmechanischen Zustände im Halbleiter mit dem Volumen $V = (2\pi)^3$ (r-Raum). Damit ergibt sich – unter Berücksichtigung, dass jeder Zustand von zwei Elektronen unterschiedlichen Spins ($s = \pm 1/2$) besetzt wird – die *Zustandsdichte* zu

(3.6.3) $\quad D_L(\hbar\omega) = \frac{2}{V}\frac{dV_k}{d\hbar\omega} = \frac{(2m_L)^{3/2}}{2\pi^2\hbar^3}(\hbar\omega - E_L)^{1/2}.$

Elektronen sind Fermi-Teilchen, so dass sie mit der Fermi-Dirac-Statistik beschrieben werden können. Mit der *Fermi-Dirac-Verteilung*

(3.6.4) $\quad f_L(\hbar\omega) = \frac{1}{e^{(\hbar\omega - E_{F,i})/kT} + 1}$

und der Zustandsdichte erhält man die **Elektronendichte im Leitungsband** über

(3.6.5) $\quad n_{e,i} = \int_{E_L}^{\hbar\omega} f_L(\hbar\omega) D_L(\hbar\omega)\, d\hbar\omega = \frac{(2m_L)^{3/2}}{2\pi^2\hbar^3} \int_{E_L}^{\hbar\omega} \frac{\sqrt{\hbar\omega - E_L}}{e^{(\hbar\omega - E_{F,i})/kT} + 1}\, d\hbar\omega =$

$\quad \frac{(2m_L kT)^{3/2}}{2\pi^2\hbar^3} \int_{E_L}^{\hbar\omega} \frac{\sqrt{(\hbar\omega - E_L)/kT}}{e^{(\hbar\omega - E_L - (E_{F,i} - E_L))/kT} + 1}\, d\left(\frac{\hbar\omega - E_L}{kT}\right) =$

$\quad \frac{(2m_L kT)^{3/2}}{2\pi^2\hbar^3} \int_0^\infty \frac{\sqrt{x}}{e^{x - (E_{F,i} - E_L)/kT} + 1}\, dx,$

wobei das Integral in der letzten Zeile das Fermi-Dirac Integral

(3.6.6) $\quad F_j(x_{F,i}) = \int_0^\infty \frac{x^j}{e^{x - x_{F,i}} + 1}\, dx$

für den Fall der Boltzmann-Statistik ist, d.h. $j = 1/2$ und $x_F = (E_{F,i} - E_L)/kT$. Für dieses gilt

(3.6.7) $$F_{1/2}(x_{F,i}) = \int_0^\infty \frac{\sqrt{x}}{e^{x-x_{F,i}}+1} dx = \frac{\sqrt{\pi}}{2} e^{x_{F,i}} = \frac{\sqrt{\pi}}{2} e^{(E_{F,i}-E_L)/kT}.$$

Eingesetzt in den Ausdruck für die Elektronendichte im Leitungsband erhält man

(3.6.8) $$n_{e,i} = \frac{1}{\sqrt{2}} \left(\frac{kT}{\pi \hbar^2} m_L\right)^{3/2} e^{(E_{F,i}-E_L)/kT},$$

wobei m_L die effektive Masse der Elektronen im Leitungsband ist. Für die **Löcherdichte im Valenzband** ergibt sich mit der effektiven Masse der Löcher im Valenzband m_V ganz analog

(3.6.9) $$p_{l,i} = \frac{1}{\sqrt{2}} \left(\frac{kT}{\pi \hbar^2} m_V\right)^{3/2} e^{(E_V-E_{F,i})/kT}.$$

Die **intrinsische Ladungsträgerdichte** kann dann aus dem Produkt der Elektronendichte $n_{e,i}$ und der Löcherdichte $p_{l,i}$ zu

(3.6.10) $$n_i^2 = n_{e,i} p_{l,i} = \frac{1}{2} \left(\frac{kT}{\pi \hbar^2}\right)^3 (m_L m_V)^{3/2} e^{(E_V-E_L)/kT} = \frac{1}{2} \left(\frac{kT}{\pi \hbar^2}\right)^3 (m_L m_V)^{3/2} e^{-E_g/kT}$$

berechnet werden, hierin ist E_g die Energie der Bandlücke des Halbleiters, welche über die UV/Vis/NIR-Spektroskopie bestimmt werden kann und m_L bzw. m_V die effektiven Massen der Ladungsträger im Leitungs- bzw. Valenzband. Diese effektiven Massen sind im Kristall richtungsabhängige, materialspezifische Größen.

Nun kann zwar die Bandlückenenergie E_g über die UV/Vis/NIR-Spektroskopie bestimmt werden, nicht jedoch das Fermi-Energieniveau $E_{F,i}$ sowie die Energie der Valenzbandoberkante E_V oder der Leitungsbandunterkante E_L. Sind die effektiven Massen der Ladungsträger im Valenz- m_V und Leitungsband m_L bekannt, dann lässt sich damit nun die intrinsische Ladungsträgerdichte n_i bestimmen, nicht aber die Ladungsträgerdichten $n_{e,i}$ und $p_{l,i}$. Die Bestimmung dieser beiden Ladungsträgerdichten als Funktion der Bandlückenenergie E_g sowie der effektiven Massen m_V und m_L soll nun erfolgen. Als Folge lassen sich auch die Energieniveaus $E_{F,i}$, E_V und E_L berechnen.

Für die kinetische Energie der Elektronen in einem würfelförmigen Festkörper mit der Kantenlänge L gilt unter Verwendung von $\vec{p}_n = \hbar \vec{k}_n = \vec{e}_k \hbar 2\pi/\lambda_n = \hbar \vec{n}\pi/L$

(3.6.11) $$E_{kin,n} = \frac{p_n^2}{2m} = \frac{\hbar^2}{2m} k_n^2 = \frac{\hbar^2}{2m} \frac{\pi^2}{L^2} n^2.$$

Hierin ist m die effektive Masse der Ladungsträger, $\vec{p}_n = (p_{n,x}\ p_{n,y}\ p_{n,z})$ der Impulsvektor, $\vec{k} = (k_{n,x}\ k_{n,y}\ k_{n,z})$ der Wellenzahlvektor und $\vec{n} = (n_x\ n_y\ n_z)$ der Vektor der Hauptquantenzahl. Nun sollen diese n quantenphysikalischen Energieniveaus entsprechend dem Pauli-Prinzip (benannt nach Wolfgang Pauli, deutscher Physiker) mit N Elektronen gefüllt werden. Jedes dieser n Niveaus kann zwei Ladungsträger (Fermionen) unterschiedlicher Spins ($s = \pm 1/2$) aufnehmen. Beim absoluten Nullpunkt der Temperatur werden damit alle

Energieniveaus bis zum Fermi-Energieniveau (benannt nach Enrico Fermi, italienischer Physiker)

(3.6.12) $E_F = \frac{p_F^2}{2m} = \frac{\hbar^2}{2m} k_F^2 = \frac{\hbar^2}{2m} \frac{\pi^2}{L^2} n_F^2$

mit Elektronen gefüllt. Wie auch die Energien bilden dann die Impulse, Wellenzahlvektoren und Hauptquantenzahlen besetzter Zustände in ihren Räumen sogenannte Fermi-Kugeln. Die Anzahl der Fermionen in einer Fermi-Kugel ergibt sich dann im n-Raum über

(3.6.13) $N = 2 \frac{1}{8} \frac{4}{3} \pi n_F^3.$

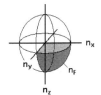

Dies, da einerseits jedes Energieniveau mit 2 Fermionen (Elektronen) besetzt werden kann und andererseits wegen des quadratischen Zusammenhangs multiple Zustände wie z.B.

Abb. 3.6.1: Skizze der Fermi-Kugel im n-Raum.

$\vec{n} = (n_x \; n_y \; n_z) = (-n_x \; n_y \; n_z) = (n_x \; -n_y \; n_z) = (n_x \; n_y \; -n_z) =$
$(n_x \; -n_y \; -n_z) = (-n_x \; -n_y \; n_z) = (-n_x \; n_y \; -n_z) = (-n_x \; -n_y \; -n_z)$

existieren, so dass bereits 1/8 der Fermi-Kugel alle möglichen Zustände erfasst. Löst man Gl. (3.6.13) nach n_F auf und setzt dies in Gl. (3.6.12) ein, dann erhält man mit der Beziehung $L^2 = V^{2/3}$ zwischen Kantenlänge und Volumen

(3.6.14) $E_F = \frac{\hbar^2}{2m} \frac{\pi^2}{L^2} \left(\frac{3N}{\pi}\right)^{2/3} = \frac{\hbar^2}{2m} \left(3\pi^2 \frac{N}{V}\right)^{2/3}.$

Beziehen wir uns auf einen intrinsischen Halbleiter, dann gilt mit der Ladungsträgerdichte $n_i = N/V$, Gl. (3.6.10) und $m = m_L m_V/(m_L + m_V) \approx \sqrt{m_L m_V}/2$ für die **Fermi-Energie**

(3.6.15) $E_{F,i} = \frac{\hbar^2}{2m} (3\pi^2 n_i)^{2/3} \approx \sqrt[3]{\frac{9\pi}{2}} \, kT \, e^{-2E_g/3kT}.$

Auch mit Gl. (3.6.8) und Gl. (3.6.9) kann man die Fermi-Energie ausdrücken, es folgt

(3.6.16) $E_{F,i} = E_L + kT \ln\left(n_{e,i} \Big/ \left(\frac{1}{\sqrt{2}} \left(\frac{kT}{\pi \hbar^2} m_L\right)^{3/2}\right)\right),$
$E_{F,i} = E_V - kT \ln\left(p_{l,i} \Big/ \left(\frac{1}{\sqrt{2}} \left(\frac{kT}{\pi \hbar^2} m_V\right)^{3/2}\right)\right)$

und weiter durch Addition dieser beiden Fermi-Energien

(3.6.17) $E_{F,i} = \frac{E_V + E_L}{2} + \frac{kT}{2} \ln\left(\left(\frac{m_V}{m_L}\right)^{3/2} \frac{n_{e,i}}{p_{l,i}}\right).$

Da die Ladungsbilanz in einem Festkörper ausgeglichen sein muss, d.h. gleich viele positive wie negative Ladungsträger vorhanden sein müssen, gilt für einen *intrinsischen Halbleiter*

(3.6.18) $\quad n_i = n_{e,i} = p_{l,i}.$

Damit folgt einerseits aus Gl. (3.6.17)

(3.6.19) $\quad E_{F,i} = \frac{E_V + E_L}{2} + \frac{3kT}{4} \ln\left(\frac{m_V}{m_L}\right) \xrightarrow[m_V \approx m_L]{} \frac{E_V + E_L}{2}$

und andererseits aus Gl. (3.6.16)

(3.6.20)
$$E_L = E_{F,i} - kT \ln\left(n_i \Big/ \left(\frac{1}{\sqrt{2}}\left(\frac{kT}{\pi\hbar^2} m_L\right)^{3/2}\right)\right),$$
$$E_V = E_{F,i} + kT \ln\left(n_i \Big/ \left(\frac{1}{\sqrt{2}}\left(\frac{kT}{\pi\hbar^2} m_V\right)^{3/2}\right)\right).$$

Verwendet man nun noch Gl. (3.6.10) sowie Gl. (3.6.15), dann erhält man für die **Energieniveaus der Valenzbandoberkante und der Leitungsbandunterkante**

(3.6.21)
$$E_L = E_{F,i} + \frac{E_g}{2} - \frac{3kT}{4}\ln\left(\frac{m_V}{m_L}\right) = \sqrt[3]{\frac{9\pi}{2}}\, kT\, e^{-2E_g/3kT} + \frac{E_g}{2} - \frac{3kT}{4}\ln\left(\frac{m_V}{m_L}\right)$$
$$\xrightarrow[m_V \approx m_L]{} \sqrt[3]{\frac{9\pi}{2}}\, kT\, e^{-2E_g/3kT} + \frac{E_g}{2},$$
$$E_V = E_{F,i} - \frac{E_g}{2} - \frac{3kT}{4}\ln\left(\frac{m_V}{m_L}\right) = \sqrt[3]{\frac{9\pi}{2}}\, kT\, e^{-2E_g/3kT} - \frac{E_g}{2} - \frac{3kT}{4}\ln\left(\frac{m_V}{m_L}\right)$$
$$\xrightarrow[m_V \approx m_L]{} \sqrt[3]{\frac{9\pi}{2}}\, kT\, e^{-2E_g/3kT} - \frac{E_g}{2}.$$

Die Differenz dieser beiden Ausdrücke führt natürlich wieder zur grundlegenden **Definition der Bandlückenenergie**

(3.6.22) $\quad E_g = E_L - E_V.$

Verwendet man nun Gl. (3.6.21) in Gl. (3.6.8) und Gl. (3.6.9), dann erhält man für die **Elektronendichte im Leitungsband** und die **Löcherdichte im Valenzband**

(3.6.23) $\quad n_{e,i} = \frac{1}{\sqrt{2}}\left(\frac{kT}{\pi\hbar^2} m_L\right)^{3/2} e^{\left(-\frac{E_g}{2} + \frac{3kT}{4}\ln\left(\frac{m_V}{m_L}\right)\right)/kT} \xrightarrow[m_V \approx m_L]{} \frac{1}{\sqrt{2}}\left(\frac{kT}{\pi\hbar^2} m_L\right)^{3/2} e^{-E_g/2kT},$

(3.6.24) $\quad p_{l,i} = \frac{1}{\sqrt{2}}\left(\frac{kT}{\pi\hbar^2} m_V\right)^{3/2} e^{\left(-\frac{E_g}{2} - \frac{3kT}{4}\ln\left(\frac{m_V}{m_L}\right)\right)/kT} \xrightarrow[m_V \approx m_L]{} \frac{1}{\sqrt{2}}\left(\frac{kT}{\pi\hbar^2} m_V\right)^{3/2} e^{-E_g/2kT}.$

Damit hängen die Ladungsträgerdichten außer von der Boltzmann-Konstanten k, der Kreiszahl π und dem Planckschen Wirkungsquantum ℏ nur noch von der Temperatur T, den effektiven Massen m_L, m_V und der Bandlückenenergie E_g ab.

Betrachten wir uns zusammenfassend nochmals Gl. (3.6.19), Gl. (3.6.21), Gl. (3.6.23) und Gl. (3.6.24) für die Fermi-Energie $E_{F,i}$, die Energie der Leitungsbandunterkante E_L bzw. die Valenzbandoberkante E_V, die Elektronendichte im Leitungsband $n_{e,i}$ und die Löcherdichte im Valenzband $p_{l,i}$ eines intrinsischen Halbleiters.

Auf den ersten Blick gilt: Da für einen intrinsischen Halbleiter die Ladungsträgerdichten gleich sind, $n_i = n_{e,i} = p_{l,i}$, müssen mit Gl. (3.6.23) und Gl. (3.6.24) auch die effektiven Massen der Ladungsträger im Valenz- und Leitungsband gleich sein, $m_V = m_L$. Folglich befindet sich das Fermi-Niveau $E_{F,i}$ exakt in der Mitte der Bandlücke E_g, vgl. Gl. (3.6.19). Damit vereinfachen sich auch Gl. (3.6.21), Gl. (3.6.23) und Gl. (3.6.24) (vgl. [3.16]) für die Energieniveaus der Valenzbandoberkante E_V, der Leitungsbandunterkante E_L und der Ladungsträgerdichten im Valenz- $p_{l,i}$ und Leitungsband $n_{e,i}$.

Genauer betrachtet jedoch sind die effektiven Massen im Valenz- und Leitungsband normalerweise nicht gleich groß $m_V \neq m_L$. Die Masse m_V ist i.a. etwas größer als die Masse m_L, so dass entsprechend der in Abb. 3.6.2 gezeigten Logarithmus Funktion der Zusammenhang zwischen m_V und m_L über $0 < ln(m_V/m_L) < 2$ gut abgeschätzt werden kann. Bei Raumtemperatur, $T \approx 300K$, entspricht $3kT/4 \approx 19{,}5meV$. Für eine Bandlücke von $E_g \approx 1{,}4eV$, wie sie für Absorbermaterialien in Solarzellen typisch sind, ist $E_g/2 \approx 0{,}7eV$. Damit ist aber auch für jede reale physikalische Anwendung immer $E_g/2 \gg (3kT/4)ln(m_V/m_L)$, $m_V \neq m_L$ und die in Gl. (3.6.19), Gl. (3.6.21), Gl. (3.6.23) und Gl. (3.6.24) gemachten Näherungen für $m_V \approx m_L$ zulässig. Die Verletzung der Ladungsneutralität $n_i = n_{e,i} = p_{l,i}$ durch die unterschiedlichen Massen $m_V \neq m_L$ (Gl. (3.6.23) und Gl. (3.6.24)) wird durch die Energiedifferenz in den entsprechenden Exponentialfunktionen und damit durch die Lage des Fermi-Niveaus relativ zu den Valenz- und Leitungsbandkanten ausgeglichen.

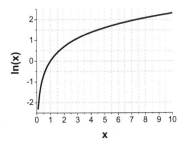

Abb. 3.6.2: Logarithmus Naturalis Funktion.

Effektive Massen beschreiben keine tatsächlichen Massen der Ladungsträger Elektron und Defektelektron (Loch) sondern sind vielmehr ein Maß für die Trägheit der Elektronenbewegung im Festkörper. Ein Ladungsträger der im Energiebändermodell eines Festkörpers das Energieniveau $E = p^2/2m = \hbar^2 k^2/2m$ einnimmt und sich im Festkörper mit dem Impuls $p = \hbar k$ bewegt, besitzt die *effektive Masse*

$$(3.6.25) \qquad m = \left[\frac{\partial^2 E}{\partial p^2}\right]^{-1} = \left[\frac{1}{\hbar^2}\frac{\partial^2 E}{\partial k^2}\right]^{-1}.$$

Hierbei wurde der Ausdruck für das Energieniveau $E(p)$ bzw. $E(k)$ lediglich zweimal nach p bzw. k abgeleitet und nach der Masse umgestellt. Diese Formulierung der effektiven Masse ist für jede beliebige Funktion $E(k)$ gültig. Die zweite Ableitung einer Funktion beschreibt mathematisch die Krümmung des Funktionsgraphen. Für kleine Krümmungsradien des effektiven Energieniveaus ist die effektive Masse des Ladungsträgers klein und nähert sich der Ruhemasse m_0 an, für flache Bandverläufe wird die effektive Masse des Ladungsträgers mitunter sehr groß.

Dotierte Halbleiter: Unabhängig davon ob es sich um einen intrinsischen oder einen dotierten Halbleiter handelt, gilt für die *Elektronendichte im Leitungsband* mit Gl. (3.6.8)

(3.6.26) $\quad n_{e(,i)} = N_L \, e^{(E_{F(,i)} - E_L)/kT}, \quad N_L = \frac{1}{\sqrt{2}} \left(\frac{kT}{\pi \hbar^2} m_L \right)^{3/2},$

wobei m_L die effektive Masse der Elektronen im Leitungsband ist und die intrinsische Gleichung mit dem zusätzlichen Index i zu versehen ist. Für die *Löcherdichte im Valenzband* gilt mit der effektiven Masse der Löcher im Valenzband m_V ganz analog

(3.6.27) $\quad p_{l(,i)} = N_V \, e^{(E_V - E_{F(,i)})/kT}, \quad N_V = \frac{1}{\sqrt{2}} \left(\frac{kT}{\pi \hbar^2} m_V \right)^{3/2}.$

Wie gezeigt unterscheiden sich für intrinsische und dotierte Halbleiter nicht nur die Dotierstoffkonzentrationen $n_{e(,i)}, p_{l(,i)}$ sondern auch die Fermi-Energieniveaus $E_{F(,i)}$. Löst man nun einerseits Gl. (3.6.26) und Gl. (3.6.27) nach $E_{F(,i)}$ auf und addiert sie, dann erhält man die (intrinsische) Fermi-Energie zu

(3.6.28) $\quad E_{F(,i)} = \frac{E_V + E_L}{2} + \frac{kT}{2} \ln \left(\left(\frac{m_V}{m_L} \right)^{3/2} \frac{n_{e(,i)}}{p_{l(,i)}} \right),$

vgl. Gl. (3.6.17). Löst man andererseits die intrinsischen Varianten von Gl. (3.6.26) und Gl. (3.6.27) nach N_L bzw. N_V auf und setzt diese Konstanten dann in die dotierten Varianten der beiden Gleichungen wieder ein, so erhält man

(3.6.29) $\quad n_e = n_{e,i} \, e^{(E_F - E_{F,i})/kT} = n_i \, e^{(E_F - E_{F,i})/kT},$

(3.6.30) $\quad p_l = p_{l,i} \, e^{-(E_F - E_{F,i})/kT} = n_i \, e^{-(E_F - E_{F,i})/kT}.$

Hierbei wurde die **Bilanzgleichung für die Ladungsträgerdichten** in *einem intrinsischen Halbleiter*,

(3.6.31) $\quad n_i = n_{e,i} = p_{l,i},$

berücksichtigt, vgl. Gl. (3.6.18). Die entsprechende Gleichung für *einen mit Donatoren der Dotierstoffkonzentration n_D und Akzeptoren der Dotierstoffkonzentration p_A dotierten Halbleiter* lautet

(3.6.32) $\quad n_e + n_D = p_l + p_A.$

Wird der Halbleiter ausschließlich mit Donatoren dotiert, d.h. ist er n-leitend, dann ist $p_A = 0$ zu setzen – wird der Halbleiter ausschließlich mit Akzeptoren dotiert, d.h. ist er p-leitend, dann ist $n_D = 0$ zu setzen. Setzt man nun Gl. (3.6.29) und Gl. (3.6.30) in Gl. (3.6.32) ein, dann erhält man mit $\sinh x = (e^x - e^{-x})/2$, Abb. 3.6.3, für die **Differenz der Fermi-Energieniveaus**

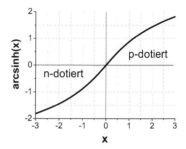

Abb. 3.6.3: Die Arcus Sinus Hyperbolicus Funktion.

(3.6.33)
$$E_F - E_{F,i} = kT \operatorname{arcsinh}\left(\frac{p_A - n_D}{2n_i}\right)$$
$$\xrightarrow[n-leitend]{} kT \operatorname{arcsinh}\left(-\frac{n_D}{2n_i}\right)$$
$$\xrightarrow[p-leitend]{} kT \operatorname{arcsinh}\left(\frac{p_A}{2n_i}\right).$$

Verwendet man in Gl. (3.6.33) noch $\operatorname{arcsinh} x = \ln\left(x + \sqrt{x^2 + 1}\right)$ und setzt das daraus resultierende $E_F - E_{F,i}$ in Gl. (3.6.29) und Gl. (3.6.30) ein, so erhält man für die Dotierstoffkonzentrationen

(3.6.34) $\quad n_e = \frac{p_A - n_D}{2} + \sqrt{\left(\frac{p_A - n_D}{2}\right)^2 + n_i^2} \xrightarrow[n-leitend]{} -\frac{n_D}{2} + \sqrt{\left(\frac{n_D}{2}\right)^2 + n_i^2} \Rightarrow n_D = \frac{n_i^2 - n_e^2}{n_e},$

(3.6.35) $\quad p_l = \frac{n_D - p_A}{2} + \sqrt{\left(\frac{n_D - p_A}{2}\right)^2 + n_i^2} \xrightarrow[p-leitend]{} -\frac{p_A}{2} + \sqrt{\left(\frac{p_A}{2}\right)^2 + n_i^2} \Rightarrow p_A = \frac{n_i^2 - p_l^2}{p_l}.$

Für die Berechnung dieser Ladungsträgerdichten ist noch die Ladungsträgerdichte des intrinsischen Halbleiters nach Gl. (3.6.10) zu berücksichtigen. Meist wird ein Halbleiter entweder n-leitend oder p-leitend dotiert werden. Geringfügige Gegendotierungen mit einem Dotierstoff aus einer anderen Gruppe des Periodensystems in demselben Halbleitermaterial führen i.a. zu unerwünschten Störungen der Symmetrie des Einkristalls und werden deshalb nur sehr selten vorkommen. Es ist deshalb für fast alle realen Anwendungen ausreichend die Beziehungen mit ausschließlich einer Dotierstoffart, d.h. in Gl. (3.6.33) bis Gl. (3.6.35) die Formeln nach dem Grenzübergang, zu verwenden.

Im Gegensatz zu intrinsischen Halbleitern müssen die Ladungsträger bei dotierten Halbleitern nicht die komplette Bandlücke E_g überbrücken. Im n-dotierten Fall ist lediglich die Energiedifferenz zwischen Donatorniveau E_D und Leitungsbandunterkante E_L, d.h. $E_d = E_L - E_D$, zu überwinden, im p-dotierten Fall die Energiedifferenz zwischen Valenzbandoberkante E_V und Akzeptorniveau E_A, d.h. $E_a = E_A - E_V$.
Die einfachste Bestimmung z.B. der **effektiven Bandlücke E_d** erfolgt mit Hilfe des Wasserstoff-Atommodells. Aus der Kräftebilanz zwischen Zentripetal- und Coulombkraft eines um den einfach positiv geladenen Kern kreisenden Elektrons erhält man die *kinetische Energie im Wasserstoffatom* zu

(3.6.36) $\quad E_{kin,n} = \frac{m_0 v^2}{2} = \frac{q^2}{8\pi\varepsilon_0 r_n}.$

Berücksichtigt man noch die *Quantisierung des Drehimpulses*

(3.6.37) $\quad L_n = m_0 v r_n = n\hbar,$

dann erhält man mit der kinetischen Energie $E_{kin,n}$ die *Bohrschen Radien des Wasserstoffs* zu

(3.6.38) $\quad r_n = \frac{4\pi\varepsilon_0 \hbar^2}{m_0 q^2} n^2.$

Ist das Wasserstoffatom nicht angeregt, dann gilt $n = 1$ und der Bohrsche Radius (Niels Bohr, dänischer Physiker) beläuft sich auf $r_1 = 52{,}9 pm$. Setzt man den Ausdruck für den Bohrschen Radius erneut in den Ausdruck für die kinetische Energie ein, dann erhält man für die *Ionisierungsenergie des Wasserstoffatoms* mit $n = 1$ und $m \to \infty$

(3.6.39) $\qquad E_{ion} = E_{kin,n} - E_{kin,m} = \frac{m_0 q^4}{32\pi^2 \varepsilon_0^2 \hbar^2}\left(\frac{1}{n^2} - \frac{1}{m^2}\right) = \frac{m_0 q^4}{32\pi^2 \varepsilon_0^2 \hbar^2}.$

Die Bestimmung der Ionisierungsenergie des Wasserstoffs hängt somit neben der Kreiszahl π nur noch von den physikalischen Konstanten Ruhemasse m_0, Elementarladung q, Influenzkonstante ε_0 und Plancksches Wirkungsquantum $\hbar$ ab. Setzt man diese ein, dann folgt für die Ionisierungsenergie $E_{ion} = 13{,}6 eV$.

Die *Ionisierungsenergie für ein Donatoratom im Halbleiter* E_d erhält man nun, indem man die Ruhemasse des Elektrons m_0 durch die effektive Masse eines Elektrons im Leitungsband des Halbleiters m_L ersetzt und an Stelle der Dielekrizitätskonstanten des Vakuums ε_0 die Dielektrizitätskonstante des Halbleiters ε verwendet, d.h.

(3.6.40) $\qquad E_d \approx \frac{m_L q^4}{32\pi^2 \varepsilon^2 \hbar^2} = \left(\frac{\varepsilon_0}{\varepsilon}\right)^2 \left(\frac{m_L}{m_0}\right) E_{ion}.$

Die Bandlücke E_g und die Dielektrizitätskonstante ε des Halbleiters lassen sich mit Hilfe der UV/Vis/NIR Spektroskopie bestimmen. Die effektive Masse der Elektronen m_L kann für die untere Bandkante des Leitungsbandes eines Halbleiters mit isotroper parabolischer Bandstruktur (was vorausgesetzt wurde) in guter Näherung durch die Ruhemasse m_0 ersetzt werden.

Analog zu Gl. (3.6.23) und Gl. (3.6.24) für einen intrinsischen Halbleiter lauten damit die Gleichungen für die **Ladungsträgerdichten in einem dotierten Halbleiter**

(3.6.41) $\qquad n_e = \frac{1}{\sqrt{2}} \left(\frac{kT}{\pi \hbar^2} m_L\right)^{3/2} e^{-E_d/2kT},$

(3.6.42) $\qquad p_l = \frac{1}{\sqrt{2}} \left(\frac{kT}{\pi \hbar^2} m_V\right)^{3/2} e^{-E_a/2kT}.$

Berücksichtigt man noch Gl. (3.6.34) und Gl. (3.6.35), dann erhält man für die entsprechenden **Dotierstoffkonzentrationen**

(3.6.43) $\qquad n_D = \frac{1}{\sqrt{2}} \left(\frac{kT}{\pi \hbar^2}\right)^{3/2} \left[m_V^{3/2} e^{-(E_g - E_d/2)/kT} - m_L^{3/2} e^{-E_d/2kT}\right],$

(3.6.44) $\qquad p_A = \frac{1}{\sqrt{2}} \left(\frac{kT}{\pi \hbar^2}\right)^{3/2} \left[m_L^{3/2} e^{-(E_g - E_a/2)/kT} - m_V^{3/2} e^{-E_a/2kT}\right].$

Beispiel: Die untersuchten, *halbleitenden Zinkoxid Schichten* wurden mit einem Gewichtsanteil von etwa 2,8% Aluminium im Sputtertarget n-dotiert.
Erwartet wurde, dass durch *Erhöhung des Sauerstoffanteils im Prozessgas* dieses Aluminium zunehmend in Form von isolierendem Aluminiumoxid (Al_2O_3) in der abgeschiedenen ZnO:Al Schicht gebunden wird. Folglich müsste die effektive **Ladungsträgerdichte n_e** in der Schicht sinken.

In Abb. 3.6.4 hingegen ist das Gegenteil zu beobachten. Der zunehmende Sauerstoffanteil in den ZnO:Al Schichten führt, bei den gegebenen Sputterparametern, zu einer leicht erhöhten effektiven Elektronendichte n_e. Die insgesamt jedoch sehr geringen effektiven Elektronendichten (Sinnvoll wären Werte von $n_e = 10^{16} cm^{-3}$ ... $10^{19} cm^{-3}$) verursachen vergleichsweise hohe Schichtwiderstände für diese ZnO:Al Schichten. Auch die Serienwiderstände der Solarzellen, welche mit Hilfe dieser ZnO:Al Schichten produziert werden sind deshalb sehr hoch.

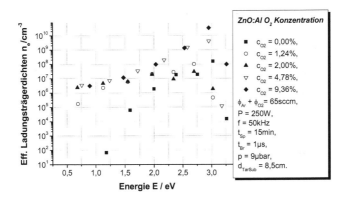

Abb. 3.6.4: Effektive Elektronendichten n_e in einer halbleitenden ZnO:Al Schicht als Funktion der Energie E einfallender Photonen. Mit zunehmender Photonenenergie werden tendenziell auch vermehrt Ladungsträger aus dem Donatorband in das Valenzband angehoben. Ein steigender Sauerstoffanteil im Prozessgas führt zu einer erhöhten Anzahl an Kristalldefekten. Aus den zunehmend freien Valenzen (Dangling Bonds) können vermehrt Ladungsträger freigesetzt werden.

Bemerkung: Mit Gl. (3.6.41) bis Gl. (3.6.44) lassen sich prinzipiell die Ladungsträgerdichten und Dotierstoffkonzentrationen einer einzelnen Schicht bestimmen. Für die Konstruktion einer Solarzelle benötigt man – wie auch bei Halbleiterdioden – zumindest zwei Schichten, die unterschiedlich dotiert sind. Hierbei kann es völlig ausreichend sein, dass diese beiden Schichten lediglich eine unterschiedlich starke **Dotierung** aufweisen; und dies unabhängig vom Vorzeichen der Dotierung.

3.6.2 Beweglichkeit µ und Stoßzeit τ

Um nun die Beweglichkeit der Ladungsträger zu bestimmen geht man vom **ohmschen Gesetz** aus. Dies lautet mit der Stromdichte j, der Leitfähigkeit σ_{Sch} der Schicht und der elektrischen Feldstärke E: $j = \sigma_{Sch} E$. Die Leitfähigkeit σ_{Sch} eines Materials ist einerseits direkt proportional zur Beweglichkeit der Ladungsträger µ, andererseits direkt proportional zur Ladungsträgerdichte $\rho = qn$, wobei q die Elementarladung und $n = N/V$ die Anzahl der Ladungen N pro Volumeneinheit V sind. *Diese Ladungsträgerdichte n lässt sich, wie gezeigt, mit der effektiven Dotierstoffkonzentration in Verbindung bringen.* Abhängig von ihrer Beweglichkeit μ driften die Ladungsträger unter dem Einfluss der elektrischen Feldstärke E mit einer Geschwindigkeit von $v_D = \mu E$ durch den Kristall. Damit gilt für das ohmsche Gesetz

(3.6.45) $\qquad j = \sigma_{Sch} E = \sigma_{Sch} \frac{v_D}{\mu} = \rho\, v_D = q n v_D$

und für die *Leitfähigkeit*

(3.6.46) $\qquad \sigma_{Sch} = q n \mu.$

Nun lässt sich das ohmsche Gesetz $j = \sigma_{Sch} E$ aber auch in folgender Weise formulieren: Die Stromdichte $j = dI/dA$ ist der Strom I, der durch eine wohldefinierte Fläch A fließt und in einem Bereich der Länge x herrscht die Feldstärke $E = dU/dx$, wenn über diesem die Spannung U anliegt. Setzt man nun diese Stromdichte j und diese elektrische Feldstärke E in das ohmsche Gesetz ein, so folgt

(3.6.47) $\qquad j = \frac{dI}{dA} = \sigma_{Sch} E = \sigma_{Sch} \frac{dU}{dx}.$

Aufgelöst nach dem *ohmschen Widerstand* $R = dU/dI$ erhält man

(3.6.48) $\qquad R = \frac{dU}{dI} = \frac{1}{\sigma_{Sch}} \frac{dx}{dA} = \rho_{Sch} \frac{s}{A} = \frac{\rho_{Sch}}{d_{Sch}} \frac{s}{b} = R_{Sch} \frac{s}{b}.$

Hierin wurde ein *Stromfluss entlang einer dünnen leitenden Schicht* mit der Dicke d$_{Sch}$ betrachtet. Der Schichtwiderstand ist hierbei definiert durch $R_{Sch} = \rho_{Sch}/d_{Sch}$ und ist weitgehend unabhängig von der Länge s, d.h. vom Abstand der Meßspitzen. Für den Quotienten aus Länge s und effektiver Breite b der stromdurchflossenen Schicht ergeben sich mit der *klassischen Vier-Spitzen-Methode*, der *Van-der-Pauw Methode* oder der *Zwei-Spitzen-Methode* die Werte

(3.6.49) $\qquad \frac{s}{b} = \frac{2\ln 2}{\pi}, \quad \frac{s}{b} = \frac{\ln 2}{\pi}, \quad \frac{s}{b} = \frac{\sqrt{2}\ln 2}{\pi}.$

Über die *Zwei-Spitzen-Methode* kann die **Leitfähigkeit** σ$_{Sch}$ des Materials aus dem eine Schicht besteht mit dem Schichtwiderstand R$_{Sch}$ und der Schichtdicke d$_{Sch}$ dann wie folgt berechnet werden

(3.6.50) $\qquad \sigma_{Sch} = \frac{1}{\rho_{Sch}} = \frac{1}{R_{Sch} d_{Sch}} = \frac{\sqrt{2}\ln 2}{\pi\, d_{Sch}} \frac{1}{R}.$

Hierin ist R der Widerstand, der mit zwei Meßspitzen und einem Widerstandsmessgerät, mit ausreichend hohem Innenwiderstand, für eine dünne Schicht bestimmt werden kann. Die Schichtdicke d$_{Sch}$ ergibt sich beispielsweise über die UV/Vis/NIR Spektroskopie. Verwendet man nun die Leitfähigkeiten σ$_{Sch}$ aus beiden Interpretationen des ohmschen Gesetzes nach Gl. (3.6.46) und Gl. (3.6.50), dann erhält man für die **Beweglichkeit der Ladungsträger** in einer Schicht

(3.6.51) $\qquad \mu = \frac{\sigma_{Sch}}{qn} = \frac{1}{qn\, \rho_{Sch}} = \frac{1}{qn\, R_{Sch} d_{Sch}} = \frac{\sqrt{2}\ln 2}{qn\, \pi\, d_{Sch}} \frac{1}{R}.$

Handelt es sich bei dem Halbleiter um einen intrinsischen Halbleiter, dann ist die Ladungsträgerdichte n mit Gl. (3.6.10) zu bestimmen. Im Falle eines n-Typ bzw. p-Typ Halbleiters, ergibt sich die Ladungsträgerdichte über Gl. (3.6.41) bzw. Gl. (3.6.42).

Beispiel: Die untersuchten, *halbleitenden Zinkoxid Schichten* wurden mit einem Gewichtsanteil von etwa 2,8% Aluminium im Sputtertarget n-dotiert. Die *Erhöhung des Sauerstoffanteils im Prozessgas* führte überraschenderweise zu leicht steigenden Ladungsträgerdichten n_e (s.o.). Da entsprechend Abb. 3.6.6 jedoch die **effektiven Beweglichkeiten µ der Ladungsträger** in ZnO:Al Schichten mit steigendem Sauerstoffanteil erheblich sinken, ist davon auszugehen, dass diese Ladungen durch sog. Hopping-Prozesse über freie Bindungsorbitale (Dangling Bonds) einer zunehmenden Anzahl von Kristalldefekten gebremst werden.

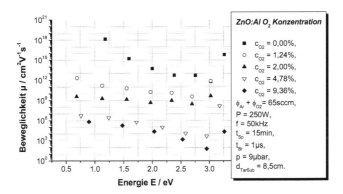

Abb. 3.6.6: Effektive Beweglichkeiten µ von Ladungsträgern in einer halbleitenden ZnO:Al Schicht als Funktion der Energie E einfallender Photonen. Mit zunehmender Photonenenergie wird durch zusätzlich freigesetzte Ladungsträger die effektive Beweglichkeit der Ladungsträger tendenziell gesenkt. Mit zunehmendem Sauerstoffanteil im Prozessgas entstehen Kristalldefekte, welche die Beweglichkeit der Ladungsträger einschränken.

♦

Entsprechend dem **Drude-Modell** werden die Ladungsträger q durch das angelegte elektrische Feld E beschleunigt und durch Stöße mit den Gitteratomen wieder abgebremst. Diese Ladungsträgerbewegung läßt sich mit folgender Bewegungsgleichung beschreiben

(3.6.52) $$F_e = qE = F_m = m\dot{v} + \frac{m}{\tau} v_D.$$

Hierin sind m die effektive Masse des Elektrons oder Lochs, $\dot{v}$ dessen Beschleunigung, τ die Zeit zwischen zwei Stößen des Ladungsträgers mit Gitteratomen und v_D dessen mittlere Driftgeschwindigkeit. Nach Beschleunigung aus der Ruhelage kann für diese etwas holprige Ladungsträgerbewegung eine **mittlere Driftgeschwindigkeit** angenommen werden; für diese im Mittel gleichförmige Bewegung, d.h. ohne Beschleunigung der Ladungsträger $\dot{v} = 0$, folgt somit

(3.6.53) $v_D = \frac{qE\tau}{m}$.

Setzt man dies wiederum in das ohmsche Gesetz $j = \sigma_{Sch}E = qnv_D = qn\mu E$ ein, dann erhält man die **Stoßzeit** zu

(3.6.54) $\tau = \frac{\sigma_{Sch} m}{n q^2} = \frac{\mu m}{q} = \frac{m \sqrt{2}ln2}{q^2 n \pi\, d_{Sch}} \frac{1}{R}$.

Handelt es sich bei dem Halbleiter um einen intrinsischen Halbleiter, dann ist auch hier die Ladungsträgerdichte n mit Gl. (3.6.10) zu bestimmen. Im Falle eines n-Typ bzw. p-Typ Halbleiters, ergibt sich die Ladungsträgerdichte über Gl. (3.6.41) bzw. Gl. (3.6.42).

Beispiel: Die untersuchten, *halbleitenden Zinkoxid Schichten* wurden mit einem Gewichtsanteil von etwa 2,8% Aluminium im Sputtertarget n-dotiert. Gezeigt wurde bisher, dass die **Erhöhung des Sauerstoffanteils im Prozessgas** überraschenderweise zu leicht steigenden Ladungsträgerdichten n_e führte und die Beweglichkeiten µ der Ladungsträger deutlich abnahmen.

Es kann deshalb davon ausgegangen werden, dass mit Erhöhung des Sauerstoffanteils im Prozessgas eine steigende Anzahl von Kristalldefekten und die damit zunehmenden freien Valenzen (Dangling Bonds) im atomaren Gefüge der ZnO:Al Schichten dafür verantwortlich ist. Dies einerseits, da aus ungebundenen Orbitalen leichter Elektronen in das Leitungsband angehoben werden können. Diese Elektronen können dann wiederum über den Strom gemessen werden und in die Bestimmung der Ladungsträgerdichten n_e eingehen. Andererseits Bremsen sog. Hopping Prozesse, d.h. das wiederholte Freisetzen und Einfangen von Elektronen (Generation-Recombination Process) durch diese ungebundenen Orbitale, die Beweglichkeit µ der Valenzelektronen.

Wenn nun diese Annahmen richtig sein sollen, dann müssten die **Lebensdauern τ der Ladungsträger**, d.h. die Zeitspanne zwischen zwei Einfang-Vorgängen, mit zunehmendem Sauerstoffanteil im Prozessgas und zunehmender Anzahl an Kristalldefekten deutlich kleiner werden – und dies ist in Abb. 3.6.7 zu sehen.

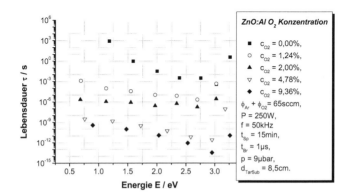

Abb. 3.6.7: Effektive Lebensdauern τ von Ladungsträgern in einer halbleitenden ZnO:Al Schicht als Funktion der Energie E einfallender Photonen. Mit zunehmender Photonenenergie wird durch zusätzlich

freigesetzte Ladungsträger die effektive Lebensdauer der Ladungsträger tendenziell herabgesetzt. Mit zunehmendem Sauerstoffanteil im Prozessgas entstehen Kristalldefekte, welche die effektive Lebensdauer der Ladungsträger herabsetzen.

♦

3.7 Strom-Spannungs-Messungen an Solarzellen

3.7.1 Theoretische Strom-Spannungs-Kennlinie und Ersatzschaltbild

- **Ideale und reale I(U)-Kennlinie**

Die Bestimmung des spezifischen *Schichtwiderstandes* ρ_{Sch} *erfolgt i.a. lateral entlang ausschließlich einer Schicht*. Die Funktionsweise einer kompletten Dünnschicht Solarzelle hingegen wird mit *Strom-Spannungs-Messungen vertikal zum Schichtenstapel* charakterisiert. Dieser besteht zumindest aus einem metallischen Rückkontakt, einer halbleitenden Absorberschicht und einem transparenten, leitenden Oxid (Transparent Conducting Oxide, TCO), die i.a. auf ein Substrat aufgebracht werden.

Auch Dünnschicht Solarzellen sind eigentlich nur bipolare Halbleiterdioden, wobei die Lichtempfindlichkeit des pn-Übergangs für die Wandlung von optischer in elektrische Energie genutzt werden kann. Zur Beschreibung der Strom-Spannungs Charakteristik von Dünnschicht Solarzellen geht man deshalb von der Shockley-Gleichung (benannt nach dem US-amerikanischen Physiker William B. Shockley) aus. Deren Herleitung und Anwendung sind in [3.17] ausführlich beschrieben. Für Solarzellen ist die Shockley-Gleichung nur noch um den Lumineszenz-strom I_{L0} (Lichtstrom) zu ergänzen, der wegen Anhebung von Elektronen aus dem Valenz- in das Leitungsband des Halbleiters durch einfallende Photonen berücksichtigt werden muß. Hierbei tragen nur Photonen mit Energien, die etwa einem ganzzahligen Vielfachen der Bandlücke E_g entsprechen, etwas zur „Stromquelle I_{L0}" bei; was jedoch unter ganzzahligen Vielfachen von E_g verbleibt oder darüber hinausgeht wird in Wärme umgewandelt.
Mit Hilfe des Ersatzschaltbildes in Abb. 3.7.1 a) erhält man also die **ideale Strom-Spannungs-Gleichung (ideale I(U)-Gleichung)** zu

(3.7.1) $\quad I_0(U_0) = I_{s0}\left(e^{qU_0/kT} - 1\right) - I_{L0}.$

Hierin sind I_{s0} der Sättigungsstrom, q die Ladung, k die Boltzmann-Konstante und T die Temperatur.

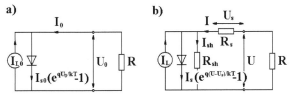

Abb. 3.7.1: Ersatzschaltbilder für **a)** eine ideale und **b)** eine reale Solarzelle.

Im Ersatzschaltbild einer realen Solarzelle, sind für die **reale Strom-Spannungs-Gleichung (reale I(U)-Gleichung)** ein Serienwiderstand R_s für ohmsche Kontaktierungsverluste bzw. Schichtwiderstände verwendeter Materialien und ein Parallelwiderstand (Shunt-Widerstand) R_{sh} für Leck- bzw. Tunnelstromverluste zu berücksichtigen, vgl. Abb. 3.7.1 b). Unter Verwendung der entsprechenden Maschen- und Knotenpunktregeln ergibt sich mit Abb. 3.7.1 a) und Abb. 3.7.1 b)

(3.7.2) $$I(U) = I_{s0}\left(e^{q(U-U_s)/kT} - 1\right) - I_{L0} + I_{sh},$$

wobei

(3.7.3) $$U_s = R_s I, \quad I_{sh} = \frac{U-U_s}{R_{sh}} = \frac{U-R_s I}{R_{sh}}.$$

Setzt man Gl. (3.7.3) in Gl. (3.7.2) ein, so erhält man eine *transzendente Strom-Spannungs-Gleichung für die Spannung U und den Strom I*

(3.7.4) $$\begin{aligned} I(U) &= I_s\left(e^{q(U-R_s I(U))/kT} - 1\right) - I_L + \frac{U}{R_{sh}+R_s} \\ &\xrightarrow{R_{sh}\to\infty} I_{s0}\left(e^{q(U-R_s I(U))/kT} - 1\right) - I_{L0}, \\ &\xrightarrow{R_s\to 0} I_{s0}\left(e^{qU/kT} - 1\right) - I_{L0} + \frac{U}{R_{sh}}, \\ &\xrightarrow[R_s\to 0]{R_{sh}\to\infty} Gl.\,(3.7.1) \end{aligned}$$

mit

(3.7.5) $$I_s = \frac{R_{sh}}{R_{sh}+R_s} I_{s0} \xrightarrow[R_s\to 0]{R_{sh}\to\infty} I_{s0}, \quad I_L = \frac{R_{sh}}{R_{sh}+R_s} I_{L0} \xrightarrow{R_{sh}\to\infty} I_{L0}.$$

In der Praxis sind alle Ströme auf eine wohldefinierte Fläche zu beziehen; man betrachtet somit in aller Regel **Stromdichte-Spannungs-Kennlinien (j(U)-Kennlinien)**. Diese erhält man einfach über die Division der Ströme I(U) durch die wirksame Fläche A der Solarzellen, d.h. $j(U) = I(U)/A$.

Beispiel: Abb. 3.7.2 zeigt gemessene **Stromdichte-Spannungs-Kennlinien** einer Solarzelle mit Zinnsulfid (Sn_xS_y) Absorberschicht für zwei unterschiedliche Beleuchtungszustände. Die *Dunkelstromdichte* ergibt sich entsprechend Gl. (3.7.4) für $j_L = 0$ und beschreibt das Verhalten einer herkömmlichen *Bipolar-Diode*, die hier i.a. nur von sekundärem Interesse ist. Die *Hellstromdichte* ($j_L \neq 0$) wurde hier unter Sonneneinstrahlung gemessen (AM1.5g, Beleuchtungsstärke E = 91kLux). Die Lichteinstrahlung bewirkt primär eine Verschiebung der Stromdichtekurven zu negativen Werten. Der dadurch entstehende Schnittpunkt mit der Stromdichte-Achse ergibt eine Kurzschlußstromdichte j_{sc} (short circuit current density), die annähernd der Lumineszenzstromdichte j_L entspricht. Der Schnittpunkt mit der Spannungsachse erbringt die Leerlaufspannung U_{oc} (open cirquit voltage).

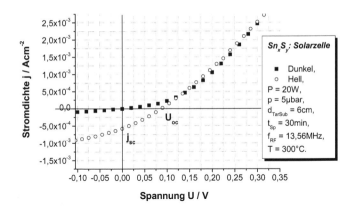

Abb. 3.7.2: Gemessene j(U)-Diodenkennlinien einer Solarzelle mit Zinnsulfid Absorberschicht für zwei unterschiedliche Beleuchtungszustände – Dunkelheit und Sonnenbestrahlung.

- **Zentrale Größen der I(U)-Kennlinie**

Der Schnittpunkt der Hell-I(U)-Kennlinie (vgl. Abb. 3.7.2) mit der Stromachse entspricht dem **Kurzschlußstrom I_{sc} (short cirquit current)**, der annähernd dem **Lumineszenzstrom I_L** ist. Mit U = 0 (R $\rightarrow$ 0 im Ersatzschaltbild) folgt aus Gl. (3.7.4) und Gl. (3.7.5) eine transzendente Gleichung für den Strom I, die sich zu

(3.7.6) $\qquad I(U=0) = I_{sc} = -(I_L + I_s) + \dfrac{kT}{qR_s} W_{Lambert}\left(\dfrac{qI_sR_s}{kT} e^{q(I_L+I_s)R_s/kT}\right)$

lösen lässt.
Der Schnittpunkt der Hell-I(U)-Kennlinie mit der Spannungsachse markiert die **Leerlaufspannung U_{oc} (open cirquit voltage)**. Mit I = 0 (R $\rightarrow \infty$ im Ersatzschaltbild) ergibt sich analog zu Gl. (3.7.6)

(3.7.7) $\qquad U(I=0) = U_{oc}$
$\qquad\qquad = (I_L + I_s)(R_{sh} + R_s) - \dfrac{kT}{q} W_{Lambert}\left(\dfrac{qI_s(R_{sh}+R_s)}{kT} e^{q(I_L+I_s)(R_{sh}+R_s)/kT}\right)$.

In diesen beiden Gleichungen steht $W_{Lambert}$ für die *Lambertsche W-Funktion*. Sie ist als Umkehrfunktion zur Funktion $z = W_{Lambert}(z)e^{W_{Lambert}(z)}$ definiert, leider aber geschlossen nicht darstellbar. $W_{Lambert}(z)$ lässt sich jedoch mit einem Tabellenkalkulationsprogramm einfach bestimmen, indem man $z(W_{Lambert})$ innerhalb sinnvoller Grenzen berechnet und dann Abszisse und Ordinate vertauscht, vgl. Abb. 3.7.3. Mit Hilfe von Abb. 3.7.3 steht auch ein graphisches Verfahren zur Bestimmung des Kurzschlussstroms I_{sc} und der Leerlaufspannung U_{oc} zur Verfügung. Hierzu berechnet man das Argument der Lambertschen W-Funktion, erhält über

Abb. 3.7.3 den entsprechenden Funktionswert und damit auch den Kurzschlussstrom bzw. die Leerlaufspannung.

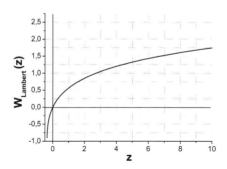

Abb. 3.7.3: Lambertsche W-Funktion.

Vernachlässigt man in Gl. (3.7.4) den Term $U/(R_{sh} + R_s)$, was für gelegentliche Anwendungen möglich ist, dann vereinfacht sich die Berechnung der Leerlaufspannung erheblich. Es ergibt sich näherungsweise der von R_{sh} und R_s unabhängige Ausdruck

(3.7.8) $\qquad U(I = 0) = U_{oc} \approx \frac{kT}{q} \ln\left(\frac{I_L}{I_s} + 1\right) \approx \frac{kT}{q} \ln\left(\frac{I_L}{I_s}\right).$

Diese Gleichungen (Gl. (3.7.6) bis Gl. (3.7.8)) für den Kurzschlussstrom I_{sc} und die Leerlaufspannung U_{oc} sind jedoch nur *rein theoretischer Natur*.
In der Praxis wird man aus der gemessenen Strom-Spannungs-Kennlinie die *Schnittpunkte mit der Strom- (I_{sc}) und der Spannungs-Achse (U_{oc})* ablesen, vgl. Abb. 3.7.2.

Um nun den **Serienwiderstand R_s** und den **Shunt-Widerstand R_{sh}** aus einer *gemessenen I(U)-Kennlinie* zu bestimmen betrachten wir neben dem *Kurzschlußstrom I_{sc}* und der *Leerlaufspannung I_{oc}* auch die *Steigungen der I(U)-Kurve am Ort des Kurzschlussstroms a_{sc} und der Leerlaufspannung a_{oc}*. Mit Gl. (3.7.4) erhält man folgendes 2x2-Gleichungssystem (GLS)

(3.7.9) $\qquad \begin{aligned} a_{sc} &= \left(\frac{dI}{dU}\right)_{U=0} = \frac{qI_s}{kT} e^{-qR_sI_{sc}/kT} + \frac{1}{R_{sh}+R_s}, \\ a_{oc} &= \left(\frac{dI}{dU}\right)_{I=0} = \frac{qI_s}{kT} e^{qU_{oc}/kT} + \frac{1}{R_{sh}+R_s}. \end{aligned}$

Dieses GLS lässt sich ohne Näherungen nach R_s und R_{sh} auflösen, man erhält

(3.7.10) $\qquad \begin{aligned} R_s &= -\frac{kT}{qI_{sc}} \ln\left[e^{qU_{oc}/kT} + \frac{kT}{qI_s}(a_{oc}-a_{sc})\right], \\ R_{sh} &= \frac{2}{a_{oc}+a_{sc}-\frac{qI_s}{kT}\left(e^{qU_{oc}/kT}+e^{-qR_sI_{sc}/kT}\right)} - R_s. \end{aligned}$

Für die Berechnung dieser Widerstände benötigen wir noch den **Sättigungsstrom** I_s. Um ihn zu bestimmen lassen wir das Licht an ($I_L \neq 0$) und schalten die Spannung aus ($U = 0$). Verwenden wir wieder Gl. (3.7.4), dann erhalten wir

(3.7.11) $\qquad I_{sc} = I_s\left(e^{-qR_s I_{sc}/kT} - 1\right) - I_L.$

Setzt man nun den Serienwiderstand R_s aus Gl. (3.7.10) in Gl. (3.7.11) ein, so folgt für den Sättigungsstrom

(3.7.12) $\qquad I_s = \dfrac{I_{sc} + I_L + \frac{kT}{q}(a_{OC} - a_{sc})}{e^{qU_{OC}/kT} - 1}.$

Bei gegebener Ladung q und Temperatur T ist damit der Sättigungsstrom I_s – und über diesen auch der Serien- R_s und Shunt-Widerstand R_{sh} – nur noch vom Lumineszenzstrom I_L abhängig. Können wir nun auch noch den Lumineszenzstrom bestimmen, haben wir alle nötigen Parameter zur Beschreibung der realen Strom-Spannungskennlinie nach Gl. (3.7.4).

Beispiel: Die in Abb. 3.7.2 gezeigte **Hell-j(U)-Kennlinie** einer Solarzelle mit der Fläche $A = 0,25 cm^2$ weist eine **Kurzschlußstromdichte** von $j_{sc} = 0,572 mA cm^{-2}$ und eine **Leerlaufspannung** von $U_{oc} = 87,7 mV$ auf. Die Steigung der Kennlinie beim Kurzschlussstrom ist $a_{sc} = 4,52 mS cm^2$ und diejenige bei der Leerlaufspannung $a_{oc} = 8,40 mS cm^2$. Die Elementarladung eines Elektrons beläuft sich auf $q = 1,602 \times 10^{-19} As$, die Boltzmann-Konstante beträgt $k = 1,38 \times 10^{-23} Ws/K$ und die Temperatur werde zu $T = 300 K$ angenommen.

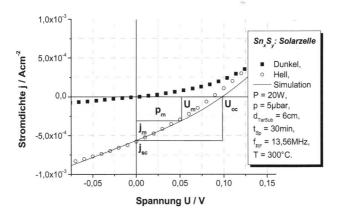

Abb. 3.7.4: Vergleich von gemessener und simulierter Stromdichte-Spannungs-Kurve einer Solarzelle.

Für eine **Lumineszenzstromdichte** von $j_L = 0{,}576\, mA/cm^2 \approx j_{sc}$ lassen sich sukzessive die **Sättigungsstromdichte** $j_s = 3{,}63\, \mu A/cm^2$, der **Serienwiderstand** $R_{s,\emptyset} = 972\, \Omega/cm^2$ ($R_s = 243\Omega$) und der **Shunt-Widerstand** $R_{sh,\emptyset} = 2{,}93\, k\Omega/cm^2$ ($R_{sh} = 732\Omega$) bestimmen. Setzt man diese Größen in die transzendente Gl. (3.7.4) ein, so erhält man die in Abb. 3.7.4 gezeigte Simulationskurve.

♦

Bemerkung: Zu diskutieren ist auch das mögliche **Oszillieren einer gemessenen Strom-Spannungs Kennlinie** um die kontinuierlich steigende Simulationskurve wie es in Abb. 4.4.4 für die soeben diskutierte Probe zu sehen ist: Während einer j(U)-Messung tunneln die mit zunehmender Spannung U beschleunigten Elektronen (Ladung q) auch mit steigender Energie $E = qU$ durch die Solarzelle. Entsprechend dem Welle-Teilchen Dualismus nach DeBroglie entsprechen diese zunehmenden Energien auch immer kleiner werdenden Wellenlängen $\lambda = hc/E$. Nun sind in den verwendeten Dünnschicht Solarzellen die Schichten nur noch um wenige Vielfache dicker als diese Wellenlängen λ, so dass die an den Grenzflächen zwischen den Schichten reflektierten Elektronenwellen mit den einfallenden Elektronenwellen weitgehend ungedämpft interferieren können. Im Falle konstruktiver Interferenz führt dies zu einem Stromdichtemaximum, im Falle destruktiver Interferenz zu einem Stromdichteminimum.

- **Das Rechteck maximaler Leistung P_m**

Im Verlauf von negativen zu positiven Spannungen U oder Strömen I durchläuft die **Leistung**

(3.7.13) $\quad P = IU = I_s U\left(e^{q(U-R_s I)/kT} - 1\right) - I_L U + \frac{U^2}{R_{sh}+R_s},$

entsprechend Gl. (3.7.4) und Abb. 3.7.2 bzw. Abb. 3.7.4, zuerst positive, dann negative und schließlich wieder positive Werte. Ist die Leistung positiv so wird von der Solarzelle Leistung aufgenommen; ist sie negativ, so gibt die Solarzelle Leistung ab. Um nun die maximale Leistung zu bestimmen, die von einer Solarzelle abgegeben werden kann, ist $dP/dU = 0$ zu setzen. Damit erhält man für den Zusammenhang zwischen dem Strom I_m und der Spannung U_m des maximalen Leistungsrechtecks einerseits

(3.7.14) $\quad I_m = \frac{U_m}{R_s} + \frac{kT}{qR_s}\ln\left(\frac{I_L+I_s-2U_m/(R_{sh}+R_s)}{I_s(1+qU_m/kT)}\right)$

und andererseits über Gl. (3.7.4)

(3.7.15) $\quad I_m = I_s\left(e^{q(U_m-R_s I_m)/kT} - 1\right) - I_L + \frac{U_m}{R_{sh}+R_s}.$

Diese beiden transzendenten Gleichungen bilden ein 2x2 Gleichungssystem für den Strom und die Spannung des maximalen Leistungsrechtecks. Nach Lösen dieses Gleichungssystems lässt sich der *theoretische Wert* für die maximale Leistung $P_m = I_m U_m$, die eine Solarzelle abgeben kann, bestimmen.
Praktisch wird aus der gemessenen I(U)-Kurve direkt die Leistung $P = IU$ berechnet und als Funktion der Spannung aufgetragen. Der Betrag des Leistungsminimums $|P_{min}|$, für das entsprechend Abb. 3.7.5 nur negative Leistungen P_{min} berücksichtigt werden dürfen, entspricht

der **maximalen Leistung P$_m$**. Durch geeignete Wahl des Lastwiderstandes R kann der Arbeitspunkt (U_m, I_m) auf der Kennlinie einer Solarzelle eingestellt werden.

Je besser das Leistungsrechteck $P = I_{sc}U_{oc}$, welches die Leerlaufspannung U$_{oc}$ und der Kurzschlussstrom I$_{sc}$ aufspannen, vom „maximalen" Leistungsrechteck $P_m = I_m U_m$ ausfüllt wird, vgl. Abb. 3.7.4, desto höher ist der **Füllfaktor FF**

(3.7.16) $$FF = \frac{P_m}{P} = \frac{I_m U_m}{I_{sc} U_{oc}}.$$

Realistische Füllfaktoren erstrecken sich von 25% bis auf etwa 94%. Niedrige Füllfaktoren sind durch nahezu lineare I(U)-Kennlinien gekennzeichnet und nach Gl. (3.7.4) vorwiegend auf hohe Serienwiderstände R$_s$ oder niedrige Parallelwiderstände R$_{sh}$ zurückzuführen. Ursache für vergleichsweise niedrige Füllfaktoren können beispielsweise hochohmige Materialien oder Kontaktierungen beim Aufbau der Solarzelle oder hohe Leckströme sein.

Um den **Wirkungsgrad η** einer Solarzelle

(3.7.17) $$\eta = \frac{P_m}{P_{Licht}} = \frac{I_m U_m}{P_{Licht}} = \frac{FF \, I_{sc} U_{oc}}{P_{Licht}}$$

zu verbessern sollten alle drei Größen des Zählers (Füllfaktor FF, Kurzschlussstrom I$_{sc}$ und Leerlaufspannung U$_{oc}$) technologisch optimiert werden. Die Lichtleistungsdichte kann für Sonnenlichteinstrahlung (AM1.5g) mit $p_{Licht} = p_{Solar} \approx 1000 W m^{-2}$ angenommen werden, vgl. Tab. 3.7.1.

Beispiel: Passend zu der in Abb. 3.7.2 und Abb. 3.7.4 gezeigten **Hell-j(U)-Kennlinie** einer Solarzelle mit der Fläche $A = 0,25 cm^2$ zeigt Abb. 3.7.5 die **praktisch ermittelte maximale Leistungsdichte p$_m$** von etwa 15,9 µWcm^{-2}.

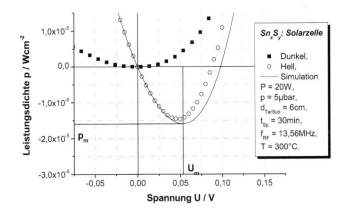

Abb. 3.7.5: Leistungsdichte als Funktion der Spannung. Das Minimum der Kurve befindet sich im Bereich negativer Werte und entspricht der maximal von der Solarzelle zur Verfügung gestellten Leistungsdichte p_m.

Das dem entsprechend flächengrößte Rechteck mit maximaler Leistungsdichte p_m ist in Abb. 3.7.4 zu sehen. Mit den aus Abb. 3.7.4 und Abb. 3.7.5 ermittelten Werten des maximalen Leistungsrechtecks: $U_m = 53{,}2mV$, $j_m = 0{,}311 mAcm^{-2}$ sowie einem Kurzschlussstrom von $j_{sc} = 0{,}572 mAcm^{-2}$ und einer Leerlaufspannung von $U_{oc} = 87{,}7mV$ ergibt sich ein **Füllfaktor** von $FF = 33{,}0\%$. Bezieht man die maximale Leistungsdichte p_m, welche die Solarzelle erzeugt, auf die Lichtleistungsdichte der Sonne (AM1.5g) $p_{Licht} = p_{Solar} \approx 0{,}1 W cm^{-2}$ so erhält man einen **Wirkungsgrad** von etwa $\eta = 15{,}9 \times 10^{-3}\%$.

♦

3.7.2 Einfluss des Lichtspektrums auf die I(U)-Kennlinie

- **Sonnenlichtspektrum, Quantenausbeute Y und Lumineszenzstrom I_L**

Für das Spektrum des Sonnenlichts stellt die Erdatmosphäre einen komplexen optischen Filter dar. Je kleiner der Einfallswinkel γ_S eines Sonnenstrahls zur Erdoberfläche ist, desto dicker ist die effektive Luftschicht, welche die Photonen zu durchqueren haben – dem entsprechend höher ist auch die **Luftmasse** (**air mass, AM**), die von Photonen durchsetzt wird. Der damit zunehmende Filter-Effekt der Erdatmosphäre wird durch die Größe $AM = 1/sin\gamma_S$ beschrieben. Für Europa kann als Standard AM1.5, d.h. $\gamma_S \approx 41{,}8°$, verwendet werden.

Tab. 3.7.1: Luftmasse-Werte für unterschiedliche Einstrahlwinkel. Diese können abhängig von der Literaturquelle unterschiedlich ausfallen. **a)** Sze, Physics of Semiconductor Devices [3.17], **b)** Irradiance-Standard Curve (ASTM 891/87), vgl. Abb. 3.7.6. Geklammerte Werte wurden mittels $AM = 1/sin\gamma_S$ berechnet.

Luftmasse	AM0	AM1	AM1.5		AM2
Winkel γ_S / °		0	41,8	≈45	60
a) Lichtleistung pro Fläche p_{Licht} / Wm^{-2}	1353	925	×	844	691
b) Lichtleistung pro Fläche p_{Licht} / Wm^{-2}	1367	×	1000	(943)	(770)

Berücksichtigt man ausschließlich durch eine Blende abgeschattete, *direkt eingestrahlte Photonen*, so spricht man von AM1.5d. Werden auch in der *globalen Atmosphäre gestreute Photonen* berücksichtigt, spricht man von AM1.5g. Abb. 3.7.6 zeigt sowohl das Spektrum des ungefilterten Sonnenlichts im Universum (AM0), als auch das Spektrum des durch die Atmosphäre gefilterten Sonnenlichts auf der Erdoberfläche (AM1.5g).

Analysen für Chalkogenid-Dünnschicht-Solarzellen | 111

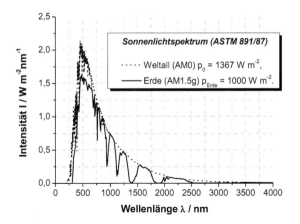

Abb. 3.7.6: Die Luftmasse (air mass, AM), welche Sonnenstrahlen auf ihrem Weg zur Erdoberfläche durchlaufen müssen, beeinflusst das messbare Spektrum des Sonnenlichts auf der Erdoberfläche. Die angegebenen AM-Werte errechnen sich aus dem Einfallswinkel γ_S über $AM = 1/sin\gamma_S$. AM0 entspricht einem Spektrum außerhalb der Erdatmosphäre, AM1.5g einem Spektrum auf der Erdoberfläche.

Bei Sonneneinstrahlung auf eine Solarzelle werden einige Photonen von dieser reflektiert R oder durch sie transmittiert T, diese Photonen tragen nichts zu der Elektronenausbeute der Solarzelle bei. Lediglich die **absorbierten Photonen** mit unterschiedlichen Wellenlängen λ und Energien $E = hc/\lambda$ tragen, entsprechend ihrem Absorptionsspektrum $A(\lambda) = 1 - \bigl(R(\lambda) + T(\lambda)\bigr) < 1$ mit Wellenlängen kleiner als λ_g oder Energien größer als $E_g = hc/\lambda_g$ zur Elektronenausbeute in einer Solarzelle bei. Dem entsprechend beträgt die **Lichtleistung pro Fläche p**, welche auf die Erdoberfläche gelangt oder von einer Solarzelle absorbiert wird

(3.7.18) $\quad p_{Erde} = \int_\infty^0 I(\lambda)\, d\lambda,$
$\quad\quad\quad\quad p_{Abs} = \int_\infty^0 A(\lambda) I(\lambda)\, d\lambda, \quad A(\lambda) = 1 - \bigl(R(\lambda) + T(\lambda)\bigr).$

unter Verwendung des AM1.5g Spektrums. Dies gilt bei Verwendung von alternativen Lichtquellen auch für jedes beliebige Spektrum mit einer Intensitätsverteilung I(λ).
Der hier untersuchte Absorber besitzt z.B. eine Energiebandlücke von $E_g \approx 1{,}37 eV$. Nur Photonen mit Energien größer als diese Bandlücke werden entsprechend der Absorptionsrate A absorbiert und damit fähig sein, *freibewegliche Elektronen* zu erzeugen. Dazu benötigen diese Photonen jedoch nur nahezu exakt die Energie E_g. Der verbleibende Energieüberschuß wird im Absorber in *Wärme* umgewandelt. Ist die Energie E der Photonen sogar größer als $x_{el} E_g$, d.h. $E > x_{el} E_g, x_{el} \in IN$, dann soll hier sinnvollerweise angenommen werden, dass das Photon auch mehrere, nämlich $x_{el}(E)$ Elektronen freisetzen kann. Es gilt

(3.7.19)
$$x_{el}(E) = int(E/E_g),$$
$$x_{th}(E) = (E/E_g) - int(E/E_g),$$
$$x(E) = x_{el}(E) + x_{th}(E).$$

„int" bezeichnet hierin die Integer-Funktion, die alle Nachkommastellen gleich null setzt. Die **Leistungsdichte p$_{Abs}$**, die vom Absorber aufgenommen wird, lässt sich somit in zwei Anteile aufteilen: Den Anteil mit dem Index el, der ausschließlich zur Freisetzung von Elektronen benötigt wird und den mit dem Index th, der ausschließlich in thermische Energie umgewandelt wird,

(3.7.20)
$$p_{Abs,el} = \int_\infty^0 A(\lambda)I(\lambda)g_{el}(\lambda)\, d\lambda, \quad g_{el}(E) = x_{el}(E)/x(E),$$
$$p_{Abs,th} = \int_\infty^0 A(\lambda)I(\lambda)g_{th}(\lambda)\, d\lambda, \quad g_{th}(E) = x_{th}(E)/x(E),$$
$$p_{Abs} = p_{Abs,el} + p_{Abs,th}.$$

Beispiele: Entsprechend Gl. (3.7.18) ergibt sich für die **Lichtleistungsdichte**, die auf die Erdoberfläche p$_{Erde}$ gelangt oder vom Absorber p$_{Abs}$ aus Abb. 3.7.2 aufgenommen wird Abb. 3.7.7 a), wenn über die Energie $E = hc/\lambda$ integriert wird. Mit zunehmender Integration über die gesamte Energie des Sonnenspektrums geht die Lichtleistungsdichte auf der Erdoberfläche p$_{Erde}$ gegen die bekannte Solarkonstante $p_{Solar} \approx 1000 Wm^{-2}$. Trifft die Lichtleistungsdichte p$_{Erde}$ auf eine Solarzelle, dann teilt sie sich in einen reflektierten p$_{Ref}$, einen absorbierten p$_{Abs}$ und ggf. einen transmittierten Anteil p$_{Trans}$ auf, $p_{Erde} = p_{Ref} + p_{Abs} + p_{Trans}$. Folgerichtig bleibt der Betrag der absorbierten Lichtleistungsdichte p$_{Abs}$ stets unter dem auf die Erdoberfläche auffallenden Betrag p$_{Erde}$. Dies ist abhängig von der Bandlückenenergie E$_g$ und der Absorptionsrate A des Absorbermaterials. Das entsprechende **Absorptionsspektrum A** des Absorbers ist in Abb. 3.7.7 b) zu sehen.

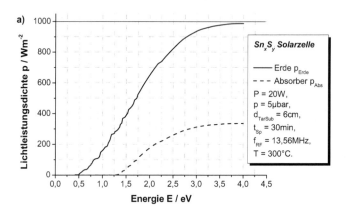

Analysen für Chalkogenid-Dünnschicht-Solarzellen | 113

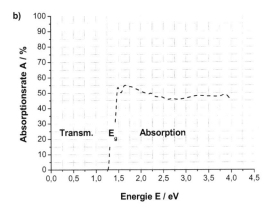

Abb. 3.7.7: a) Lichtleistungsdichte p als Funktion der Energie E nach Gl. (3.7.18). Sie gibt die optische Leistungsdichte p an, die für ein Material mit der Bandlückenenergie E_g aus dem Sonnenlichtspektrum (AM1.5g) entnommen werden kann. Gezeigt sind Kurven mit (p_{Erde}) und ohne Vernachlässigung (p_{Abs}) der optischen Absorptionsrate der in Abb. 3.7.2 gezeigten Solarzelle. **b)** Absorptionsrate A als Funktion der Energie E für die Solarzelle aus Abb. 3.7.2.

Entsprechend Gl. (3.7.19) und Gl. (3.7.20) wurde in Abb. 3.7.8 die **Lichtleistungsdichte** für diesen Absorber (p_{Abs}) in den Anteil freigesetzter Elektronen $p_{Abs,el}$ und den Anteil thermischer Verluste $p_{Abs,th}$ aufgeteilt. Die Summe dieser beiden Teilleistungsdichten entspricht natürlich wieder der gesamten Leistungsdichte, die der Absorber aufnehmen kann, $p_{Abs} = p_{Abs,el} + p_{Abs,th}$.

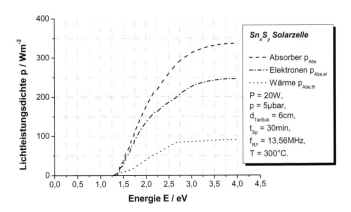

Abb. 3.7.8: Lichtleistungsdichte p als Funktion der Energie E. Gezeigt sind die Lichtleistung p_{Abs}, die vom Absorber aufgenommen wird, der Anteil davon $p_{Abs,el}$, der zur Freisetzung von Elektronen notwendig ist und der Anteil $p_{Abs,th}$, der in thermische Energie gewandelt wird.

Die **Anzahl der Photonen**, die in einer bestimmten Zeit t auf eine wohldefinierte Erdoberfläche $n_{ph,Erde}$ fallen oder vom Absorber absorbiert werden $n_{ph,Abs}$ ergibt sich durch Differentiation der entsprechenden Lichtleistungsdichte aus Gl. (3.7.18) nach der Energie E zu

(3.7.21)
$$n_{ph,Erde} = \frac{dp_{Erde}}{dE},$$
$$n_{ph,Abs} = \frac{dp_{Abs}}{dE}.$$

Die Anzahl pro Zeit und Fläche der absorbierten Photonen $n_{ph,Abs}$ lässt sich zerlegen in einen Anteil, der freibewegliche Elektronen erzeugt, und einen Anteil, der in Wärme gewandelt wird. Auch diese beiden Teilchenzahlen pro Zeit und Fläche $n_{ph,Abs,el}$, $n_{ph,Abs,th}$ lassen sich durch Differentiation der entsprechenden Lichtleistungsdichten aus Gl. (3.7.20) nach der Energie E zu

(3.7.22)
$$n_{ph,Abs,el} = \frac{dp_{Abs,el}}{dE},$$
$$n_{ph,Abs,th} = \frac{dp_{Abs,th}}{dE}$$

berechnen.
Integriert man nun über $n_{ph,Abs,el}$ so erhält man letztendlich am hochenergetischen Ende der Energie-Skala des Sonnenspektrums, siehe Abb. 3.7.10 b), die Anzahl aller Photonen, die potentiell Elektronen freisetzen können.

(3.7.23)
$$n_{ph,q_e}(E) = \sum_{E=0}^{\infty} n_{ph,Abs,el}(E).$$

Nun setzt jedoch nicht jedes potentiell dazu fähige Photon auch ein Elektron frei, das zum Ladungstransport und damit zur Stromerzeugung beitragen kann. Den Quotient aus der Anzahl der tatsächlich pro Zeit und Fläche freigesetzten Leitungselektronen n_{q_e} zu der Photonenzahl n_{ph,q_e} pro Zeit und Fläche bezeichnet man als **Quantenausbeute** oder **Quanteneffizienz Y**

(3.7.24)
$$Y = \frac{n_{q_e}}{n_{ph,q_e}} = \frac{q_e n_{q_e}}{q_e n_{ph,q_e}} = \frac{j_L}{j_{L,ph}} = \frac{j_L A}{j_{L,ph} A} = \frac{I_L}{I_{L,ph}}.$$

Durch Erweitern sowohl mit der Elementarladung q_e als auch mit der Fläche A erhält man nacheinander die entsprechenden Quotienten der *Lumineszenzstromdichten* j_L, $j_{L,ph}$ und *Lumineszenzströme* I_L, $I_{L,ph}$. Konnte nun der Lumineszenzstrom I_L mit Hilfe der I(U)-Kurve bestimmt werden (vergleiche das vorangegangene Kapitel) und der Lumineszenzstrom $I_{L,ph}$, wie soeben gezeigt, über das Sonnen- bzw. Absorptionsspektrum errechnet werden, dann läßt sich die Quantenausbeute Y direkt berechnen.
Überdies kann der **Lumineszenzstrom**

(3.7.25)
$$I_L(Y) = Y I_{L,ph} = Y q_e n_{ph,q_e} A$$

auch in Gl. (3.7.12) eingesetzt werden und damit $I_s(Y)$ sowie über Gl. (3.7.10) $R_s(Y)$ und $R_{sh}(Y)$ berechnet werden. Gl. (3.7.4) wird damit zu einer *Strom-Spannungs-Kennlinie als Funktion der Quanteneffizienz Y*. Variiert man nun die Quantenausbeute Y solange, bis die gemessene und die berechnete Strom-Spannungs-Kennlinie zur Deckung kommen – insbesondere die Punkte maximaler Leistung beider Kurven, der Meßkurve und der simulierten Kurve, sollten zur Deckung kommen, dann werden damit letztendlich gleichzeitig alle Kenngrößen der I(U)-Kennlinie, d.h. I_L, I_s, R_s, und R_{sh} festgelegt. Auch die Quanteneffizienz Y wird somit bestimmt. Hat man nun über einen dieser beiden Wege die Quanteneffizienz Y bestimmt, so kann durch entsprechende Normierung in Abb. 3.7.10 a) die **wellenlängen- bzw. energieabhängige Quantenausbeute Y(λ) bzw. Y(E)** abgeschätzt werden. Dies, da die Kurve für $n_{ph,Abs,el}$ die wellenlängen- bzw. energieabhängige „Anzahl pro Zeit und Fläche" an absorbierten Photonen enthält, die alle eine ausreichende Energie für die Anregung von Elektronen haben. So gilt folglich für die energieabhängige Quantenausbeute

(3.7.26) $$Y(E) = \frac{n_{ph,Abs,el}(E)}{n_{ph,qe}} Y.$$

Beispiel: Als Funktion der Energie $E = hc/\lambda$ aufgetragen ist in Abb. 3.7.9 die **Anzahl, der** auf die *Erdoberfläche* auftreffenden $n_{ph,Erde}$ und vom *Absorber* aufgenommenen $n_{ph,Abs}$ **Photonen** pro Zeit und Fläche, entsprechend der Probe aus Abb. 3.7.2.
Abb. 3.7.10 a) zeigt die Aufteilung der absorbierten Photonen pro Zeit und Fläche $n_{ph,Abs}$ in den effektiv nutzbaren Anteil $n_{ph,Abs,el}$ der *freibeweglichen Elektronen* und den in Form *thermischer Energie* verlorenen Anteil $n_{ph,Abs,th}$. In Abb. 3.7.10 b) ist die über die Energie des Sonnenspektrums integrierte Anzahl der Photonen pro Zeit und Fläche $n_{ph,qe}$, die potentiell Elektronen freisetzen können, und der sich daraus ergebenden *Lumineszenzstrom* $I_{L,ph}$ zu sehen.

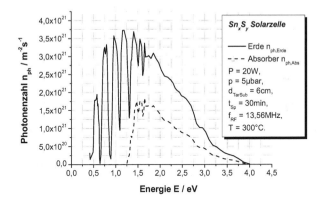

Abb. 3.7.9: Anzahl der Photonen pro Zeit und Fläche, welche die Erdoberfläche erreichen $n_{ph,Erde}$, und welche von der Absorberschicht absorbiert werden $n_{ph,Abs}$ als Funktion der Energie E.

116 | Theorie

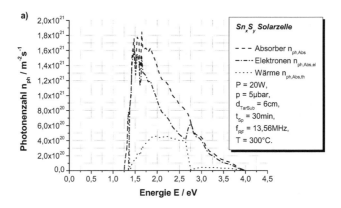

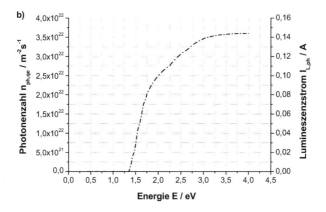

Abb. 3.7.10: a) Anzahl der Photonen pro Zeit und Fläche, welche von der Absorberschicht absorbiert werden $n_{ph,Abs}$ als Funktion der Energie E. Gezeigt sind auch der Anteil davon $n_{ph,Abs,el}$, der zur Freisetzung von Elektronen notwendig ist und der Anteil $n_{ph,Abs,th}$, der in Form thermischer Energie verloren geht. **b)** Integriert man den Anteil $n_{ph,Abs,el}$ über die Energie, so erhält man letztendlich am hochenergetischen Ende der Energie-Skala des Sonnenspektrums die Anzahl aller freigesetzten Elektronen pro Zeit und Fläche. Zu sehen ist auch die Lumineszenzstromdichte $I_{L,ph}$ für diesen Fall.

Der Lumineszenzstrom I_L ergibt sich nach Abb. 3.7.4 zu $I_L = 0{,}144 mA$. Aus Abb. 3.7.10 läßt sich für den Lumineszenzstrom $I_{L,ph}$ ein Wert von $I_{L,ph} = 0{,}145 A$ ablesen. Mit Gl. 3.7.24 läßt sich daraus die Quantenausbeute zu $Y = I_L/I_{L,ph} = 0{,}0993\%$ berechnen. Um nun auch die energieabhängige Quanteneffizienz Y(E) zu bestimmen verwendet man Gl. (3.7.26) und Abb. 3.7.10 und erhält $Y(E) = \left(n_{ph,Abs,el}(E)/n_{ph,q_e}\right) Y = \left(n_{ph,Abs,el}(E)/3{,}60 \times 10^{22} m^{-2} s^{-1}\right) 99{,}3 m\%$ und damit den in Abb. 3.7.11 gezeigten Zusammenhang.

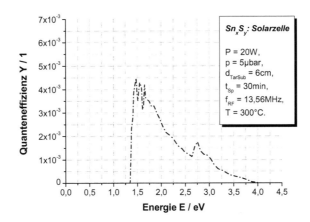

Abb. 3.7.11: Energieabhängige Quantenausbeute Y(E) für die Solarzelle mit Sn_xS_y Absorberschicht aus Abb. 3.7.2, gemessen mit Sonnenlicht.

♦

Neben dem hier entwickelten Modell zu I(U) Messungen an Solarzellen existieren noch weitere mitunter attraktive Modelle (z.B. [3.18]), auf die hier jedoch nicht weiter eingegangen werden soll.

3.7.3 Alterung

In der Halbleitertechnologie wird die künstliche Alterung von Bauteilen i.a. durch dauerhaftes Anlegen einer sinnvoll hohen Spannung U (**Constant Voltage CV Measurements**) oder eines entsprechend hohen Stromes I (**Constant Current CC Measurements**) an das Bauteil abgeschätzt. Schnelle Aussagen über die Degradation der Bauteile erzielt man auch durch kontinuierliche Erhöhung der Spannung (**Ramp Voltage RV Measurements**) oder des Stromes (**Ramp Current RC Measurements**). Ursache für die Degradation ist hierbei durchwegs der Einfluss extern zugeführter Elektronen [3.15].

Für optoelektrische Bauteile, wie Solarzellen, stehen durch Zuführung externer Photonen noch zwei weitere Verfahren zur Abschätzung der Degradation zur Verfügung: Künstliche Alterung durch Bestrahlung der Solarzelle mit einer sinnvoll hohen Beleuchtungsstärke E (**Constant Illuminance CI Measurement**) und durch kontinuierliche Erhöhung der Beleuchtungsstärke (**Ramp Illuminance RI Measurements**). Einen Einfluss auf die Alterung der Schicht hat für CI- bzw. RI-Messungen sicher auch die gleichzeitig anzulegende Spannung (CC Measurements).

Beispiel: Untersucht wurde hier eine **Solarzelle mit Sn_xS_y haltigem Absorber** und *CdS Pufferschicht*, die in Argonumgebung bei einer Temperatur von T = 200°C für t = 10s *getempert* wurde. Degradationserscheinungen stellten sich bei Sonnenlichtbestrahlung nach etwa der fünften j(U)-Messung (von U_{min} = -0,5V bis U_{max} = 0,5V) mit steigender Beleuchtungsstärke von E

= 5klux bis E = 80klux zuerst in Form einer rapide abfallenden Kurzschlußstromdichte j_{sc}, dann aber auch als abfallende Leerlaufspannung U_{oc} ein. Das erneute, zaghafte Ansteigen der Kurzschlußstromdichte j_{sc} für eine Beleuchtungsstärke von E = 125klux könnte auf ein Ausheilen der Defekte zurückzuführen sein.

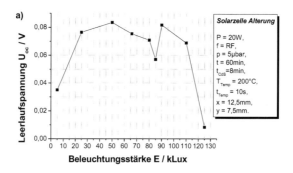

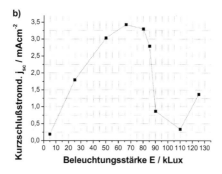

Abb. 3.7.12: a) Leerlaufspannungen U_{oc} und **b)** Kurzschlußstromdichten j_{sc} für getemperte Solarzellen mit Sn_xS_y Absorber und Cadmiumsulfid Pufferschichten als Funktion zunehmender Beleuchtungsstärken E (PRC Krochmann RadioLux 111 Luxmeter).

♦

3.8 Literatur zur Theorie

[3.1] M. Born, Optik, 3. Aufl., ISBN 3-540-05954-7, Springer Verlag., Berlin, Heidelberg, New York, Tokyo, 1985.

[3.2] E. Hecht, Optik, 4. Aufl., ISBN 3-486-27359-0, Oldenbourg Verlag, München, 2005.

[3.3] H.H. Perkampus, UV-VIS Spectroscopy and its Application, ISBN 3-540-55421-1, Springer Verlag, Berlin, Heidelberg, New York, 1992.

[3.4] W. Gottwald, K.H. Heinrich, UV/VIS-Spektroskopie für Anwender, ISBN 3-527-28760-4, Wiley VCH, Weinheim, New York, Chichester, Brisbane, Singapore, Toronto, 1998.

[3.5] P. Würfel, Physik der Solarzellen, ISBN 3-8274-0598-X, Spektrum Akademischer Verlag GmbH Heidelberg/Berlin, 2000.

[3.6] G. Reider, Photonik – Eine Einführung in die Grundlagen, ISBN 3-211-82855-9, Springer Verlag Wien/New York, 1997.

[3.7] A. El-Fadl et.al., Optics & Laser Technology 39 (2007) 1310-1318.

[3.8] J. Tauc et.al., Phys. Stat. Sol. 15 (1966) 627.

[3.9] R. Bindemann, Phys. Stat. Sol. 160 (b) (1990) K183.

[3.10] K.L. Chopra, S.R. Das, Thin Film Solar Cells, ISBN 0-306-41141-5, Plenum Press New York, 1983.

[3.11] J. Keradec, Thesis L'Université Scientifique et Médicale de Grenoble, 1973.

[3.12] A. Mini, Thesis L'Université Scientifique et Médicale de Grenoble, 1982.

[3.13] R. Swanepoel, J. Phys. E: Sci. Instrum., Vol. 16, p. 1214, 1983.

[3.14] H. Şafak et.al., Turk. J. Phys. 26, 341-347, 2002.

[3.15] A. Stadler, RTP-Siliziumoxide und –Siliziumoxinitride für planare und vertikale Feld-Effekt-Transistoren, ISBN 3-86130-155-5, Wissenschaftsverlag Mainz GmbH Aachen, 2003.

[3.16] Melissinos, Napolitano, Experiments in modern physics, Academic Press - Elsevier, London, SanDiego, ISBN-10: 0-12-489851-3, 2003.

[3.17] S.M. Sze, Physics of Semiconductor Devices, ISBN 0-471-05661-8, John Wiley & Sons, Inc., 1981.

[3.18] H. Şafak et.al., Sol. State El. 46, 49-52, 2002.

4 Experimente

4.1 Das Materialsystem der Sulfide

4.1.1 Allgemeines zu Sulfiden für die Photovoltaik

Chemie der Sulfide: Aus Metall- oder/und Halbmetall-Kationen entstehen in Verbindung mit Schwefel-Anionen die etwa 600 verschiedenen Sulfid-Minerale. Metallsulfide sind als Salze einer Schwefelwasserstoffsäure aufzufassen. Sulfide reagieren mit entsprechend stärkeren Säuren (wie z.b. Salzsäure) dementsprechend zu den jeweiligen Metallsalzen (bei Salzsäure eben zu Chloriden) und Schwefelwasserstoff (H_2S). In wässriger Lösung wird das Sulfid-Ion S^{2-} pH-Wert abhängig protoniert. Im pH-Bereich von 9 bis 11 liegt Sulfid hauptsächlich als Hydrogensulfid-Anion (HS^-) vor.

Physik (Photovoltaik) der Sulfide: In der Photovoltaik wird der Einfluss von Licht auf die Strom-Spannungs Kennlinie eines pn-Halbleiterübergangs zur Wandlung von optischer- in elektrische Energie ausgenutzt. Neben reinen Halbleitern (z.b. Silizium Si) werden hierfür auch schwefelhaltige Verbindungshalbleiter (z.b. Kupfer-Indium-Disulfid $CuInS_2$) verwendet, die sich durch ein hohes Absorptionsvermögen für Licht aus dem sichtbaren Spektralbereich auszeichnen. Von besonderem Interesse für die Photovoltaik war hier bislang die *CI(G)S-Technologie*; erfolgversprechend erscheint auch die Anwendung von *Sulfosalzen*.

CI(G)S-Technologie: Bekannt ist bereits die CI(G)S-Technologie, die primär auf chemischen Verbindungen von Kupfer, Indium (Gallium) und wahlweise Schwefel oder Selen sowie einigen weiteren Elementen basiert. Die prominentesten Vertreter sind Kupfer-Indium-Disulfid ($CuInS_2$), Kupfer-Indium-Diselenid ($CuInSe_2$), Kupfer-Gallium-Disulfid ($CuGaS_2$) und Kupfer-Gallium-Diselenid ($CuGaSe_2$). Der Bandabstand für Kupfer-Indium-Diselenid beträgt beispielsweise $E_g = 1{,}02$ eV. Das teilweise Ersetzen von Indium durch Gallium und von Selen durch Schwefel erlaubt es, den Bandabstand an die photovoltaische Anwendung anzupassen (Bandgap-Engineering). Damit ergibt sich eine große Vielfalt an möglichen Kupfer-Indium-Gallium-Diselenid ($Cu(In,Ga)Se_2$) oder noch allgemeiner Kupfer-Indium-Gallium-Disulfid-Diselenid $Cu(In,Ga)(S,Se)_2$ Strukturen. Diese Verbindungen stellen I-III-VI_2-Halbleiter dar (Gruppen des periodischen Systems aus denen die Elemente stammen), die wegen ihres Kristallaufbaus den Chalkopyriten zugeordnet werden. Aufgrund des hohen Absorptionsvermögens von Licht (tief schwarze Farbe) weisen die CI(G)S Solarzellen einen hohen Wirkungsgrad und eine hohe Quanteneffizienz auf, vgl. Abb. 2.2.
Vor- und Nachteile: CI(G)S-Solarzellen sind nur etwa 3 µm dick, während Solarzellen auf Siliziumbasis mindestens ca. 150µm dick sind. Es wird damit deutlich weniger Halbleitermaterial benötigt, auch werden Dünnschichtsolarzellen aus polykristallinem Material

hergestellt, was den notwendigen Energieaufwand gegenüber der Herstellung von hochreinem, kristallinem Silizium reduziert. Des Weiteren können ganze Module direkt in einer Produktionslinie hergestellt werden – ohne den Umweg über einzelne Solarzellen, die anschließend verschaltet werden müssen. Die Produktionstechnik erlaubt auch die Herstellung von semitransparenten Modulen. Der Wirkungsgrad von Modulen liegt im Moment bei 10–12 %. Bei kleinen Laborzellen werden Wirkungsgrade von bis zu etwa 20% erreicht. Dies beruht auch darauf, dass CI(G)S-Zellen ein vergleichsweise breites Spektrum des Lichts nutzen können.

Sulfosalze: Als Sulfosalze bezeichnet man in der Chemie Salze Schwefel-, Selen- oder Tellurhaltiger Säuren (Sulfosäuren) wie beispielsweise $H_2(SnS_3)$ und $H_3(BiS_3)$. Diesbezüglich ergeben sich die Zusammensetzungen z.B. *ternärer Sulfosalze* über die Formel

(4.1.1) $\qquad A_m(B_nX_p)$,

worin

- *A* für die Metallkationen Pb^{2+}, Ag^+, Cu^+, Zn^{2+}, Hg^{2+}, Tl^+, Cd^{2+}, Fe^{2+}, **Sn^{2+}**, Mn^{2+}, Au^+ steht,
- *B* für die Kationen As^{3+}, Sb^{3+}, **Bi^{3+}**, Te^{4+}, Sn^{4+}, Ge^{4+}, As^{5+}, Sb^{5+}, V^{5+}, Mo^{6+}, W^{6+}, In und
- *X* für Chalkogenanionen **S^{2-}**, Se^{2-}, Te^{2-}, die teilweise ersetzt sein können durch Cl^- oder O^{2-}.

Sulfosalze bestehen jedoch i.a. aus weit mehr als drei chemischen Elementen, die dann zu *quaternären, quinternären usw. Systemen* führen. Die Strukturformeln sind meist sehr komplex und mitunter auch nicht stöchiometrisch, d. h. die Anzahl der Atome wird nicht immer im ganzzahligen Verhältnis zueinander angegeben. Häufig treten Sulfosalzminerale mit ähnlichen grundlegenden Strukturbausteinen aber unterschiedlichen sog. Überstrukturen auf, in welchen gitterübergreifend unterschiedliche periodische Anordnungen dieser gleichen, vergleichsweise großen Strukturbausteine dem Kristall seinen Charakter verleihen. Die wohl umfassendste und allgemeingültigste Klassifizierung der Sulfosalze ist in [4.1] zu finden.

Realisierbarkeit: Sulfosalz Dünnschicht-Solarzellen konnten an der Universität Salzburg bereits mit Erfolg hergestellt werden; an der Verbesserung der Wirkungsgrade und Quanteneffizienzen wird derzeit gearbeitet.

4.1.2 Auswahl der Materialien, Produktionsverfahren und Analysemethoden

Für die **Auswahl der Materialien** zur Produktion von Solarzellen sind folgende wesentliche Aspekte zu beachten:

- Kosten für Rohstoffe in ausreichender Menge und Qualität,
- zielgerichtete Verwendbarkeit dieser Rohstoffe in herkömmlichen Produktionsanlagen und -verfahren und
- Umweltverträglichkeit der Produktions- und Recyclingprozesse.

Beispielsweise sind für Metallkationen wie Silber (Ag) und Anionen wie Selen (Se), Tellur (Te) die Preise deutlich höher als für die heir verwendeten Materialien Zinn (Sn), Bismut (Bi) und Schwefel (S). Vergleichsweise teuer sind auch typische CI(G)S-Materialien wie Indium (In) und

Gallium (Ga). Das verwendete, vergleichsweise preisgünstige Sputterverfahren schränkt die Materialauswahl i.a. nicht ein. Der Aspekt der Umweltverträglichkeit – soweit eine Diskussion dieser Thematik hier überhaupt sinnvoll ist – schließt die Verwendung von Quecksilber (Hg), und Arsen (As) aus.

Auswahl des Produktionsverfahrens: Sulfide kommen vielfältig in der Natur vor. Vielfältig ist auch die kontrollierte Synthese von metall- und schwefelhaltigen Dünnschichten. Zur Herstellung kann das Erhitzen von pulverförmigem, stöchiometrisch vermengtem Ausgangsmaterial [4.2], die Sol-Gel Technik, die Beschichtung durch Aufsprühen bzw. Zerstäuben [4.3], die (elektro)chemische Badabscheidung CBD (Chemical Bath Deposition) [4.4, 4.5] oder die Sonochemische Synthese [4.6] verwendet werden. Bei diesen Verfahren sollte eine thermische Nachbehandlung erfolgen.
Darüber hinaus können auch physikalische Gasphasenabscheidung PVD (Physical Vapour Deposition) [4.7, ..., 4.11], gepulstes DC (Direct Current) bzw. RF (Radio Frequency) Sputtern, thermisches (PE)CVD ((Plasma Enhanced) Chemical Vapour Deposition) [4.12, ..., 4.14], Elektronenstrahlverdampfung oder (gepulste) Laserablation [4.15, 4.16] verwendet werden. Auch diese Verfahren können ggf. mit thermischen Behandlungen (z.B. Tempern, Annealing) kombiniert werden.
Die für dieses Buch analysierten Sulfide, auf Sn-, Bi- und S-Basis, wurden ausschließlich mit gepulstem DC (Direct Current) bzw. RF (Radio Frequency) Sputtern hergestellt.

Analysemethoden: Grundsätzlich können für das Gewinnen von Einsichten in den atomaren und elektronischen Aufbau der Sulfide alle aus der Festkörper-, Ober- und Grenzflächenphysik bekannten, nach Möglichkeit zerstörungsfreien, Analysemethoden verwendet werden. Hierzu gehören beispielsweise die Gruppe der Spektroskopieverfahren XPS, AES, UPS, SIMS, LEED, E(E)LS, ISS, IPE, EXAFS, APS, ESD, PSD, TDS, RBS, usw..
Auch die für diese Arbeit verwendete UV/Vis/NIR-Spektroskopie gehört zu dieser Gruppe von Messverfahren, vgl. Anhang C. Da es sich bei den schwefelhaltigen Solarzellen um optoelektronische Halbleiterbauteile handelt, dürften von primärer Bedeutung jedoch optische Einflüsse auf elektrische Eigenschaften dieser Bauteilgruppe sein. So wurde für optoelektronische Messungen an diesen Solarzellen ein Sonnensimulator gebaut. Dieser ermöglicht computergesteuerte Strom-Spannungs-Messungen mit natürlichem Sonnenlicht oder regelbarer, künstlicher Lichtquelle bei vorwählbaren Temperaturen, wie sie typischerweise in der Natur auftreten, vgl. Anhang D.

4.1.3 Untersuchte Materialien

Als Trägersubstanzen für die mittels *UV/Vis/NIR-Spektroskopie* und *Strom-Spannungs-Messungen* untersuchten **Dünnschichten** und Solarzellen wurden Gläser aus Diarähmchen und Objektträger, wie sie für die Mikroskopie typisch sind, genauso verwendet wie Bor-Silikat-Glas Substrate von der Firma Schott mit den Typenbezeichnungen AF37 und AF45.

Tab. 4.1.2: Mit UV/Vis/NIR Spektroskopie systematisch untersuchte Dünnfilme. Aluminium dotiertes Zinkoxid (ZnO:Al) wurde als TCO-Deckelektrode (Transparent Conducting Oxide) verwendet. Zinnsulfid und Bismutsulfid als Absorberschichten, vgl. Anhang H bis Anhang I.

Var. Parameter	ZnO:Al	SnS	Bi_2S_3
Leistung P	×	×	
Dauer t	×	×	
Frequenz f	×	×	
Breaktime t_{Br}		×	
Druck p	×	×	
Temperatur T	×	×	×
Sauerstoff Konzentration c_{O2}	×		
Stickstoff Konzentration c_{N2}	×		
Abstand Target-Substrat d_{TarSub}		×	
Position auf dem Substrat r	×		

Ausgehend von den in Tab. 4.1.2 optisch untersuchten Materialien wurden auch **Solarzellen** gefertigt.
Für diese wurde mit Aluminium dotiertes Zinkoxid (ZnO:Al) als TCO-Deckelektrode verwendet. Mit Salzsäure (HCl) wurde diese ggf. einerseits aufgeraut um Reflexionen zu unterdrücken und andererseits über den Wasserstoff in der Salzsäure frei Bindungsorbitale in den Schichten elektrisch passiviert. Teilweise wurde auf die übliche Cadmiumsulfid (CdS) Puffer-Schicht zwischen TCO- und Absorber-Schicht verzichtet, teilweise wurde diese durch einen zusätzlichen Cadmiumchlorid (CdCl) Puffer ergänzt. Als Absorberschicht für die untersuchten Solarzellen wurde Zinnsulfid (SnS) verwendet. Als Basiselektrode kam Molybdän (Mo) zum Einsatz. Aufgebaut wurden diese Schichtstapel auf eines der o.g. Substrate.
Die Strukturierung der etwa 5×5mm² großen Solarzellen erfolgte durch Ritzen, wobei das gegen Ritzen weitestgehend resistente Molybdän als durchgehender Basiskontakt erhalten blieb.
Verglichen wurden Dunkel- und Hell-Messungen, wobei die Hell-Messungen sowohl mit Sonnenlicht als auch mit dem Sonnensimulator ausgeführt wurden.

Tab. 4.1.3: Mit der I(U)-Methode systematisch untersuchte Prozessparameter der Zinnsulfid Absorberschichten, vgl. Anhang H und Anhang I.

Var. Parameter	SnS
Frequenz f *)	×
Temperatur T *)	×1)
Schwefel-Zusatz *)	×2)
Wasserstoff-Zusatz *)	×2)
HCl-Behandlung	×3)
CdS-Puffer	×1)
CdCl-Puffer	×3)

*) Primärer Einfluss auf die Absorberschicht.
1) ... 3) Gleichzeitige Variation der Prozessparameter.

Bemerkung: Zu bemerken ist, dass sich die Grenzflächenstrukturen der Absorberschichten an der **Grenzfläche zu Substraten** aus *Glas* (wie sie für UV/Vis/NIR-Messungen auftreten) mitunter von den Grenzflächenstrukturen gegenüber einer *Molybdän-Basiselektrode* (wie sie bei I(U)-Messungen an Solarzellen vorkommen) in Einzelfällen unterscheiden können. Diese Unterschiede beschränken sich jedoch auf eine nur wenige Angström (Å) dicke Grenzschicht der i.a. mehrere zehn Nanometer dicken Schichten und können somit i.a. vernachlässigt werden.

4.2 UV/Vis/NIR-Spektroskopie an transparenten und opaken Schichten

Für optische Untersuchungen wurde ein Perkin-Elmer Lambda 750 **UV/Vis/NIR-Spektrometer**, mit einer optionalen 60mm, 8° Integrations-Kugel (Ulbricht-Kugel) ausgewählt.

Auf der Grundlage der *klassischen Theorie elektromagnetischer Wellen (Maxwell-Gleichungen, Poynting Theorem, Fresnel-Gleichungen, usw.)* wurde bislang ein exaktes, ohne auf Näherungen zurückgreifendes, Modell entwickelt. Nützliche Näherungen daraus wurden zur Untersuchung von optisch transparenten und opaken **Ein-** wie auch **Zwei-Schicht(en)-Systemen** (Schicht und Substrat) abgeleitet. Physikalische Größen wie Schichtdicke d_{Sch}, Brechungsindex n_{Sch}, Absorptionskoeffizient α_{Sch}, Dielektrizitätszahl ε_{Sch}, Bandlückenenergie E_g usw. wurden damit aus UV/Vis/NIR-Reflexions- und Transmissions-Spektren exakt bestimmbar. Darüber hinaus wurde ein **quantentheoretisches Modell** basierend auf Potentialbarrieren verbessert, um aus den klassisch bestimmten Parametern wieder Reflexions- und Transmissions-Spektren zu gewinnen. Beide Systeme wurden bislang erfolgreich mit dem bekannten **Keradec/Swanepoel Modell** für optische Auswertungen verglichen.

4.2.1 Transparente isolierende Glas- und BSG-Substrate

Sowohl isolierende als auch leitfähige, optisch transparente Materialien sind für die Produktion von Solarzellen erforderlich. Als isolierende Substrate wurden zwei unterschiedliche **Dia-Deckgläser**, ein **Objektträger (Mikroskopie)** und zwei **Bor-Silikat-Gläser (BSG, Schott AF37 und AF45)** miteinander verglichen. Diese Materialien auf Siliziumoxid Basis weisen innerhalb des wellenlängen- oder energieabhängigen Bereichs Transmissionsraten T_S zwischen 89% (Objektträger) und 94% (Schott AF45) und Reflexionsraten R_S von 6% bis 10% auf. Damit könnte die Absorption dieser Substrate mit Hilfe der Gleichung

(4.2.1) $\qquad A_S = 1 - (R_S + T_S)$

weitestgehend vernachlässigt werden. Im Vergleich der verwendeten Substrate weist das Bor-Silikat-Glas AF45 von Schott die für Substrate günstigsten Werte auf, vgl. Abb. 4.2.1.

126 | Experimente

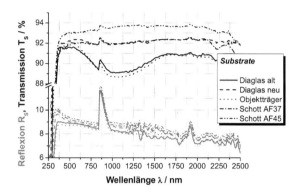

Abb. 4.2.1: Reflexions- R_S und Transmissionsspektren T_S der verwendeten Glas-Substrate. Der Peak bei 800nm ... 850nm beruht auf einem Monochromatorwechsel und ist typisch für das Perkin Elmer Lambda 750.

Die **Fehlerdiskussion zur UV/Vis/NIR-Spektroskopie** soll hier für alle folgenden Messungen einmalig erfolgen. So zeigt Abb. 4.2.2 den typischen Meßfehler für ein wellenlängenabhängiges Spektrum. Dieser beläuft sich im Wellenlängenbereich von λ = 200nm bis etwa λ = 2000nm auf $\Delta R = \Delta T < 0{,}2\%$ und verbleibt für Wellenlängen λ > 2000nm auch unter $\Delta R = \Delta T < 2\%$. Da i.a. primär der Wellenlängenbereich von λ = 200nm bis etwa λ = 2000nm von Interesse ist, kann für den weiteren Verlauf dieses Kapitels der Meßfehler des Geräts ohne Beschränkung der Allgemeinheit vernachlässigt werden.

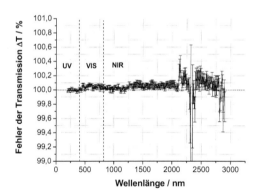

Abb. 4.2.2: Typischer Meßfehler ΔT des UV/Vis/NIR-Spektrometers Lambda 750 von der Firma Perkin-Elmer.

4.2.2 Transparente, leitende Oxide TCO (Transparent Conducting Oxides)

Aluminium dotierte Zink Oxid Schichten ZnO:Al sind preiswerte, leitende, optisch transparente Kontakte für Dünnschicht Solarzellen. Diese transparenten, leitenden Oxide (Transparent Conducting Oxides (TCO) können mit einer Vielzahl unterschiedlicher Verfahren hergestellt werden, dazu gehören die Spray Pyrolysis [4.17, ..., 4.22], die Sol Gel Technologie [4.23, ..., 4.29], elektrolytische Abscheideverfahren [4.30, 4.31], Aufdampfverfahren [4.32, 4.33], Magnetron Gleichstrom Kathodenzerstäubung (Magnetron Direct Current (DC) Sputtern, [4.34, ..., 4.38]), Magnetron Hochfrequenz Kathodenzerstäubung (Magnetron Radio Frequency (RF) Sputtern, [4.39, ..., 4.42]) sowie der Vergleich bzw. die Kombination beider Sputterverfahren [4.43, ..., 4.60] und thermische Plasmaverfahren [4.61, 4.62]. Auch hochwertige Verfahren wie die thermische (plasmaunterstützte) Gasphasenabscheidung ((plasma enhanced, PE) chemical vapour deposition, CVD) [4.63, 4.64], die Elektronenstrahlabscheidung [4.65], die (gepulste) Laserablation (pulsed Laser Deposition, [4.66, ..., 4.71]) und die Atomic Layer Deposition [4.72] werden verwendet.

Bei all diesen Produktionsverfahren kann das Substrat [4.73, ..., 4.77], ob kristallin, amorph oder organisch auch einen Einfluss auf das Schichtwachstum und die optoelektronischen Eigenschaften haben, vgl. auch Anhang F. Gleiches gilt für die bei der Solarzellenproduktion meist an die ZnO:Al Schicht grenzende CdS Schicht [4.78, 4.79]. Ebenso die Schichtdicke [4.80] selbst, d.h. bei gleichen Substraten, kann die physikalischen Parameter dieser Dünnschichten beeinflussen. Prozessparameter wie Temperatur [4.81] und Druck [4.82, 4.83] sowie Prozessgaszusätze, wie beispielsweise Sauer- [4.84] oder Wasserstoff [4.85], ermöglichen eine Variation der charakteristischen Parameter der Schicht.

Reines Zinkoxid [4.86, 4.87] (Anhang E) wird – wie hier nahezu ausschließlich diskutiert – mit Aluminium (Al) n-dotiert [4.88, 4.89]. Alternativ stehen für die n-Dotierung jedoch auch Metalle wie Cu, Ag, Ga, Mg, Cd, In, Sn, Sc, Y, Co, Mn und Cr zur Verfügung [4.66, 4.90, ..., 4.98]. Technologisch schwieriger gestaltet sich die p-Dotierung von ZnO [4.99 ..., 4.106]; vielversprechend scheint hier jedoch die Verwendung von Phosphor (P).

Die optischen und elektrischen Eigenschaften [4.107] dieser transparenten, leitenden Oxidschichten (Transparent Conducting Oxides, TCO) können mitunter durch thermische Nachbehandlung, sog. Annealing, in Inertgasatmosphäre oder mit reaktiven Gasen beeinflusst werden [4.18, 4.108, ..., 4.110]. Auch die Grenzflächenzustände [4.111, 4.112] der Zinkoxid Dünnschichten wurden untersucht. Die Alterung von ZnO:Al Schichten wird in [4.113] diskutiert.

Als leitendes (mitunter auch halbleitendes) Material weisen die hier verwendeten **gesputterten und mit Aluminium dotierten Zinkoxid (ZnO:Al) Schichten** Schichtwiderstände auf, die über [4.68] einen Aluminiumgehalt von etwa 2,8% in diesen Schichten erwarten lassen.

Von besonderem Interesse war der **Einfluss der Sputterparameter** auf die optoelektrischen Größen der ZnO:Al Dünnschichten. Untersucht wurden: Der Einfluss der *Position r auf dem Substrat*, die Bedeutung der *Sputterdauer t_{Sp}*, die Bedeutung von *Frequenz f* und *Sputterleistung P (Spannung U) des gepulsten Gleichstrom- bzw. Hochfrequenz* (RF, f = 13,56 MHz) *Sputterverfahrens* und die Abhängigkeit vom *Druck p* innerhalb der Prozesskammer auf die Dünnschicht Parameter.

Einfluss der Position r auf der Substratoberfläche: Abb. 4.2.3 zeigt die Reflexions-, Transmissions- und Absorptionsspektren einer mit Aluminium dotierten ZnO:Al Schicht. Die Reflexions- R_{Sch} und Transmissionsraten T_{Sch} der Schicht ergeben sich über

(4.2.2)
$$R_{Sch} = R_{SchS} - R_S,$$
$$T_{Sch} = T_{SchS} + (1 - T_S)$$

aus den UV/Vis/NIR Spektren der Schichtenstapel Schicht/Substrat (R_{SchS}, T_{SchS}) und der Substrate (R_S, T_S). Die Absorptionsrate A_{Sch} der Schicht ergibt sich analog zu Gl. (4.2.1) über $A_{Sch} = 1 - (R_{Sch} + T_{Sch})$.

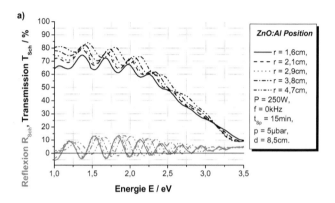

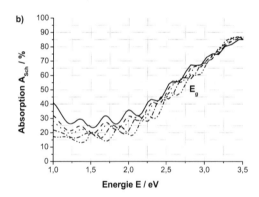

Abb. 4.2.3: a) Reflexions- R_{Sch}, Transmissions- T_{Sch} und **b)** Absorptionsspektren A_{Sch} als Funktion der Energie E mit der Position r auf dem Substrat als Parameter. Die Legende enthält den entsprechenden Prozessparametersatz.

Abb. 4.2.4 zeigt die entsprechenden Schichtdicken d_{Sch} bzw. Sputterraten v_{Sch} als Funktion des Ortes. Diese nehmen mit zunehmender Entfernung vom Zentrum der Deposition (d = 0.95µm / v = 1.05nms-1) bis an den Rand (d = 0.79µm / v = 0,88 nms-1) ab. Verwendet wurde einerseits die Formel für ein exaktes Ein-Schicht-System

(4.2.3) $$\frac{n_{Sch}}{n_{Luft}} = \frac{\sqrt{1+T_{Sch}(R_{Sch}+T_{Sch})}+\sqrt{R_{Sch}}}{\sqrt{1+T_{Sch}(R_{Sch}+T_{Sch})}-\sqrt{R_{Sch}}},$$

andererseits die entsprechende Näherung für transparente Schichten

(4.2.4) $$\frac{n_{Sch}}{n_{Luft}} = 2\left(-\sqrt{\frac{1}{T_{Sch}}} + \frac{1}{\sqrt{T_{Sch}}} - \frac{1}{\sqrt{T_{Sch}}} - \frac{1}{2}\right).$$

Die Schichtdicke d_{Sch} ergibt sich dann aus den wellenlängenabhängigen Brechungsindizes n_{Sch} über

(4.2.5) $$d_{Sch} = \frac{1}{2(n_{Sch,1}/\lambda_1 - n_{Sch,2}/\lambda_2)},$$

wobei $n_{Sch}(\lambda_1)/\lambda_1$ und $n_{Sch}(\lambda_2)/\lambda_2$ für die Werte zweier aufeinanderfolgender Reflexionsmaxima oder Transmissionsminima (Fabry-Perot Extrema) stehen.

Das hier beschriebene **Auswerteverfahren** des *erweiterten Ein-Schicht-Systems* weist gegenüber dem *Keradec/Swanepoel Verfahren* den Vorteil auf, dass es auch für sehr dünne Schichten mit nur wenigen Fabry-Perot Maxima noch vergleichsweise richtige Werte liefert. In der Literatur weit verbreitet sind Auswerteverfahren für UV/Vis/NIR-Spektren, die ausschließlich Transmissionsmessungen berücksichtigen. Diese verletzen jedoch i.a. Gl. (4.2.1) indem R = 0 genähert wird. Ein Nachteil des erweiterten Ein-Schicht-Systems ist jedoch die Näherung entsprechend Gl. (4.2.2), die zu negativen Reflexionsraten R_{Sch}, wie in Abb. 4.2.3 a), führen kann. Das im Theoriekapitel beschriebene exakte *Zwei-Schichten-System* liefert sicher die verlässlichsten Werte ist jedoch sehr aufwendig. Erfreulicherweise stimmt die Näherung nach Gl. (4.2.4) für transparente Schichten bei ausschließlicher Berücksichtigung von T(λ) hier sehr gut mit den Ergebnissen des Zwei-Schichten-Systems überein.

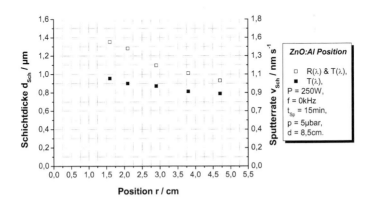

Abb. 4.2.4: Schichtdicke d_{Sch} und Depositionsrate (Sputterrate) v_{Sch} für ZnO:Al Schichten als Funktion der Position r, relativ zum Zentrum der Deposition. Zu sehen sind Werte von zwei verschiedenen Auswerteverfahren.

Da die Position r = 0 das Zentrum der Deposition markiert, beschreibt Abb. 4.2.4 das typische gaußförmige Schichtdicken- bzw. Depositionsratenprofil eines Sputterprozesses. Die diesen Positionen entsprechenden Brechungsindizes n_{Sch} sind in Abb. 4.2.5 abhängig vom Auswerteverfahren zu sehen. Der Brechungsindex ist einerseits vergleichsweise stark wellenlängenabhängig, andererseits fällt er mit steigendem Abstand r zum Depositionszentrum, was hier auch bedeutet mit fallender Schichtdicke d_{Sch}. Eine Ursache für den schichtdickenabhängigen Brechungsindex $n_{Sch}(d_{Sch})$ könnte die Gitteranpassung zwischen Substrat und Schicht sein, die insbesondere bei dünnen Schichten den Brechungsindex stark beeinflussen dürfte. Der Grenzflächenbereich stellt zudem einen exponierten Bereich für Aluminium Ab- und Anreicherungen dar.

Tab. 4.2.1 enthält die Energien der Bandlücken E_g zu diesen Positionen, wie sie sich über das *Tauc-Verfahren* [4.155] bestimmen lassen. Dieses läuft letztendlich für direkte Bandlücken auf die Auftragung von $(\alpha_{Sch}E)^2$ gegenüber der Energie E hinaus, wobei α_{Sch} der Absorptionskoeffizient der Schicht ist. Für indirekte Bandlücken ist $(\alpha_{Sch}E)^{1/2}$ gegenüber der Energie aufzutragen, vgl. auch [4.156]. Die Energie der Bandlücke E_g ergibt sich dann aus dem Schnittpunkt der Tangente mit der Abszisse, vgl. Abb. 4.2.6. Der jeweils kleinere Energiebetrag (direkte bzw. indirekte Bandlücke) entspricht in etwa dem effektiven Energiebetrag der Bandlücke E_g und legt auch die Art, d.h. direkte oder indirekte Bandlücke, fest.

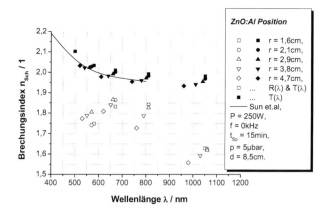

Abb. 4.2.5: Brechungsindizes n_{Sch} für ZnO:Al Schichten als Funktion der Wellenlänge mit der Position r, relativ zum Zentrum der Deposition, als Parameter. Zu sehen sind Werte von zwei verschiedenen Auswerteverfahren und Vergleichswerte von Sun et.al. [4.116].

Tab. 4.2.1: Bandlückenenergien E_g (Bestimmung nach Tauc) von aluminiumdotierten Zinkoxid Schichten für zunehmende Abstände vom Depositionszentrum der Schicht.

x / cm	1,6	2,1	2,9	3,8	4,7
E_g / eV	2,91	2,98	3,01	2,97	2,96

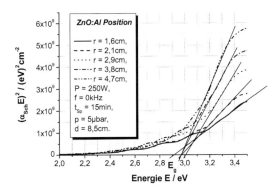

Abb. 4.2.6: Bestimmung der direkten Energiebandlücke für ZnO:Al TCO-Schichten, vermessen an verschiedenen Orten auf dem Substrat, nach Tauc [4.155] über den Energie-Achsenabschnitt der Auftragung von $(\alpha_{Sch}E)^2$ gegenüber der Energie E.

Bedeutung der Sputterdauer t_{Sp}: Schichtdicken d_{Sch} sind - wie für Sputterprozesse allgemein bekannt - etwa linear abhängig von der Sputterdauer t_{Sp}, vgl. Abb. 4.2.7. Für Sputterzeiten t_{Sp} < 5min (P = 250W, f = 50kHz, p = 3µbar) führen Oberflächeneffekte zu hohen Bandlückenenergien (E_g = 3.44eV), die mit steigender Schichtdicke bzw. Sputterdauer sinken, vgl. Tab. 4.2.2.

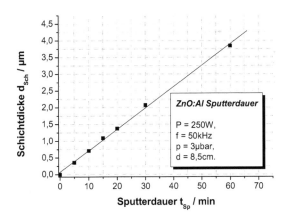

Abb. 4.2.7: Schichtdicke d_{Sch} als Funktion der Sputterdauer t_{Sp}. Die Depositions- bzw. Sputterrate v_{Sch} ergibt sich aus der Steigung der Geraden.

Tab. 4.2.2: Bandlückenenergien E_g (Bestimmung nach Tauc) von aluminiumdotierten Zinkoxid Schichten für zunehmende Sputterdauern t_{Sp} und damit zunehmenden Schichtdicken d_{Sch}.

t_{Sp} / min	5	10	15	20	30	60
E_g / eV	3,44	3,28	3,26	3,25	2,99	2,84

Einfluss der Frequenz f: Die Schichtdicke d_{Sch} und die Depositionsrate v_{Sch} nehmen für vergleichsweise hohe Frequenzen, f = 75kHz bis f = 150kHz, unabhängig vom Auswerteverfahren mit zunehmender Frequenz ab. Für vergleichsweise niedrige Frequenzen des gepulsten Gleichstroms jedoch weichen die beiden Verfahren zur Schichtdicken- und Sputterratenbestimmung voneinander ab, d.h. es macht sich der Einfluss der Reflexion $R(\lambda)$ bemerkbar.

Die Energiebandlücke E_g zeigt unabhängig vom Auswerteverfahren die gleiche Frequenzabhängigkeit. Das lokale Maximum liegt hier mit circa E_g = 3.3eV zwischen f = 50kHz ... 100kHz, vgl. Tab. 4.2.3.

Die wellenlängenabhängigen Brechungsindizes sind für Schichten, die mit Gleichstrom (f = 0kHz) gesputtert wurden um fast 10% höher als für alle anderen mit gepulstem Gleichstrom gesputterten ZnO:Al Dünnschichten, vgl. Abb. 4.2.9.

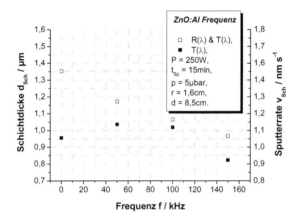

Abb. 4.2.8: Schichtdicke d_{Sch} und Depositionsrate (Sputterrate) v_{Sch} für ZnO:Al Schichten als Funktion der Frequenz f eines gepulsten Gleichstroms. Zu sehen sind Werte von zwei verschiedenen Auswerteverfahren (s.o). Entsprechende Reflexionsraten R sind in Abb. 3.4.2 zu finden.

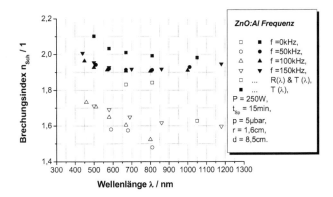

Abb. 4.2.9: Brechungsindex n_{Sch} für ZnO:Al Schichten als Funktion der Frequenz f eines gepulsten Gleichstroms. Zu sehen sind Werte von zwei verschiedenen Auswerteverfahren (s.o.). Entsprechende Reflexionsraten R sind in Abb. 3.4.2 zu finden.

Tab. 4.2.3: Bandlückenenergien E_g (Bestimmung nach Tauc, vgl. Abb. 3.2.9) von aluminiumdotierten Zinkoxid Schichten für zunehmende Frequenzen f eines gepulsten Gleichstroms. Entsprechende Reflexionsraten R sind in Abb. 3.4.2 zu finden.

f / kHz	0	50	100	150
E_g / eV	2,91	3,26	3,28	3,20

Wirkung der Beschleunigungsspannung U: Die Schichtdicken d_{Sch} und Sputterraten v_{Sch} steigen linear mit Beschleunigungsspannungen zwischen U = 400V und U = 500V an (f = 100kHz, p = 5µbar, t_{Sp} = 15min), vgl. Abb. 4.2.10. Dies, da mit steigender Beschleunigungsspannung U auch mehr Teilchen aus dem Target herausgeschlagen werden, die sich dann wiederum auf dem Substrat ablagern. Werden die Ar-Ionen mit Spannungen U > 500V auf das Target beschleunigt, dann können dort Atome, Ionen und Moleküle mit so hoher Energie $E \approx qU$ herausgeschlagen werden, dass diese letztendlich auch abhängig von der Bindungsenergie der Elemente in der Schicht wiederum Atome, Ionen oder Moleküle aus der Schicht herausschlagen. Somit sinken die Schichtdicken d_{Sch} und damit auch die Sputterraten v_{Sch} wieder für sehr hohe Beschleunigungsspannungen.
Die Energiebandlücken bleiben unbeeindruckt davon konstant auf einem Wert von etwa E_g = 3.5eV, vgl. Tab. 4.2.4.

Tab. 4.2.4: Bandlückenenergien E_g (Bestimmung nach Tauc) von aluminiumdotierten Zinkoxid Schichten für zunehmende Beschleunigungsspannungen U.

U / V	420	464	500	516
E_g / eV	3,51	3,50	3,49	3,47

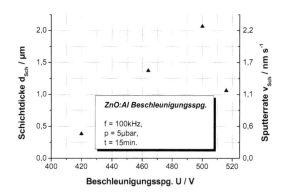

Abb. 4.2.10: Schichtdicke d_{Sch} und Depositionsrate (Sputterrate) v_{Sch} für ZnO:Al Schichten als Funktion der Beschleunigungsspannung U bzw. der Beschleunigungsleistung P.

Auswirkungen des Prozesskammerdrucks p: Die Abscheideraten sind für das Daten-Cluster aus Abb. 4.2.4 (Position r = 1,6 cm) bei einem Druck von 5µbar maximal (v_{Sch} = 1,15nms^{-1}), vgl. Abb. 4.2.11. Sie nehmen für sinkende Drücke schwach und für steigende Drücke stark ab. Für abfallende Drücke ist die zunehmende Getterwirkung der Pumpen auf die aus dem Target freigesetzten Teilchen verantwortlich; für ansteigende Drücke sowohl die Wechselwirkung der aus dem Target freigesetzten Teilchen untereinander als auch die Stoßprozesse dieser Teilchen mit den Argon Ionen und Atomen in der Prozesskammer.
Eine vergleichbare Tendenz weisen die Energiebandlücken E_g mit einem Maximum von etwa E_g = 3,25 eV bei einem Druck p = 2µbar ... 5µbar auf, vgl. Tab. 4.2.5.
Die wellenlängenabhängigen Brechungsindizes (n_{Sch} = 1,95 für 500nm < λ < 1000nm) werden von Prozesskammerdrücken zwischen p = 0.8µbar und p = 10µbar nicht beeinflusst.

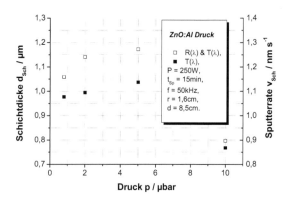

Abb. 4.2.11: Schichtdicke d_{Sch} und Depositionsrate (Sputterrate) v_{Sch} für ZnO:Al Schichten als Funktion des Drucks p in der Prozesskammer. Entsprechende Transmissions- T und Reflexionsraten R sind in Abb. 3.2.10 und Abb. 3.3.2 zu finden, Brechungsindizes n_{Sch} in Abb. 3.2.11 und Abb. 3.3.3.

Tab. 4.2.5: Bandlückenenergien E_g (Bestimmung nach Tauc) von aluminiumdotierten Zinkoxid Schichten für zunehmende Drücke p in der Prozesskammer. Entsprechende Transmissions- T und Reflexionsraten R sind in Abb. 3.2.10 und Abb. 3.3.2 zu finden, Brechungsindizes n_{Sch} in Abb. 3.2.11 und Abb. 3.3.3.

$p / \mu bar$	0,8	2	5	10
E_g / eV	3,21	3,25	3,27	3,19

Zusatz von reaktivem Sauerstoff O_2, Luft und Stickstoff N_2 zum Prozessgas: Wird dem inerten Prozessgas Argon zunehmend reaktiver Sauerstoff O_2 (Anhang F) oder Stickstoff N_2 (Anhang G) zugesetzt, dann nimmt die Schichtdicke d_{Sch} ab. Diese Abnahme erfolgt bei zunehmender Stickstoffkonzentration c_{N2} deutlich langsamer. Dies gilt für die Verwendung von Luft (etwa 78% Stickstoff, 21% Sauerstoff und 1% Edelgase) ebenso wie für reinen Stickstoff, vgl. Abb. 4.2.12.
Zunehmender Stickstoffzusatz im Prozessgas beeinträchtigt den Brechungsindex und damit die optischen Eigenschaften dieser transparenten, leitenden Oxidschichten (Transparent Conducting Oxide, TCO) deutlich stärker als ein steigender Sauerstoffanteil, vgl. Abb. 4.2.13. Gleiches gilt für die Wirkung von Stickstoff- und Sauerstoffzusätzen zum inerten Argon auf die Energiebandlücke dieser aluminiumdotierten Zinkoxidschichten (ZnO:Al Schichten), vgl. Abb. 4.2.14, Tab. 4.2.6.
Wie sich eine steigende Stickstoff- c_{N2} oder Sauerstoffkonzentration c_{O2} in einer inerten Argonatmosphäre auf die Leitfähigkeit σ_{Sch} von gesputterten ZnO:Al Schichten auswirkt, wurde im Theorieteil dieser Arbeit diskutiert.

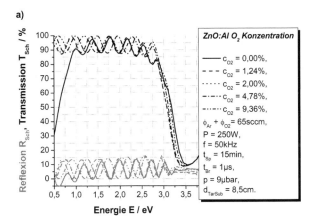

136 | Experimente

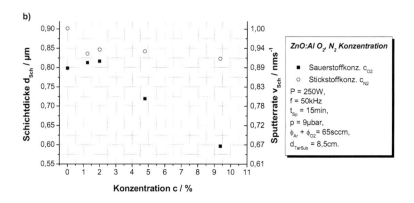

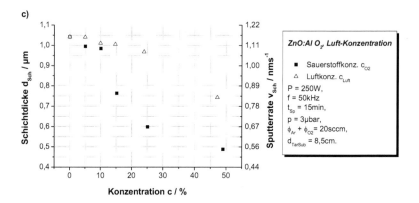

Abb. 4.2.12: a) Transmissions- und Reflexionsspektren für aluminiumdotierte Zinkoxidschichten (ZnO:Al-Schichten), die mit 0 ... 10 Volumenprozent reaktivem Sauerstoff im inerten Argongas gesputtert wurden. **b)** Schichtdicken für ZnO:Al-Schichten, die mit 0 ... 10% Sauer- bzw. Stickstoff und **c)** Schichtdicken die mit 0 ... 50% Sauerstoff bzw. Luft im inerten Argongas gesputtert wurden. Für Leitwerte σ_{Sch}, Ladungsträgerkonzentrationen n_e, Beweglichkeiten μ und Lebensdauern τ vgl. auch Abb. 3.5.3, Abb. 3.6.4, Abb. 3.6.6 und Abb. 3.6.7.

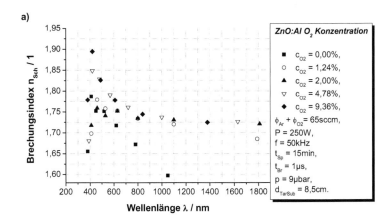

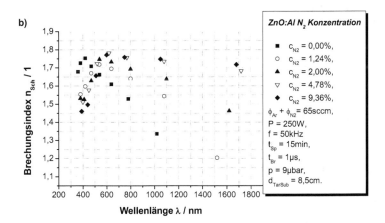

Abb. 4.2.13: Brechungsindizes für ZnO:Al Schichten die mit 0 ... 10 Volumenprozent **a)** Sauerstoff und **b)** Stickstoff gesputtert wurden. Mit steigendem Stickstoffgehalt im inerten Argon Gas fächern die Brechungsindexkurven als Funktion der Wellenlänge zunehmend auf. Eine Variation des Sauerstoffanteils beeinflusst die Brechungsindexkurven kaum. Für Leitwerte σ_{Sch}, Ladungsträgerkonzentrationen n_e, Beweglichkeiten μ und Lebensdauern τ vgl. auch Abb. 3.5.3, Abb. 3.6.4, Abb. 3.6.6 und Abb. 3.6.7.

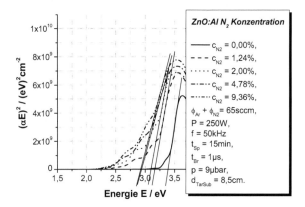

Abb. 4.2.14: Tauc-Plot zur Bestimmung der Bandlückenenergie von ZnO:Al Schichten die mit 0 ... 10 Volumenprozent Stickstoff in der inerten Argon Atmosphäre gesputtert wurden.

Tab. 4.2.6: Bandlückenenergie E_g von ZnO:Al Schichten die mit 0 ... 10% Sauerstoff bzw. Stickstoff in inerter Argon Atmosphäre gesputtert wurden. Für Leitwerte σ_{Sch}, Ladungsträgerkonzentrationen n_e, Beweglichkeiten μ und Lebensdauern τ vgl. auch Abb. 3.5.3, Abb. 3.6.4, Abb. 3.6.6 und Abb. 3.6.7.

c / %	0,00	1,24	2,00	4,78	9,36
$E_g(O_2)$ / eV	3,21	3,12	3,11	3,12	3,17
$E_g(N_2)$ / eV	3,39	3,16	3,10	2,94	2,92

Einfluss der Temperatur T: Variabel beheizte Glassubstrate bildeten die Grundlage für das Sputtern von aluminiumdotierten Zinkoxid Schichten bei unterschiedlichen Temperaturen. Vor dem Ausschleusen wurden die Schichten wieder auf Raumtemperatur abgekühlt.
Abb. 4.2.15 a) zeigt die Transmissions- und Reflexionsspektren für ZnO:Al Schichten, die bei unterschiedlichen Substrattemperaturen gesputtert wurden. In Abb. 4.2.15 b) sind die entsprechenden Schichtdicken d_{Sch} zu sehen. Diese weisen für eine Temperatur von etwa T = 100°C ein Maximum auf; für kleinere und größere Temperaturen nimmt die Schichtdicke deutlich ab.
Abb. 4.2.16 zeigt typische Werte für Brechungsindizes n_{Sch} und relative Dielektrizitätskonstanten ε_r dieser ZnO:Al Schichten. Mit steigender Temperatur sinken sowohl die Brechungsindizes wie auch die Dielektrizitätskonstanten. Die Abhängigkeit dieser beiden Größen von der Temperatur T ist jedoch kleiner als die Abhängigkeit von der Wellenlänge λ gegen welche sie aufgetragen sind.
Für das sog. „Bandgap Engineering" ist die Temperatur in besonderem Maße geeignet. Dies, da die Bandlückenenergie E_g durch die Prozesstemperatur besonders effektiv beeinflusst werden kann, vgl. Abb. 4.2.17 und Tab. 4.2.7.

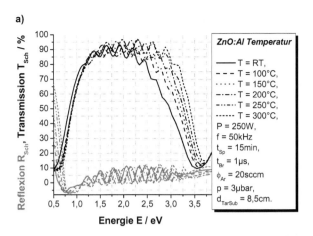

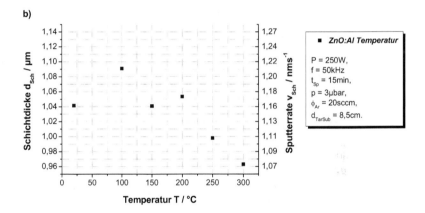

Abb. 4.2.15: a) Transmissions- und Reflexionsspektren sowie **b)** Schichtdicken für aluminiumdotierte Zinkoxidschichten (ZnO:Al-Schichten), die mit Temperaturen zwischen Raumtemperatur und T = 300°C im inerten Argongas gesputtert wurden. Für Leitwerte σ_{Sch} vgl. auch Abb. 3.5.4.

140 | Experimente

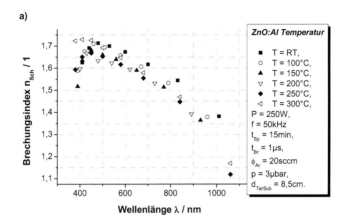

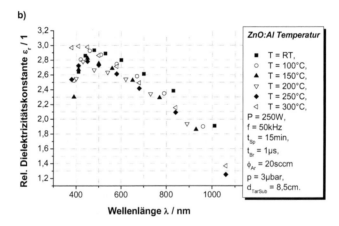

Abb. 4.2.16: a) Brechungsindizes und **b)** relative Dielektrizitätskonstanten für ZnO:Al-Schichten, welche mit Temperaturen zwischen Raumtemperatur und T = 300°C im inerten Argongas gesputtert wurden. Für Leitwerte σ_{Sch} vgl. auch Abb. 3.5.4.

Analysen für Chalkogenid-Dünnschicht-Solarzellen | 141

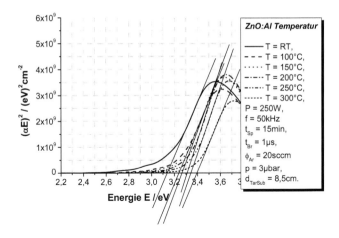

Abb. 4.2.17: Tauc-Plot zur Bestimmung der Bandlückenenergie E_g für ZnO:Al Schichten, welche mit Temperaturen zwischen Raumtemperatur und T = 300°C gesputtert wurden.

Tab. 4.2.7: Bandlückenenergie E_g von ZnO:Al Schichten, welche mit Temperaturen zwischen Raumtemperatur und T = 300°C gesputtert wurden. Für Leitwerte σ_{Sch} vgl. auch Abb. 3.5.4.

T / °C	RT	100	150	200	250	300
E_g / eV	3,13	3,24	3,27	3,31	3,35	3,39

4.2.3 Opake, absorbierende Sulfide

Für diese Arbeit wurden **rein binäre Sulfide**, wie Zinnsulfid (SnS) und Bismutsulfid (Bi_2S_3) hergestellt. Wenngleich die stöchiometrische Zusammensetzung der Targets zur Herstellung dieser Sulfide als exakt angenommen werden soll, können insbesondere in den gesputterten Schichten u.a. durch Segregationseffekte lokal oder auch global andere Stöchiometrien auftreten. Es ist deshalb sinnvoller bei diesen Sulfiden von Sn_xS_y (vgl. Anhang H) oder Bi_xS_y (vgl. Anhang I) zu sprechen.

- **Zinnsulfid Sn_xS_y**

Zinnsulfid (SnS) Schichten können auf ein Substrat aufgesprüht (Brush Plating [4.117], Spray Pyrolytic Deposition [4.118, ..., 4.122]) oder über ein (gepulstes) elektrochemisches Verfahren [4.123, ..., 4.130] aufgebracht werden. Verwendet werden auch das thermische Aufdampfverfahren [4.131, ..., 4.136] und Magnetron Gleichstrom- (Magnetron Direct Current

(DC) Sputtern [4.137]) bzw. Magnetron Hochfrequenz Kathodenzerstäubungsverfahren (Magnetron Radio Frequency (RF) Sputtern [4.138]). Qualitativ hochwertige Verfahren zur Aufbringung von Zinnsulfid Schichten sind das (Niedertemperatur (Low Temperature, LT)) (Plasmaunterstützte (Plasma Enhanced, PE)) Chemische Gasphasenabscheidungsverfahren (Chemical Vapour Deposition, CVD) [4.139, ..., 4.141] und die SILAR-Methode [4.142], ein Spezialfall der Gas Phase Atomic Layer Epitaxy (ALE).

Für die Verwendung von Zinnsulfid als Absorbermaterial in Solarzellen sind dessen strukturelle- [4.143, ..., 4.145], optische- [4.146, ..., 4.150] und elektrische Eigenschaften [4.151, 4.152] von Bedeutung.

Diese charakteristischen physikalischen Parameter können durch gezielte Dotierung z.B. mit Kupfer über CuS [4.124, 4.125] oder durch Eindiffundieren von Elementen benachbarter Schichten, wie beispielsweise Sauerstoff [4.153] oder Cadmium [4.154] merklich beeinflusst werden.

Sind im Falle der transparenten Glassubstrate bzw. TCO Schichten die Energien der einfallenden Photonen noch zu gering um ein Elektron aus dem Valenz- in das Leitungsband anheben zu können, so ist dies für opake, absorbierende Materialien nicht mehr der Fall. Für alle *Absorbermaterialien* – wie auch das Zinnsulfid Sn_xS_y – sind folgerichtig die *Energien der Bandlücke E_g* sinnvollerweise deutlich kleiner als für *TCO Materialien* – wie das ZnO:Al.

Über optische Untersuchungen soll hier der physikalische Einfluss des Sputterns auf die Zinnsulfidschicht Sn_xS_y durch Variation der *Position r auf der Substratoberfläche*, des *Abstands zwischen Target und Substrat d_{TarSub}*, der *Sputterdauer t_{Sp}*, der *Frequenz f* (Vergleich PDC mit RF), der *Breaktime t_{Br}*, der *Sputterleistung P*, des *Prozesskammerdrucks p* und der *Substrattemperatur T* untersucht werden.

Einfluss der Position r auf der Substratoberfläche: Opake Sn_xS_y Absorberschichten weisen die gleiche Abhängigkeit der Schichtdicke d_{Sch} und damit der Depositionsraten v_{Sch} von der Position r auf der Substratoberfläche auf, wie dies schon für die mit Aluminium dotierten Zinkoxidschichten (ZnO:Al) gezeigt wurde. Hier soll deshalb darauf nicht weiter eingegangen werden. Die Größenordnung der evaluierten physikalischen Parameter bewegt im Bereich der nun folgenden Ergebnisse.

Abstand zwischen Target und Substrat d_{TarSub}: Eine Verdoppelung des Abstandes zwischen Target und Substrat d_{TarSub} (9,0cm, 17,1cm) führt zu einer drastischen Senkung der Abscheiderate von v_{Sch} = 0,42nms^{-1} auf v_{Sch} = 0,17nms^{-1}. Als Ursache hierfür sind die Verringerung des wirksamen Raumwinkels, den das Substrat bezüglich dem Sputtertarget einnimmt und elastische Stöße zwischen den Teilchen innerhalb des Raums zwischen Target und Substrat zu nennen. Hinzu kommt auch hier die mit steigendem Abstand d_{TarSub} zunehmend effektivere Getterwirkung der Pumpen auf diese Teilchen.

Der wellenlängenabhängige Brechungsindex n_{Sch} steigt hierbei um etwa 20% (vgl. Abb. 4.2.18) und die entsprechende Energiebandlücke sinkt nur leicht von E_g = 1,90eV auf E_g = 1,83eV.

Analysen für Chalkogenid-Dünnschicht-Solarzellen | 143

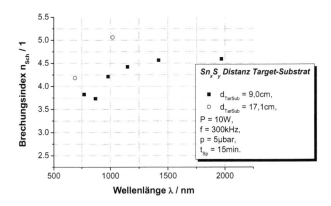

Abb. 4.2.18: Brechungsindex n_{Sch} für Sn_xS_y Absorberschichten als Funktion der Wellenlänge λ und des Abstandes zwischen Target und Substrat d_{TarSub}.

Bedeutung der Sputterdauer t_{Sp}: Bislang wurden die Auswertungen der UV/Vis/NIR-Spektren mit dem *erweiterten Ein-Schicht-System* vorgenommen. Die Abhängigkeit der Schichtdicke d_{Sch}, des Brechungsindexes n_{Sch}, des Absorptionskoeffizienten α_{Sch} und der Bandlückenenergie E_g von der Sputterdauer t_{Sp} soll nun jedoch mit dem Keradec/Swanepoel-Model erfolgen.

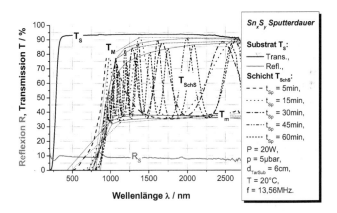

Abb. 4.2.19: Reflexions- R_S und Transmissionsspektren T_S des Substrats sowie Transmissionsspektren T_{SchS} der Schichtenfolge Schicht/Substrat und deren Einhüllende T_m und T_M.

Für das *Keradec/Swanepoel* Model werden ausschließlich die gemessenen Transmissionsspektren berücksichtigt, vgl. Abb. 4.2.19. Deren einhüllende Funktionen T_M

(Kurve durch die Maxima) und T_m (Kurve durch die Minima) werden verwendet um mit dem Brechungsindex des Substrates n_S über

(4.2.6)
$$n_{Sch} = \sqrt{N + \sqrt{N^2 - n_S^2}},$$
$$N = 2n_S \left(\frac{1}{T_m} - \frac{1}{T_M}\right) + \frac{n_S^2 + 1}{2}$$

den Brechungsindex n_{Sch} der Schicht zu bestimmen. Ausgehend von diesem lässt sich die Schichtdicke d_{Sch} über Gl. (4.2.5) berechnen. Zur Bestimmung des Absorptionskoeffizienten α_{Sch} ist es sinnvoller über Gl. (4.2.1) und Gl. (4.2.2) die Absorptionsrate A_{Sch} der Schicht zu bestimmen und unter Verwendung der Schichtdicke d_{Sch} den Absorptionskoeffizienten über

(4.2.7)
$$\alpha_{Sch} = \frac{1}{d_{Sch}} \ln\left(\frac{1}{1 - A_{Sch}}\right)$$

zu berechnen, als streng nach dem Keradec/Swanepoel Model vorzugehen. Die Energie der Bandlücke E_g ergibt sich wieder über den Tauc-Plot, vgl. Abb. 4.2.6.

Ganz analog zu den mit Aluminium dotierten Zinkoxid Schichten steigt – üblich für Sputterprozesse – entsprechend Abb. 4.2.20 die Schichtdicke d_{Sch} linear mit der Sputterzeit t_{Sp} an, lediglich die Depositionsrate $v_{Sch} = d_{Sch}/t_{Sp}$ für eine Sputterdauer von t_{Sp} = 60min fällt etwas hoch aus.

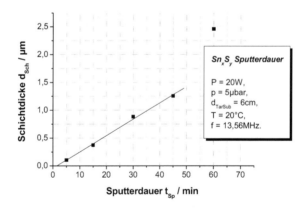

Abb. 4.2.20: Schichtdicke d_{Sch} als Funktion der Sputterdauer t_{Sp}. Die Depositions- bzw. Sputterrate v_{Sch} ergibt sich aus der Steigung der Geraden. Lediglich für eine Sputterdauer von t_{Sp} = 60min weicht die Schichtdicke d_{Sch} von der zu erwartenden Geraden ab.

Kürzere Sputterdauern t_{Sp} führen zu kleineren Schichtdicken d_{Sch} und diese weisen nach Abb. 4.2.21 a) für die hier mit Hochfrequenz f_{RF} bei Raumtemperatur (T = 20°C) gesputterten

Schichten deutlich höhere Brechungsindizes n_{Sch} und auch deutlich höhere Absorptionskoeffizienten α_{Sch} auf.
Aus Abb. 4.2.21 b) sind für Sn_xS_y Schichten typische Bandlückenenergien $E_g = hc/\lambda_g$ (h = Plancksche Konstante, c = Lichtgeschwindigkeit) abschätzbar.

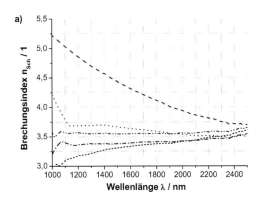

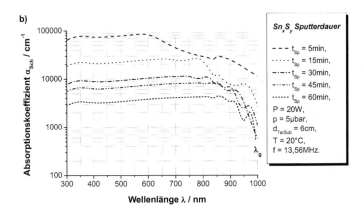

Abb. 4.2.21: a) Brechungsindex n_{Sch} und b) Absorptionskoeffizient α_{Sch} für Sn_xS_y Absorberschichten als Funktion der Sputterdauer t_{Sp} und in Zusammenhang mit Abb. 4.2.20 auch als Funktion der Schichtdicke d_{Sch}.

Man kann i.a. davon ausgehen, dass steigende Absorptionskoeffizienten α_{Sch} mit sinkenden Bandlückenenergien E_g einhergehen – dies, da dann auch zunehmend Photonen mit geringerer Energie absorbiert werden. Nun steigen entsprechend Abb. 4.2.21 b) die Absorptionskoeffizienten α_{Sch} mit sinkender Sputterdauer t_{Sp}. Dies hieße dann aber auch, dass mit sinkender Sputterdauer die Bandlückenenergien E_g fallen sollten. Deshalb überrascht die in Abb. 4.2.22 gezeigte Abhängigkeit der Bandlückenenergie E_g von der Sputterdauer t_{Sp}.

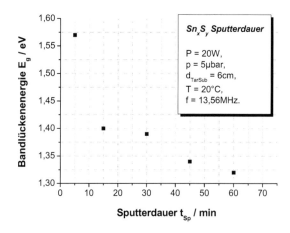

Abb. 4.2.22: Bandlückenenergie E_g für Sn_xS_y Absorberschichten als Funktion der Sputterdauer t_{Sp} und unter Berücksichtigung von Abb. 4.2.20 als Funktion der Schichtdicke d_{Sch}.

Einfluss der Frequenz (Vergleich PDC mit RF): Abb. 4.2.23 zeigt energieabhängige Reflexions- R_{Sch} und Transmissionsspektren T_{Sch} für Sn_xS_y Absorberschichten. Diese wurden mit gepulsten Gleichströmen unterschiedlicher „Frequenzen f" hergestellt. Das pulsen eines Gleichstroms führt hierbei zu Rechtecksignalen deren Periodendauer

(4.2.8) $\qquad T = t_{Sig} + t_{Br} = 1/f$

sich einerseits additiv aus der Signal- t_{Sig} und Pausendauer t_{Br} (Breaktime) zusammensetzt, andererseits den Kehrwert der Frequenz f des gepulsten Gleichstroms darstellt. Wird in einer Legende keine Angabe zur Breaktime gemacht ist ein Standardwert von $t_{Br} = 1\mu s$ anzunehmen.

Unter Verwendung des *erweiterten Ein-Schicht-Systems* ergeben sich die wellenlängen- λ bzw. energieabhängigen $E = hc/\lambda$ Brechungsindizes n_{Sch} der mit unterschiedlichen Frequenzen f hergestellten Sn_xS_y Absorberschichten zu Werten von $n_{Sch} = 3,5$ bis $n_{Sch} = 5,0$. Sie steigen in einem Wellenlängenbereich von 1000nm bis 2500nm mit zunehmender Wellenlänge, aber auch mit zunehmender Sputterfrequenz, an. Ändert man die Sputterfrequenz gepulster Gleichströme von $f_{PDC} = 0kHz$ auf $f_{PDC} = 300kHz$ oder von einem gepulsten Gleichstrom mit $f_{PDC} = 300kHz$ auf einen mit Hochfrequenz gepulsten Strom $f_{RF} = 13,56MHz$ so steigt der Brechungsindex jeweils um deutliche 10% an, vgl. Abb. 4.2.24.

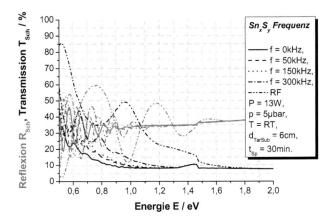

Abb. 4.2.23: Energieabhängige Reflexions- R_{Sch} und Transmissionsspektren T_{Sch} für Sn_xS_y Absorberschichten, wobei die Plasmaströme der Sputteranlage mit unterschiedlichen Frequenzen f gepulst wurden.

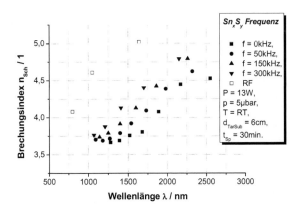

Abb. 4.2.24: Energieabhängige Reflexions- R_{Sch} und Transmissionsspektren T_{Sch} für Sn_xS_y Absorberschichten, wobei die Plasmaströme der Sputteranlage mit unterschiedlichen Frequenzen f gepulst wurden.

Die Absorptionskoeffizienten α_{Sch} sind für eine Energie von E = 2eV als Funktion der Sputterfrequenz in Tab. 4.2.8 zu sehen.
Diese Tabelle enthält auch die weitestgehend frequenzunabhängigen Bandlücken von etwa $E_g \approx$ 1,84eV, der mit gepulstem Gleichstrom hergestellten Schichten. Die Bandlücke E_g = 1,73eV, der

mit Hochfrequenzsputtern erzeugten Sn_xS_y Absorberschichten, ist etwa 6% niedriger. Abb. 4.2.25 zeigt den entsprechenden Tauc-Plot.

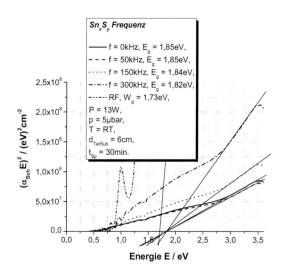

Abb. 4.2.25: Bestimmung der direkten Energiebandlücke für Sn_xS_y Absorberschichten, hergestellt mit unterschiedlichen Sputterfrequenzen, nach Tauc [4.155] über den Energie-Achsenabschnitt der Auftragung von $(\alpha_{Sch}E)^2$ gegenüber der Energie E.

Tab. 4.2.8: Bandlückenenergien E_g (Auswertung über Tauc-Plot, vgl. Abb. 4.2.25) und Absorptionskoeffizienten α_{Sch} von Zinksulfid Dünnschichten bei steigenden Sputterfrequenzen.

f / kHz	0	50	150	300	RF
E_g / eV	1,85	1,85	1,84	1,82	1,73
α_{Sch} / cm^{-1} (E = 2eV)	2940	2970	3380	4610	15200

Die Schichtdicken d_{Sch} und entsprechenden Depositionsraten (Sputterraten) v_{Sch} dieser Schichten sind in Abb. 4.2.26 aufgetragen. Deutlich erkennbar sinken die Schichtdicken und Sputterraten mit zunehmender Sputterfrequenz und dies setzt sich über das gepulste Gleichstromsputtern auch in das Hochfrequenzsputtern fort.

Analysen für Chalkogenid-Dünnschicht-Solarzellen | 149

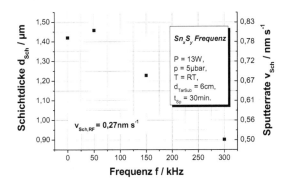

Abb. 4.2.26: Schichtdicken d_{Sch} und Sputterraten v_{Sch} als Funktion der Sputterfrequenz f.

Abhängigkeiten von der Pausenzeit (Breaktime) t_{Br}: Da sich für gepulstes DC-Sputtern mit der Periodendauer T = f^{-1} das Rechtecksignal in die Signaldauer t_{Sig} und die Pausendauer t_{Br} (breaktime) zerlegen lässt, wurde auch der Einfluss der Pausendauer t_{Br} auf die Parameter der Sn_xS_y Absorberschichten untersucht.
Abb. 4.2.27 a) zeigt die entsprechenden Reflexions- und Transmissionsspektren. Diese weisen eine sehr geringe Anzahl an Schwingungsperioden auf, was auf sehr dünne Schichten schließen lässt vgl. Tab. 4.2.9. Zur Auswertung wurde deshalb das *erweiterte Ein-Schicht-System* verwendet – das Keradec/Swanepoel Model kann hier nicht mehr angewendet werden.
Aus den Reflexions- und Transmissionsspektren (Abb. 4.2.27 a)) lässt sich über Gl. 2.1 das Absorptionsspektrum (Abb. 4.2.27 b)) errechnen. Die Projektion des *Wendepunkts* innerhalb des steilen Anstiegs dieser Absorptionskurven auf die Energie-Achse liefert eine *Abschätzung für die Bandlückenenergie E_g*. Wird die Pausendauer t_{Br} von 0.5µs auf 5µs (T = 20µs = konst.) erhöht, so erhöht dies die Energie der Bandlücke von etwa E_g = 1.16eV auf E_g = 1.65eV. Der wellen- bzw. energieabhängige Brechungsindex n_{Sch} bleibt als Funktion der Pausendauer konstant.

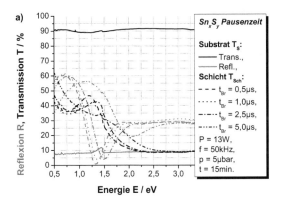

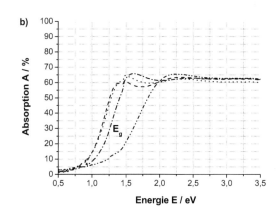

Abb. 4.2.27: a) Reflexions- R_{Sch}, Transmissions- T_{Sch} und **b)** Absorptionsspektren A_{Sch} für sehr dünne Sn_xS_y Absorberschichten, die bei einer konstanten Periodendauer T = 20µs für unterschiedliche Pausenzeiten t_{Br} hergestellt wurden. Derart dünne Schichten können nicht mehr mit dem Keradec/Swanepoel Model ausgewertet werden, so dass hier wieder das erweiterte Ein-Schicht-System zu verwenden ist.

Tab. 4.2.9: Schichtdicken d_{Sch}, Depositionsraten v_{Sch} und Bandlückenenergien E_g für sehr dünne Sn_xS_y Absorberschichten, die bei einer konstanten Periodendauer T = 20µs für unterschiedliche Pausenzeiten t_{Br} hergestellt wurden.

t_{Br} / µs	0,5	1	2	5[1)]
d_{Sch} / nm	146	152	144	
v_{Sch} / nms^{-1}	0,16	0,17	0,16	
E_g / eV	1,16	1,18	1,29	1,65

1) Die Schicht ist zu dünn um auch mit dem erweiterten Ein-Schicht-System Schichtdicke und Abscheiderate bestimmen zu können.

Bedeutung der Sputterleistung P: Für steigende Sputterleistungen von P = 13W bis P = 15W (weitere Prozessparameter: f = 50kHz, p = 5µbar, d_{TarSub} = 17,1 cm) fallen die Depositionsraten von v_{Sch} = 0,17nms^{-1} (d_{Sch} = 152nm) auf v_{Sch} = 0,14nms^{-1} (d_{Sch} = 129nm) und die Energien der Bandlücke von E_g = 1,87eV auf E_g = 1,76eV.
Die wellenlängenabhängigen Brechungsindizes n_{Sch} sind von der Leistung P weitestgehend unabhängig.
Die „Bedeutung der Sputterleistung P" bei gesputterten Sn_xS_y Schichten entspricht der „Wirkung der Beschleunigungsspannung U" im Rahmen der untersuchten ZnO:Al Schichten. Die Zusammenhänge zwischen physikalischen Größen und Sputterparametern sind dem entsprechend zu interpretieren.

Analysen für Chalkogenid-Dünnschicht-Solarzellen | 151

Abhängigkeit vom Prozesskammerdruck p: Die im Folgenden betrachteten Schichten sind deutlich dicker als im vorangegangenen Abschnitt, so dass die Zinnsulfid Schichten nun wieder mit dem *Keradec/Swanepoel Model* ausgewertet werden können, vgl. Abb. 4.2.27 a) und Abb. 4.2.28.

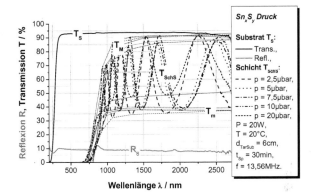

Abb. 4.2.28: Reflexions- R_S und Transmissionsspektren T_S des Substrats sowie Transmissionsspektren T_{SchS} der Schichtenfolge Schicht/Substrat und deren Einhüllende T_m und T_M, wie sie für die Auswertung über das Keradec/Swanepoel Model benötigt werden. Zu sehen sind Transmissionsspektren für Sn_xS_y Absorberschichten, die für unterschiedliche Prozesskammerdrücke p gemessen wurden.

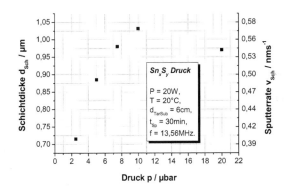

Abb. 4.2.29: Schichtdicke d_{Sch} und Depositionsrate v_{Sch} als Funktion des Prozesskammerdrucks p für Sn_xS_y Absorberschichten, die mit Hochfrequenzsputtern gewachsen wurden.

Unter Verwendung von Gl. (4.2.6) und Gl. (4.2.5) lassen sich mit dem Spektrum aus Abb. 4.2.28 die Schichtdicken d_{Sch} und Depositionsraten (Sputterraten) v_{Sch} als Funktion des Druckes p in der Prozesskammer berechnen, vgl. Abb. 4.2.29. Die Schichtdicke d_{Sch} wird für einen Druck von etwa p = 10µbar maximal und nimmt für größere und kleinere Drücke ab. Im Falle großer Drücke wirkt sich die Wechselwirkung mit Argon Atomen und Ionen des Mediums reduzierend auf die Schichtdicke aus, bei kleineren Drücken dürfte die Getterwirkung des Drucksystems für eine Ausdünnung der Zinn- (Sn) und Schwefelteilchen (S) im Plasma sorgen. Entsprechend Gl. (4.2.6) und Gl. (4.2.7) erhält man die Brechungsindizes n_{Sch} und die Absorptionskoeffizienten $α_{Sch}$ als Funktion einerseits der Wellenlänge λ und andererseits des Prozesskammerdruckes p, wie sie in Abb. 4.2.30 a) und b) zu sehen sind. Die Brechungsindizes n_{Sch} fallen mit steigendem Druck, wobei das Gefälle im Bereich zwischen p = 5µbar und p = 10µbar deutlich schwächer ausfällt als für kleinere und größere Drücke. Im Absorptionsbereich, d.h. für Wellenlängen von etwa λ < 900nm, nehmen die Absorptionskoeffizienten mit steigendem Druck (p < 5µbar) zuerst ab, verbleiben dann im Druckbereich zwischen p = 5µbar und p = 10µbar auf etwa $α_{Sch}$ = 9000cm^{-1} und steigen dann für Prozesskammerdrücke p > 10µbar wieder an.

Aus Abb. 4.2.30 b) sind über den starken Abfall der Kurven für die Sn_xS_y Schichten typische Bandlückenenergien $E_g = hc/λ_g$ (h = Plancksche Konstante, c = Lichtgeschwindigkeit) abschätzbar.

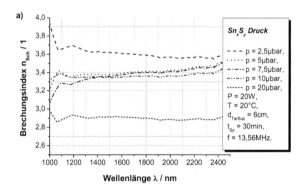

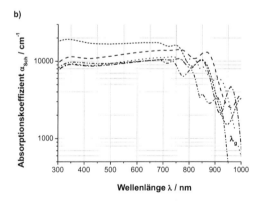

Abb. 4.2.30: a) Brechungsindex n_{Sch} und **b)** Absorptionskoeffizient $α_{Sch}$ als Funktion des Prozesskammerdrucks p für Sn_xS_y Absorberschichten, die mit Hochfrequenzsputtern gewachsen wurden.

Im Druckbereich zwischen p = 5µbar und p = 10µbar, in dem nach Abb. 4.2.30 schon für den Brechungsindex n_{Sch} und den Absorptionskoeffizienten α_{Sch} ein charakteristisches Verhalten nachgewiesen werden konnte, weist die Bandlückenenergie E_g nach Abb. 4.2.31 einen starken Anstieg auf.

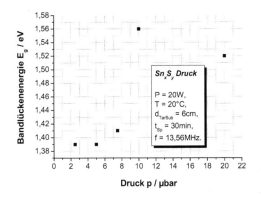

Abb. 4.2.31: Bandlückenenergie E_g als Funktion des Prozesskammerdrucks p für Sn_xS_y Absorberschichten, die mit Hochfrequenzsputtern gewachsen wurden. Wie auch schon der Brechungsindex n_{Sch} und der Absorptionskoeffizient α_{Sch}, weist die Bandlückenenergie E_g im Druckbereich zwischen p = 5µbar und p = 10µbar Auffälligkeiten auf.

Einfluss der Substrattemperatur T: Analog zu Abb. 4.2.28 zeigt Abb. 4.2.32 Transmissionsspektren T für Sn_xS_y Schichten, die hier jedoch für unterschiedliche Substrattemperaturen T gewachsen wurden.

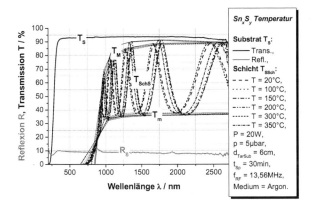

Abb. 4.2.32: Reflexions- R_S und Transmissionsspektren T_S des Substrats sowie Transmissionsspektren T_{SchS} der Schichtenfolge Schicht/Substrat und deren Einhüllende T_m und T_M, wie sie für die Auswertung über das Keradec/Swanepoel Model benötigt werden, vgl. Abb. 4.2.28.

Schichtdicken d_{Sch} und Depositionsraten (Sputterraten) v_{Sch} lassen sich mit Gl. (4.2.6) und Gl. (4.2.5) über das Spektrum aus Abb. 4.2.32 als Funktion der Substrattemperatur T bestimmen, vgl. Abb. 4.2.33. Für Substrattemperaturen T < 200°C bleiben Schichtdicke und Sputterraten konstant, erst für höhere Temperaturen fallen sie deutlich ab. Eine erhöhte Temperatur führt zu einer erhöhten Brownschen Molekularbewegung (Robert Brown, schottischer Botaniker) und damit zu steigender Desorption von Zinn- (Sn) und Schwefelteilchen (S) von der Schichtoberfläche. Folgerichtig sinkt die resultierende effektive Schichtdicke d_{Sch} und bezogen auf die Sputterzeit t_{Sp} auch die Sputterrate $v_{Sch} = d_{Sch}/t_{Sp}$.

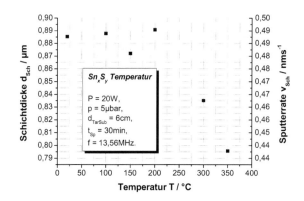

Abb. 4.2.33: Schichtdicke d_{Sch} und Wachstumsrate v_{Sch} als Funktion der Substrattemperatur T für Sn_xS_y Absorberschichten, die mit Hochfrequenzsputtern gewachsen wurden.

Brechungsindizes n_{Sch} und Absorptionskoeffizienten α_{Sch} als Funktion einerseits der Wellenlänge λ und andererseits der Substrattemperatur T erhält man über Gl. (4.2.6) und Gl. (4.2.7), vgl. Abb. 4.2.34 a) und b). Weder der Brechungsindex n_{Sch}, noch der Absorptionskoeffizient α_{Sch} weisen eine deutliche Temperaturabhängigkeit auf. Gleiches gilt für die Bandlückenenergie E_g, vgl. Abb. 4.2.35.

Schon bei binären Zinnsulfiden Sn_xS_y ist es schwierig den Einfluss atomarer Strukturen und damit den Einfluss von aktiven Ladungen auf die physikalischen Parameter einer Schicht zu diskutieren. Dies, da nach Anhang H eine Zinnsulfidschicht eine Vielzahl unterschiedlicher Phasen aufweisen kann, welche – jede für sich, aber auch jede beliebige Kombination davon – wieder unterschiedliche physikalische Eigenschaften aufweisen. Es ist leicht vorstellbar, dass für ternäre-, quaternäre- und quinternäre Materialsysteme sowie für Materialsysteme mit noch mehr Einzelelementen die Phasenvielfalt und damit die Variationsmöglichkeiten der physikalischen Eigenschaften noch deutlich zunehmen.

Analysen für Chalkogenid-Dünnschicht-Solarzellen | 155

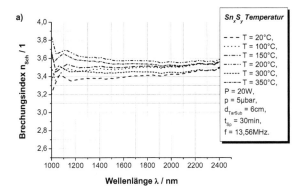

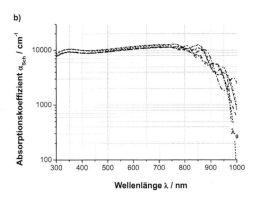

Abb. 4.2.34: **a)** Brechungsindizes n_{Sch} und **b)** Absorptionskoeffizienten α_{Sch} als Funktion der Substrattemperatur T für Sn_xS_y Absorberschichten, die mittels Hochfrequenzsputtern gewachsen wurden.

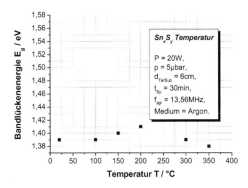

Abb. 4.2.35: Bandlückenenergie E_g als Funktion der Substrattemperatur T für Sn_xS_y Absorberschichten, die mittels Hochfrequenzsputtern gewachsen wurden. Wie auch schon der Brechungsindex n_{Sch} und der Absorptionskoeffizient α_{Sch} weist die Bandlückenenergie E_g bei äquivalenter Skalierung der Energie-Achse (vgl. Abb. 4.2.31), keine nennenswerte Temperaturabhängigkeit auf.

- **Bismutsulfid Bi_xS_y**

Die binäre Stoffverbindung aus Bismut und Schwefel (Bi_2S_3) kann mit Hilfe von Sprühverfahren (Spray pyrolysis) [4.157] oder der Chemischen Badabscheidung (Chemical bath deposition) [4.158] auf ein Substrat aufgebracht werden. Qualitativ hochwertige Schichten wurden bereits mit dem Solvothermal Process [4.159], der (Niederdruck (Low Pressure, LP)) Gasphasenabscheidung (Vapour Phase Deposition, VPD) [4.160] und der (Niederdruck (Low Pressure, LP)) (MO) Chemische Gasphasenabscheidungsverfahren (Chemical Vapour Deposition, CVD) hergestellt [4.161].
Die physikalischen Eigenschaften der derart hergestellten Schichten lassen sich durch thermische Nachbehandlung (Annealing), z.B. in inerter Argon Atmosphäre oder reaktiver Wasser- und Sauerstoffatmosphäre [4.162, 4.163], beeinflussen.
Auch die Diffusion von Elementen benachbarter Schichten in die Bismutsulfid Schicht beeinflussen deren charakteristische Parameter, wie z.b. das Cadmium aus der CdS Schicht [4.161].

Temperatur T Variation: Die nach Gl. (4.2.2) aus den UV/Vis/NIR-Transmissionsspektren des Substrats T_S und der Schichtenfolge Schicht/Substrat T_{SchS} bestimmte Transmissionsrate der Schicht T_{Sch} als Funktion der Energie E ist in Abb. 4.2.36 zu sehen.
Die hohe Anzahl an lokalen Schwingungsmaxima und -minima weist auf ausgesprochen dicke Schichten hin, vgl. Tab. 4.2.10. Angesichts einer Sputterdauer von lediglich t_{Sp} = 15min führt dies zu bemerkenswert hohen Depositionsraten v_{Sch}.
Die Energien der Bandlücke E_g ergeben sich aus den Tauc-Plots. *Diese Bandlücken E_g lassen sich als Funktion der Substrattemperatur T über einen sehr großen Energiebereich variieren* – von E_g = 0,74eV bis E_g = 1,24eV, vgl. Tab. 4.2.10.
Die wellenlängenabhängigen Brechungsindizes n_{Sch} reiner Bismutsulfide Bi_2S_3 steigen mit Substrattemperaturen bis zu etwa T = 200°C stetig an und fallen mit weiter steigenden Temperaturen wieder stark ab, vgl. Abb. 4.2.37.

Tab. 4.2.10: Schichtdicke d_{Sch}, Depositions- bzw. Sputterrate v_{Sch} und Energiebandlücke E_g für reines Bismutsulfid Bi_xS_y.

T / °C	RT	100	200	300
d_{Sch} / μm	31,4	10,7	7,3	21,5
v_{Sch} / nms^{-1}	34,9	11,9	8,11	23,9
E_g / eV	0,74	0,79	0,88	1,24

Analysen für Chalkogenid-Dünnschicht-Solarzellen | 157

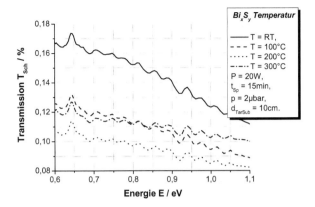

Abb. 4.2.36: Transmissionsspektren T_{Sch} sehr dicker Bismutsulfid Schichten Bi_xS_y, die mit Hochfrequenz (RF) für unterschiedliche Substrattemperaturen T gewachsen wurden.

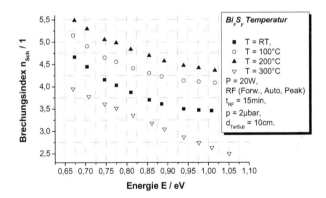

Abb. 4.2.37: Brechungsindizes n_{Sch} sehr dicker Bismutsulfid Schichten Bi_xS_y, die mit Hochfrequenz (RF) für unterschiedliche Substrattemperaturen T gewachsen wurden.

4.3 Elektrische Bestimmung des spezifischen Schichtwiderstandes

Für **elektrische Analysen (Schichtwiderstandsmessungen, I(U) Messungen)** wurde ein Keithley 2601 System SourceMeter mit entsprechenden Meßspitzen verwendet. Um Absorberschichten unter verschiedenen Beleuchtungs- und Temperaturbedingungen testen zu können wurde ein *Sonnensimulator* mit fünf dimm- und justierbaren Halogen-Spots und einem programmierbaren Kühlsystem entworfen. Die Kontrolle der Spektren wurde mit einem PRC Krochmann RadioLux 111 Luxmeter und einem PC-gesteuerten Ocean Optics HR4000 High-Resolution (Taschen-)Spektrometer durchgeführt, vgl. Anhang D.

In Ermangelung eines handelsüblichen *Vier-Spitzen-Meßkopfes* wurden mit dem Keithley 2601 *Zwei-Spitzen-Messungen* des Widerstandes R_{CD} der Schicht mit unterschiedlichen Abständen der Meßspitzen durchgeführt. Im Fall der Absorber ist dies auch unter Beleuchtung durch den Sonnensimulator erfolgt. Die **theoretischen Voraussetzungen** für dieses Vorgehen wurden erarbeitet und die Anwendbarkeit plausibel gemacht. Spezifische Schichtwiderstände wurden beispielhaft für *aluminiumdotierte Zinkoxid Schichten* und *Zinnsulfid Schichten* bestimmt.

4.3.1 Aluminiumdotierte Zinkoxid (ZnO:Al) Schichten

Der spezifische Schichtwiderstand ρ_{Sch} für aluminiumdotierte Zinkoxidschichten ZnO:Al ist in Abb. 4.3.1 a) als Funktion des Testspitzenabstandes d_T zu sehen. Die entsprechenden ZnO:Al Schichten wurden bei Raumtemperatur in Ar-Atmosphäre mit folgenden Prozessparametern hergestellt: Sputterleistung P = 250W, Frequenz des gepulsten Gleichstromsputterns f = 50kHz, Druck in der Prozesskammer p = 3µbar, Sputterdauer t_{Sp} = 5min, Pausenzeit t_{Br} = 1µs, Abstand zwischen Target und Substrat d_{TarSub} = 8,5cm. Hierbei ist der Kehrwert der Frequenz f die Periodendauer T, die sich additiv aus der Signalzeit t_{Sig} und der Pausenzeit t_{Br} des derart gepulsten Gleichstromsignals zusammensetzt.

Die von der Theorie (Gl. (3.5.17)) vorhergesagte Unabhängigkeit des **spezifischen Schichtwiderstandes**

(4.3.1) $$\rho_{Sch} = \frac{1}{\sigma_{Sch}} = \frac{\pi d_{Sch}}{\sqrt{2}\ln 2} R_{CD}.$$

vom Abstand der Spitzen d_T ist nicht ganz erfüllt. Dennoch ist bei genauer Betrachtung der Ordinate in Abb. 4.3.1 a) die Abweichung von einem konstanten Wert nicht außergewöhnlich hoch. Verwendet man den Mittelwert des spezifischen Schichtwiderstandes aus Abb. 4.3.1 a) und trägt diesen in Abb. 4.3.1 b) ab, so ergibt sich ein Aluminiumgehalt in der Schicht von etwa 2,8% (Gewichtsprozent).

Vergleichsmessungen mit einem Hall-Meßplatz an der Universität von Luxembourg ergaben einen spezifischen Schichtwiderstand ρ_{Sch} von einigen $10^{-3}\Omega cm$ und damit einen Aluminiumgehalt von > 2%. Damit ist die Übereinstimmung vergleichsweise gut und es ist erfreulich hiermit ein Verfahren zur Abschätzung des Schichtwiderstandes zur Verfügung zu haben.

Analysen für Chalkogenid-Dünnschicht-Solarzellen | 159

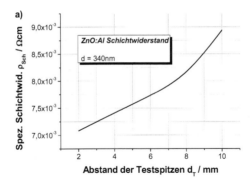

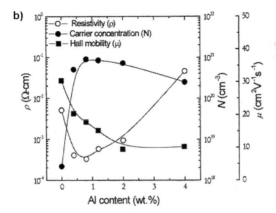

Abb. 4.3.1: a) Spezifischer Schichtwiderstand ρ_{Sch} für aluminiumdotierte Zinkoxidschichten ZnO:Al, die mit den Prozessparametern P = 250W, f = 50kHz, p = 3µbar, t_{Sp} = 5min, t_{Br} = 1µs, d_{TarSub} = 8,5cm bei Raumtemperatur in Ar-Atmosphäre hergestellt wurden. **b)** Funktionaler Zusammenhang zwischen spezifischem Schichtwiderstand ρ_{Sch} und dem Aluminiumgehalt in Gewichtsprozent (wt.%) für ZnO:Al Schichten [4.68].

4.3.2 Zinnsulfid (Sn_xS_y) Schichten

Für Zinnsulfid Schichten Sn_xS_y ist der spezifische Schichtwiderstand ρ_{Sch} in Abb. 4.3.2 als Funktion des Testspitzenabstandes d_T zu sehen. Die entsprechenden Sn_xS_y Schichten wurden bei Raumtemperatur in Ar-Atmosphäre mit folgenden Prozessparametern hergestellt: Sputterleistung P = 13W, Frequenz des gepulsten Gleichstromsputterns f = 100kHz, Druck in der

Prozesskammer p = 5µbar, Sputterdauer t_{Sp} = 30min, Pausenzeit t_{Br} = 1µs, Abstand zwischen Target und Substrat d_{TarSub} = 6cm.

Auch für die im Vergleich sehr hochohmigen Zinnsulfid Absorberschichten ist der spezifische Schichtwiderstand ρ_{Sch} etwas vom Abstand der Meßspitzen abhängig. Mit zunehmendem Spitzenabstand jedoch konvergieren beide Kurven gegen einen konstanten Wert. Da Zinnsulfid ein Halbleiter ist, sollte man grundsätzlich davon ausgehen können, dass der Schichtwiderstand ρ_{Sch} mit steigender Beleuchtungsstärke E, d.h. von Dunkel- zu Hellmessungen, abnimmt. Dies, da durch die Beleuchtung zusätzliche Ladungsträger generiert werden. Überraschenderweise jedoch steigt der spezifische Schichtwiderstand an. Dies ist auch nicht auf eine Temperaturerhöhung durch die Beleuchtung zurückzuführen, da einerseits die vermessene Probe thermisch stabilisiert wurde und andererseits die Schichtwiderstände von Sn_xS_y Absorberschichten mit steigenden Temperaturen T fallen sollten.

Durch die Beleuchtung werden zahlreiche Elektronen ins Leitungsband gehoben, im Valenzband entstehen zunehmend Elektronendefektstellen (Löcher). Denkbar wären deshalb zunehmende Generations- und Rekombinationsprozesse, denen die Elektronen auf ihrem Weg ausgesetzt sind. Diese würden die freie Weglänge und damit die Lebensdauer der Leitungselektronen erheblich verringern und somit tatsächlich den Stromfluss im gezeigten Ausmaß mindern.

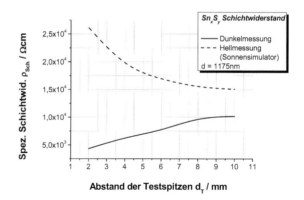

Abb. 4.3.2: Spezifischer Schichtwiderstand ρ_{Sch} für Zinnsulfid Schichten Sn_xS_y, die mit den Prozessparametern P = 13W, f = 100kHz, p = 5µbar, t_{Sp} = 30min, t_{Br} = 1µs, d_{TarSub} = 6cm bei Raumtemperatur im Medium Argon hergestellt wurden.

Die vergleichsweise hohen spezifischen *Schichtwiderstände* ρ_{Sch} bestätigen die hohen *Serienwiderstände* R_s (vgl. Theorie der I(U) Messungen) der Solarzellen zu diesen Absorberschichten. Hier ist sicher die Dotierung der Sn_xS_y Absorberschichten noch zu optimieren.

4.4 Strom-Spannungs-Messungen an Solarzellen

Für **elektrische Analysen (I(U) Messungen)** wurde ein Keithley 2601 System SourceMeter mit entsprechenden Meßspitzen verwendet. Um Solarzellen unter verschiedenen Beleuchtungs- und Temperatur-Bedingungen testen zu können wurde ein *Sonnensimulator* mit fünf dimm- und justierbaren Halogen-Spots und einem programmierbaren Kühlsystem entworfen. Die Kontrolle der synthetischen sowie natürlichen Spektren erfolgte mit einem PRC Krochmann RadioLux 111 Luxmeter und einem PC-gesteuerten Ocean Optics HR4000 High-Resolution Spektrometer, vgl. Anhang D.

Für die elektrischen Analysen wurden herkömmliche **Theorien** auf der Grundlage der Werke von Henry [4.114] und Prinz [4.115] gänzlich überarbeitet und optimiert. Größen wie beispielsweise die Leerlaufspannung U_{oc}, der Kurzschlussstrom I_{sc}, die Größen des maximalen Leistungsrechtecks (U_m, I_m und P_m), der Füll Faktor FF und der Wirkungsgrad η wurden bestimmt.

Der **Meßfehler** des durchwegs verwendeten Keithley 2601 System SourceMeters wird im Spannungsbereich mit etwa $\Delta U \approx 0{,}02\%$ und im Strombereich mit $\Delta I \approx 0{,}03\%$ angegeben und kann somit für alle hier durchgeführten Messungen vernachlässigt werden.

4.4.1 Solarzellen mit Zinnsulfid Sn_xS_y Absorberschichten

Die vermessenen Solarzellen wurden komplett in situ auf Glassubstrate gesputtert. Die Schichtenfolge bestand aus einem Molybdän (Mo) Metallkontakt, einer Zinnsulfid (Sn_xS_y) Absorberschicht, einem intrinsischen (i-ZnO:Al) und einem mit Aluminium n-dotierten Zinkoxid (n-ZnO:Al) Film, vgl. Tab. 4.1. Nur zur nasschemischen Aufbringung einer Pufferschicht aus Cadmiumsulfid bzw. Cadmiumchlorid (CdS, CdCl) zwischen Sn_xS_y und i-ZnO:Al Schicht musste das Vakuum gebrochen werden.
Untersucht wurden Variationen der Zinnsulfid (Sn_xS_y) Absorberschichten dieser Solarzellen, dazu wurden Sn_xS_y Schichten für *verschiedene Sputterfrequenzen f, unterschiedliche Temperaturen T* sowie für *einen 3% Schwefelzusatz im Target und einen 2% Wasserstoffzusatz im Argonmedium* hergestellt. Zudem wurden aber auch Solarzellen mit und ohne *CdS- und CdCl Pufferschichten* sowie mit und ohne *finalem HCl-Ätzen* (H-Terminierung der Zelle, Antireflexbehandlung durch Aufrauhen der Zellenoberfläche) analysiert.

Spektren für Dunkel- und Hellmessungen: Die vorliegenden Stromdichte-Spannungs-Messungen (j(U) Messungen) wurden entweder

- bei völliger *Dunkelheit*,
- bei *Beleuchtung mit dem Sonnensimulator* oder
- bei *Sonneneinstrahlung zur Mittagszeit*

durchgeführt. Abb. 4.4.1 zeigt den Vergleich des Spektrums der Sonne mit dem Spektrum der Lampen des Messplatzes (Sonnensimulators). Die Beleuchtungsstärke für Messungen bei völliger Dunkelheit ist hier durchwegs null. Gemessen wurden diese Kurven mit dem Ocean Optics HR4000 High-Resolution Spektrometer.

Der Vergleich der Flächen unter den Kurven zeigt, dass bei Verwendung von Sonnenlicht deutlich höhere Leistungen P_m oder Leistungsdichten p_m erzielt werden können als bei Verwendung des Messplatzes. Hierbei ist die **Bandlücke des Absorbermaterials** der *minimalen Photonenenergie des Sonnenspektrums ($E_g \approx 1{,}4eV$)* anzupassen. Ist die Bandlücke größer, so verschenkt man Sonnenenergie, da Photonen am niederenergetischen Ende des Spektrums die Bandlücke nicht mehr passieren können. Ist sie kleiner, so wird die erzielte Stromdichte durch Generations-Rekombinations Prozesse gesenkt, da die Leitungselektronen über die verminderte Bandlücke leichter rekombinieren können.

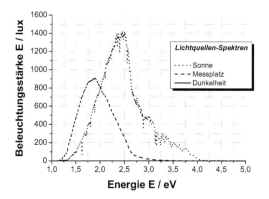

Abb. 4.4.1: Vergleich des Spektrums der Sonne mit dem Spektrum der Lampen des Messplatzes (Ocean Optics HR4000 High-Resolution). Die energieabhängige Beleuchtungsstärke für Messungen bei völliger Dunkelheit ist hier durchwegs null, d.h. läuft hier entlang der Abszisse.

Frequenzabhängigkeit: Nachdem bei spektroskopischen Untersuchungen die mit *Gleichstrom und gepulstem Gleichstrom* erzeugten Absorberschichten frequenzabhängig deutliche Unterschiede in ihren physikalischen Größen aufwiesen, sollte dieses Phänomen auch mit kompletten Solarzellen untersucht werden.

Hierzu wurden, wie soeben beschrieben, komplett in situ gesputterte Solarzellen hergestellt, deren wesentliche Prozessparameter in Tab. 4.4.1 zu finden sind.

Nach dem Sputtervorgang wurde die Oberfläche aller Solarzellen, noch vor dem Segmentieren mittels Ritzen, nasschemisch mit verdünnter Salzsäure (HCl) geätzt. Dies, da über den in der Salzsäure enthaltenen Wasserstoff die nur teilweise besetzten Bindungsorbitale in den Schichten bzw. an den Grenzflächen zwischen den Schichten elektrisch passiviert und durch Aufrauhen der Oberflächen mit Salzsäure Antireflexschichten erzeugt werden sollen.

Analysen für Chalkogenid-Dünnschicht-Solarzellen | 163

Tab. 4.4.1: Prozessparameter eines in situ Sputterverfahrens für Zinnsulfid (Sn_xS_y) Solarzellen. Die Absorberschicht wurde **a)** mit Gleichstrom (f = 0kHz) und **b)** mit gepulstem Gleichstrom (f = 25kHz) hergestellt.

	P/W	f/kHz	$p/\mu bar$	t_{Sp}/min	$t_{Br}/\mu s$	Medium	$T/°C$
Glas	-	-	-	-	-	-	-
Mo	250	DC	5	5	-	Ar	RT
a) *SnS*	13	DC	5	5	-	Ar	RT
b) *SnS*	13	25	5	5	0,5	Ar	RT
i-ZnO	250	350	5	3	1	Luft	RT
n-ZnO	250	50	3	10	1	Ar	RT
HCl	Oberfläche mit HCl-Dampf behandelt							

Die Ergebnisse der j(U) Messungen dieser Solarzellen sind in Abb. 4.4.2 a) und b) zu sehen. Die daraus ablesbaren Größen für die Leerlaufspannung U_{oc} und den Kurzschlussstrom I_{sc} sind genauso wie die Größen für das maximale Leistungsrechteck (U_m, I_m und P_m), den Füll Faktor FF und den Wirkungsgrad η in Tab. 4.4.2 enthalten.
Insbesondere die Leerlaufspannung U_{oc} ist für das Gleichstromsputtern deutlich höher als für das gepulste Gleichstromsputtern mit einer Frequenz von f = 25kHz. Damit werden auch die Größen des maximalen Leistungsrechtecks und der Wirkungsgrad η vergleichsweise groß. Die Krümmung der j(U) Kurve, und damit der Füllfaktor FF, werden jedoch kaum beeinflusst.

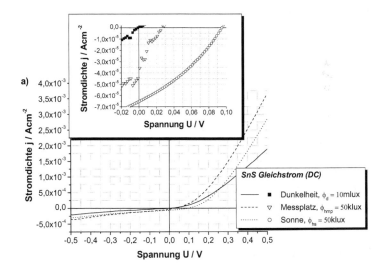

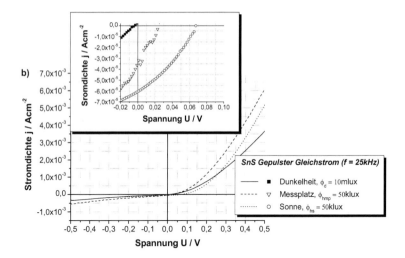

Abb. 4.4.2: j(U) Messungen für Solarzellen, gemessen bei völliger Dunkelheit, bei Beleuchtung mit dem Sonnensimulator und bei Sonneneinstrahlung. Die Zinnsulfid Absorberschichten wurden **a)** mit Gleichstrom und **b)** mit gepulstem Gleichstrom gesputtert. Die entsprechenden Prozessparameter sind in Tab. 4.4.1 zu finden.

Tab. 4.4.2: Variation der Sputterfrequenz für das gepulste Gleichstromsputtern der Absorberschichten in Zinnsulfid Solarzellen, bei Sonnenlicht gemessen.

	U_{oc}/mV	$I_{sc}/\mu A$	U_m/mV	$I_m/\mu A$	P_m/nW	FF / %	$\eta / 1$
DC	95,4	65,5	50,0	40,6	2030	32,5	$22{,}2 \times 10^{-6}$
f = 25kHz	67,2	60,3	34,9	37,9	1323	32,6	$14{,}5 \times 10^{-6}$

Schwefelzusatz im Target und Wasserstoffzusatz im Prozessgas: Es wird angenommen, dass die *effektive Dotierung der Sulfide auch wesentlich über den Schwefelgehalt in der Schicht bestimmt* werden kann. Zu diesem Zweck wurden Sn_xS_y Absorberschichten für Solarzellen zum Einen ohne weiteren Schwefelzusatz und zum Anderen mit etwa 3% Schwefelzusatz im SnS-Target hergestellt. Entsprechend Anhang H kann dies über die Stöchiometrie der gesputterten Schicht auch zu unterschiedlichen Phasen (Summenformeln, Raumgruppen) führen.

Während der Herstellung der Absorberschicht mit Schwefelzusatz wurde dem Ar-Prozessgas auch Wasserstoff zugesetzt. Dies sollte zu einer Absättigung von freien Bindungsorbitalen innerhalb der Schichten und an den Grenzflächen zwischen zwei Schichten mit Wasserstoff (*H-Annealing*) führen. Generations-Rekombinations Vorgänge optisch freigesetzter Ladungsträger über nunmehr besetzte Orbitale sollen damit unterbunden und der Stromfluß in der Solarzelle optimiert werden.

Durch die systematische Trennung dieser beiden Zusätze – Schwefel als Targetzusatz und Wasserstoff als Prozessgaszusatz – soll eine Reaktion zwischen diesen beiden Elementen auch im Plasma des Sputterreaktors weitgehend ausgeschlossen werden. Die entsprechenden Prozessparameter sind in Tab. 4.4.3 zu finden.

Tab. 4.4.3: Prozessparameter eines in situ Sputterverfahrens für Zinnsulfid (Sn_xS_y) Solarzellen. Die Absorberschicht wurde **a)** ohne Schwefel- und Wasserstoffzusatz und **b)** mit Schwefel und Wasserstoff im Plasma des Sputtergerätes hergestellt.

	P/W	f/kHz	$p/\mu bar$	t_{Sp}/min	$t_{Br}/\mu s$	Medium	$T/°C$
Glas	-	-	-	-	-	-	-
Mo	250	DC	5	5	-	Ar	RT
a) SnS	13	100	5	5	1	Ar	RT
b) SnS + 3%S	13	100	5	5	1	Ar / H_2	RT
***i*-ZnO**	250	350	5	3	1	Ar	RT
***n*-ZnO**	250	100	3	10	1	Ar	RT

Abb. 4.4.3 a) zeigt j(U) Kurven für eine Solarzelle, deren Sn_xS_y Absorberschicht mit gepulstem Gleichstrom (f = 100kHz) gesputtert wurde; Abb. 4.4.3 b) zeigt j(U) Kurven für eine entsprechende Solarzelle mit Schwefel- und Wasserstoffzusatz.
Leider können wegen der gleichzeitigen Änderung des Schwefel- und Wasserstoffgehalts im Plasma die Variationen in den physikalischen Parametern aus Tab. 4.4.4 nicht eindeutig entweder dem Schwefel oder dem Wasserstoff zugeordnet werden. Da jedoch von der Leerlaufspannung U_{oc} bis zum Wirkungsgrad η die durch den Schwefel und den Wasserstoff verursachten Abweichungen vergleichsweise gering sind, können die Einflüsse dieser beiden Elemente entweder vernachlässigt werden oder sie heben sich gegenseitig auf.

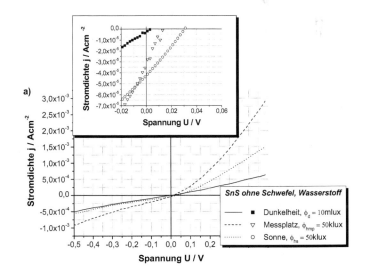

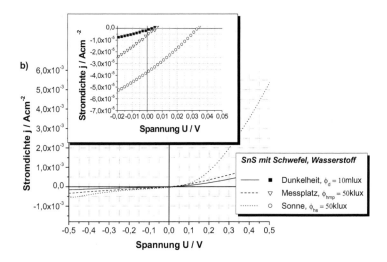

Abb. 4.4.3: j(U) Messungen für Solarzellen, gemessen bei völliger Dunkelheit, bei Beleuchtung mit dem Sonnensimulator und bei Sonneneinstrahlung. Die Zinnsulfid Absorberschichten wurden a) ohne und b) mit Schwefel und Wasserstoff im Plasma des Sputtergeräts hergestellt. Die entsprechenden Prozessparameter sind in Tab. 4.4.3 zu finden.

Tab. 4.4.4: Addition von Schwefel S und Wasserstoff H_2 zur Herstellung von Solarzellen mit Sn_xS_y Absorbtionsschichten. Aufgelistet sind: Leerlaufspannung U_{oc}, Kurzschlußstrom I_{sc}, Größen des maximalen Leistungsrechtecks (U_m, I_m, P_m), Füllfaktor FF und Wirkungsgrad η. Die entsprechenden j(U) Messungen erfolgten bei Sonnenlicht.

	U_{oc}/mV	$I_{sc}/\mu A$	U_m/mV	$I_m/\mu A$	P_m/nW	FF / %	η / 1
ohne S, H_2	30,6	42,7	15,5	22,6	350	26,8	3,82×10⁻⁶
mit S, H_2	33,4	37,4	16,7	20,8	347	27,8	3,79×10⁻⁶

Eine höhere Dotierung dieser vergleichsweise niedrig dotierten Absorberschichten mit Schwefel sollte zu einem Anstieg optisch freigesetzter Ladungsträger führen. Diese sollten dann auch, durch die mit Wasserstoff passivierten unbesetzten Bindungsorbitale, nahezu alle einen Beitrag zu den Stromdichten j_{sc} und j_m liefern – was sie jedoch nicht tun. So ist entweder ein Schwefelzusatz von 3% zu gering um die Dotierung nachhaltig zu beeinflussen und folglich der Einfluss des Wasserstoffs vernachlässigbar oder die Dotierung des Absorbers mit Schwefel ist für den vorliegenden Prozess kontraproduktiv und wird durch den Einfluss des Wasserstoffs ausgeglichen. Auch ist abhängig von der Prozesskinetik des Sputterns ein negativer Einfluss des Wasserstoffzusatzes aus dem Prozessgas denkbar, der durch den zusätzlichen Schwefel aus dem Target kompensiert wird.

Temperaturabhängigkeit und Cadmiumsulfid Pufferschicht: In Dünnschichtsolarzellen wird Cadmiumsulfid (CdS) i.a. als *Pufferschicht zwischen Absorber- und transparenter, leitender Deckelektrode* verwendet. Dies führt durch Bandanpassung zwischen Absorber- und TCO-Schicht und durch Erhöhung der aktiven Schichtdicke zu einer erheblichen Verbesserung des Wirkungsgrades dieser Solarzellen.

Die gängigste Methode zur Herstellung der CdS Schicht ist die Chemische Badabscheidung (Chemical Bath Deposition, CBD, [4.172, 4.173]) aber auch Sprühverfahren (Spray Pyrolysis, [4.174]) und Kathodenzerstäubungsverfahren (Sputtern, [4.175]) wurden bereits erfolgreich zur Herstellung dieser Pufferschichten verwendet. Gelegentlich wird auch ein Schichtenstapel bestehend aus Cadmiumsulfid (CdS) und Cadmiumtellurid (CdTe) verwendet, dessen Grenzflächeneigenschaften [4.176, 4.177] sich als nützlich erweisen. Sowohl bei Verwendung von Aluminium dotiertem Zinkoxid (ZnO:Al) als auch bei der Nutzung von Indium Zinn Oxid (ITO) als TCO Schicht folgt auf die CdS Abscheidung ein sauerstoffhaltiger Prozessschritt. Dem entsprechend beeinflusst auch der Sauerstoff den an das ZnO:Al bzw. das ITO grenzenden Bereich im Cadmiumsulfid [4.178]. Gleiches gilt andererseits bei Verwendung von zinnsulfidhaltigen Absorbermaterialien für die Grenzfläche SnS/CdS [4.130]. Auch der Einfluss von Kupfer [4.179, ..., 4.183], Silber [4.184] und Stickstoff [4.185] auf Cadmiumsulfidschichten wurde bereits untersucht.

Die hier untersuchten Solarzellen wurden komplett in situ über ein Sputterverfahren auf Glassubstrate aufgebracht. Die Schichtenfolge bestand aus einem Molybdän Metallkontakt, einer Zinnsulfid Absorberschicht, einem intrinsischen und einem n-dotierten ZnO:Al Film. Zwischen Absorberschicht und i-ZnO:Al Schicht wurde eine Cadmiumsulfid CdS Pufferschicht nasschemisch ergänzt, hierfür musste das Vakuum der Sputteranlage gebrochen werden. Die bis zur Absorberschicht fertiggestellten Solarzellen wurden dann für eine Dauer von t_{CdS} = 6min bzw. t_{CdS} = 8min in die CdS-Lösung gehalten. Danach wurde diese Probe wieder in die Sputteranlage eingeschleust und die ausstehenden ZnO:Al Schichten aufgebracht. Tab. 4.4.5 zeigt die Prozessparameter für die hierzu gefertigten Solarzellen. Die Absorberschichten wurden nicht mehr mit (gepulstem) Gleichstrom hergestellt sondern mit Hochfrequenz (f_{RF} = 13,56MHz) gesputtert, vgl. Abb. 4.2.23 bis Abb. 4.2.26. Die Substrattemperaturen variierten von T = 100°C bis T = 300°C.

Tab. 4.4.5: Prozessparameter eines Sputterverfahrens für Zinnsulfid (Sn_xS_y) Solarzellen. Die Absorberschichten wurden mit einem Hochfrequenzsputterverfahren (f_{RF} = 13,56MHz) bei Temperaturen von T = 100°C bis T = 300°C hergestellt, vgl. Abb. 4.4.4 und Abb. 4.4.5.

	Target	P / W	f/kHz	p/µbar	t_{Sp}/min	t_{Br}/µs	Medium	T / °C
Glas	Schott AF45							
Mo	Standard	250	DC	5	10	_	Ar	RT
SnS	T7-9005-D1 5945-2	Je nach Rezept (vgl. Legende der Kurven).						
CdS	$CdSO_4$ (1,2mmol/l) : NH_3 (35%) : Thioharnstoff (0,1mol/l) = 1 : 1 : 1. Die ersten beiden Chemikalien vermischen, Probe für RT, 10s eintauchen. Zugabe vom S-haltigem Thioharnstoff, Probe für RT → 80°C, 6min in Chemikalien belassen. Spülen in H_2O für RT, 10s-20s. Trocknen mit Druckluft.							

i-ZnO:Al	Standard	250	350	5	3	1	Luft	RT
n-ZnO:Al	Standard	250	50	3	10	1	Ar	RT

Aus den UV/Vis/NIR Analysen geht hervor, dass die *Temperatur T den vergleichsweise stärksten Einfluss aller Prozessparameter auf die physikalischen Größen* einer Absorberschicht hat. Auch entsprechend der I(U)-Messungen an Solarzellen führt die richtige Prozesstemperatur, wie auch eine zusätzliche CdS Pufferschicht, zu einer erheblichen Verbesserung der physikalischen Parameter, insbesondere der Kurzschlußstromdichte j_{sc}, vgl. Abb. 4.4.4 und Abb. 4.4.5.

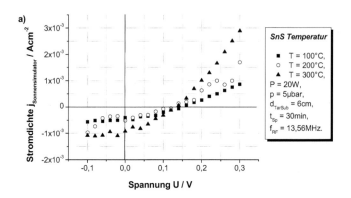

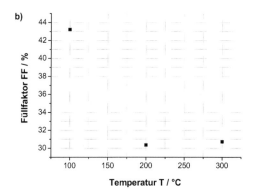

Abb. 4.4.4: a) Stromdichte-Spannungs Messungen (j(U) Messungen) für Solarzellen, gemessen mit dem Sonnensimulator. Die Sn_xS_y Absorberschichten wurden mit einem Hochfrequenzsputterverfahren (f_{RF} = 13,56MHz) bei Temperaturen von T = 100°C bis T = 300°C hergestellt, vgl. Tab. 4.4.5. **b)** Temperaturabhängige Füllfaktoren FF der I(U) Kurven; sie sind ein Maß für deren Krümmung.

Analysen für Chalkogenid-Dünnschicht-Solarzellen | 169

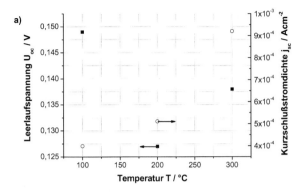

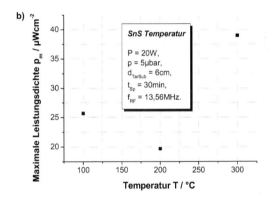

Abb. 4.4.5: a) Leerlaufspannungen U_{oc}, Kurzschlußstromdichten j_{sc} und **b)** maximale Leistungsdichten p_m für Sn_xS_y Solarzellen, gemessen mit dem Sonnensimulator. Die Absorberschichten wurden mit Hochfrequenzsputtern (f_{RF} = 13,56MHz) bei Temperaturen von T = 100°C bis T = 300°C hergestellt, vgl. Tab. 4.4.5.

Die Stromdichte-Spannungs Kennlinien der gefertigten Solarzellen sind in Abb. 4.4.4 a) zu finden. Sie wurden witterungsbedingt mit dem Sonnensimulator gemessen, bei Verwendung von natürlichem Sonnenlicht dürften alle Meßergebnisse noch deutlich positiver ausfallen. Zu erkennen ist, dass die von den Kurven mit den Achsen eingeschlossenen Flächen mit zunehmender *Temperatur* deutlich größer werden. Je ausgeprägter die Krümmung der Kurven in diesem Bereich ist, desto größer ist bei vergleichbaren Achsenabschnitten auch die eingeschlossene Fläche – was erwünscht ist. Als Maß für diese Krümmung gilt der Füllfaktor FF, vgl. Theorie und Abb. 4.4.4 b). Dieser liegt bei den untersuchten Solarzellen etwas über FF = 30%; lediglich für die Temperatur T = 100°C ist er um 13% höher.
Während die Kurzschlußstromdichte j_{sc} mit steigender Temperatur T deutlich ansteigt, ändert sich die Leerlaufspannung U_{oc} nur vergleichsweise geringfügig. Da sich die Leistungsdichte p_m

aus dem Produkt des Füllfaktors FF mit der Leerlaufspannung und der Kurzschlußstromdichte ergibt, steigen die erzeugten Leistungsdichten

(4.4.1) $\quad p_m = FF\, U_{oc}\, j_{sc}$

und damit auch die Wirkungsgrade

(4.4.2) $\quad \eta = p_m/p_{Licht}$

im untersuchten Temperaturbereich mit steigender Temperatur T tendenziell an.

Ergänzende Cadmiumchlorid Pufferschichten und HCl-Behandlung: Wie der Vergleich von Tab. 4.4.2 und Tab. 4.4.4 mit Abb. 4.4.5 a) zeigt, bringt eine übliche Cadmiumsulfid (CdS) Pufferschicht, in Verbindung mit dem Hochfrequenzsputterverfahren, eine deutliche Erhöhung der Leistungsdichte p_m; und dies obwohl der mit geringerer Beleuchtungsstärke ausgestattete Sonnensimulator an Stelle der Sonne verwendet wurde, vgl. auch Abb. 4.4.1 und Abb. 4.4.2. Hier soll nun untersucht werden, ob einerseits eine *zur Cadmiumsulfid (CdS) Pufferschicht zusätzliche Pufferschicht aus Cadmiumchlorid (CdCl)* den Wirkungsgrad noch etwas verbessern kann und andererseits welchen Einfluss eine *finale HCl-Behandlung* auf die physikalischen Größen der Solarzelle hat.

Von Interesse sind hier einerseits ein möglicher Einfluss von Chlor (Cl) auf das Dotierprofil der Solarzellen und andererseits der Einfluss des Wasserstoffs (H) auf die Grenzflächen zwischen den Schichten und die Schichten selbst. Überdies führt die finale Behandlung der Solarzelle mit Salzsäure (HCl) zu einer Aufrauhung der Oberfläche und damit zu einem strukturellen Antireflexcoating des Zinkoxids.

Tab. 4.4.6: Prozessparameter eines Sputterverfahrens für Zinnsulfid (Sn_xS_y) Solarzellen. Die Absorberschichten wurden mit einem Hochfrequenzsputterverfahren (f_{RF} = 13,56MHz) bei Raumtemperatur hergestellt, vgl. Abb. 4.4.6 und Abb. 4.4.7. Weggelassen oder ergänzt wurde die Cadmiumchlorid Pufferschicht sowie das finale HCl-Ätzen.

	Target	P / W	f/kHz	p/μbar	t_{Sp}/min	t_{Br}/μs	Medium	T / °C
Glas	Schott AF45							
Mo	Standard	250	DC	5	10	–	Ar	RT
SnS	T7-9005-D1 5945-2	Je nach Rezept (vgl. Legende der Kurven).						
(CdS)	$CdSO_4$ (1,2mmol/l) : NH_3 (35%) : Thioharnstoff (0,1mol/l) = 1 : 1 : 1. Die ersten beiden Chemikalien vermischen, Probe für RT, 10s eintauchen. Zugabe vom S-haltigem Thioharnstoff, Probe für RT → 80°C, 6min in Chemikalien belassen. Spülen in H_2O für RT, 10s-20s. Trocknen mit Druckluft.							
CdCl	CdCl-Pulver/H_2O Lösung (1mmol/l), Probe für RT, 1min. Trocknen mit Druckluft. Heizplatte bei 300°C, 1min.							
i-ZnO:Al	Standard	250	350	5	3	1	Luft	RT
n-ZnO:Al	Standard	250	50	3	10	1	Ar	RT
(HCl)	HCl (37%):H2O=1:100, Probe bei RT für 5s. H2O Spülen. Druckluft trocknen.							

Analysen für Chalkogenid-Dünnschicht-Solarzellen | 171

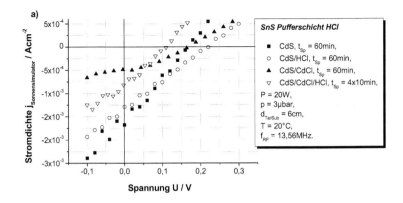

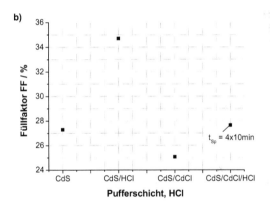

Abb. 4.4.6: a) Stromdichte-Spannungs Messungen (j(U) Messungen) für Solarzellen, gemessen mit dem Sonnensimulator. Die Sn_xS_y Absorberschichten wurden mit einem Hochfrequenzsputterverfahren (f_{RF} = 13,56MHz) bei Raumtemperatur hergestellt, vgl. Tab. 4.4.6. Weggelassen oder ergänzt wurde ein CdCl Puffer bzw. das finale HCl-Ätzen. **b)** Von der Pufferschicht und dem HCl-Ätzen abhängige Füllfaktoren FF der I(U) Kurven. Die Füllfaktoren sind ein Maß für die Krümmung der I(U) Kurven.

Die Stromdichte-Spannungs Kennlinien der vier produzierten Solarzellen sind in Abb. 4.4.6 a) zu sehen. Sie wurden witterungsbedingt mit dem Sonnensimulator gemessen. Offensichtlich sind die von den Kurven mit den Achsen eingeschlossenen Flächen deutlich kleiner, wenn die Solarzellen einer *HCl-Behandlung* unterzogen wurden. Die Kurven verlaufen in diesem Bereich auch weitestgehend linear, so dass der Füllfaktor (mit nur einer Ausnahme) unwesentlich größer als FF = 25% und somit minimal ist, vgl. Theorie und Abb. 4.4.6 b). Damit sind dann auch die Leistungsdichten p_m vergleichsweise klein, siehe Abb. 4.4.7 a).

Eine zusätzliche *Cadmiumchlorid Pufferschicht* vermindert die Leistungsdichten p_m etwas, trägt also nach Gl. (4.4.2) ebenso nicht zu einer Verbesserung der Wirkungsgrade η bei. Entsprechend Abb. 4.4.7 b) und Gl. (4.4.1), ist hierfür primär das Verhalten der Kurzschlußstromdichte j_{sc} ursächlich.

Eine Abhängigkeit dieser physikalischen Größen von den atomaren Strukturen der Sulfide müsste in Verbindung mit weiteren Analyseverfahren erfolgen. Auch die nasschemische Auftragung der Pufferschichten stellt, mangels exakter Reproduzierbarkeit, eine vergleichsweise hohe Fehlerquelle dar.

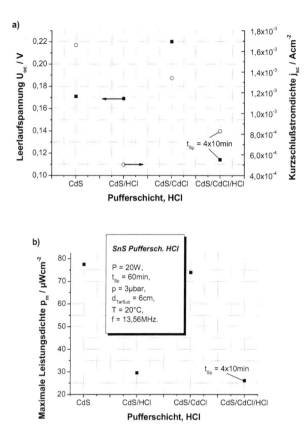

Abb. 4.4.7: a) Leerlaufspannungen U_{oc}, Kurzschlußstromdichten j_{sc} und **b)** maximale Leistungsdichten p_m für Sn_xS_y Solarzellen, gemessen mit dem Sonnensimulator. Die Absorberschichten wurden mit einem Hochfrequenzsputterverfahren (f_{RF} = 13,56MHz) bei Raumtemperatur hergestellt. Weggelassen oder ergänzt wurden CdCl Puffer bzw. finales HCl-Ätzen.

Dennoch ist es schon bei binären Zinnsulfiden Sn_xS_y nahezu unmöglich den Einfluss atomarer Strukturen und damit den Einfluss von aktiven Ladungen auf die physikalischen Parameter zu diskutieren. Dies, da nach Anhang H eine Zinnsulfidschicht eine Vielzahl unterschiedlicher Phasen aufweisen kann. Diese Phasen können – jede für sich, aber auch jede beliebige Kombination davon – wieder unterschiedliche physikalische Eigenschaften besitzen. Es ist davon auszugehen, dass sich in Abhängigkeit von den Prozessparametern, insbesondere Frequenz und Temperatur, unterschiedliche Kombinationen verschiedener Phasen in unterschiedlichen Korngrößen ausbilden. Damit ist auch der Einfluss der ein- und mehrdimensionalen Gitterfehler auf die physikalischen Größen schwer abzuschätzen.

4.5 Literatur zu den Ergebnissen

[4.1] Y. Moëlo, E. Makovicki et.al., Eur. J. Mineral. 2008, 20, 7–46.

[4.2] T. Balic-Zunic et.al., Acta Crystallographica Section B, Structural Science, ISSN 0108-7681, 2005.

[4.3] S.A. Manolache et.al., Thin Solid Films 515 (2007) 5957-5960.

[4.4] P.S. Sonowane et.al., Mat. Chem. & Physics 84 (2004) 221-227.

[4.5] Y. Rodriguez-Lazcano, J. Electrochem. Soc. 152 (2005) G635-G638.

[4.6] B. Pejova et.al., Chem. Mater. 2008, 20, 2551-2565.

[4.7] H. Dittrich et.al., Inst. Phys. Conf. Ser. No. 152 (1998) Section B: Thin Film Growth and Chacracterization, 293-296.

[4.8] C. Laubis et.al., Inst. Phys. Conf. Ser. No. 152 (1998) Section B: Thin Film Growth and Chacracterization, 289-292.

[4.9] P.H. Soni et.al., Bull. Mater. Sci. 26 (2003) 683-684.

[4.10] L.I. Soliman et.al., Fizika A 11 (2002) 139-152.

[4.11] A. Rabhi et.al., Materials Letters 62 (2008) 3576-3678.

[4.12] J. Gutwirth et.al., MRS Symposium Proceedings, Vol. 918 (2006) 65-74.

[4.13] J. Gutwirth et.al., J. Phys. Chem. Solids 68 (2007) 835-840.

[4.14] M.Y. Versavel et.al., Chem. Commun. 2006, 3543-3545.

[4.15] T. Wagner et.al., Appl. Phys. A 79 (2004) 1563-1565.

[4.16] J. Gutwirth et.al., J. Non-Cryst. Solids 354 (2008) 497-502.

[4.17] Seeber et.al. Mat. Sci. Semicond. Proc. 2, 45-55, 1999.

[4.18] Nunes et.al., Vacuum 52, 45-49, 1999.

[4.19] P. Nunes et.al., Thin Solid Films 337 (1999) 176-179.

[4.20] B.J. Lokhande, M.D. Uplane, Applied Surface Science 167 (2000) 243-246.

[4.21] Mondragón-Suárez et.al., Appl. Surf. Sci. 193, 52–59, 2002.

[4.22] C. Gümüş, Jour. Optoel. Adv. Mat., Vol. 8, No. 1, Feb. 2006, p. 299-303.

[4.23] Jiménez-González et.al., Jour. Crystal Growth 192 (1998) 430-438.

[4.24] Schuler et.al., Thin Solid Films 351, 125-131, 1999.

[4.25] Natsume, Thin Solid Films 372 (2000) 30-36.

[4.26] Musat et.al., Surf. Coat. Techno. 180 –181, 659–662, 2004.

[4.27] Valle et.al., J. Euro. Ceramic Soc. 24, 1009–1013, 2004.

[4.28] Maity et.al., Sol. Energy Mat. & Sol. Cells 86, 217–227, 2005.

[4.29] Deng et.al., Mat. Res. Bull. 41, 354–358, 2006.

[4.30] Gal et.al., Thin Solid Films 361-362 (2000) 79-83.

[4.31] Jia, Dissertation, Universität Stuttgart, 2005.

[4.32] Ma et.al., Thin Solid Film 279, 213-215, 1996.

[4.33] Jin et.al., Thin Solid Films 357, 98-101, 1999.

[4.34] Chen et.al., Mat. Let. 48, 194–198, 2001.

[4.35] Ting et.al., Mat. Chem. Phys. 72, 273–277, 2001.

[4.36] Fang et.al., J. Cryst. Growth 247, 393–400, 2003.

[4.37] Herrmann et.al., Surf. Coat. Techno. 174 –175, 229–234, 2003.

[4.38] Wang et.al., Thin Solid Films 491, 54 – 60, 2005.

[4.39] Dimova-Malinovska et.al., Mat. Sci. Engin. B52, 59–62, 1998.

[4.40] Chang et.al., J. Cryst. Growth 211, 93-97, 2000.

[4.41] Chang et.al., Ceram. Int. 29, 245–250, 2003.

[4.42] Yoo et.al., Thin Solid Films 480–481, 213– 217, 2005.

[4.43] Sieber et.al., Thin Solid Films 330, 108-113, 1998.

[4.44] Ellmer et.al., Thin Solid Films 317, 413–416, 1998.

[4.45] Tominaga et.al., Thin Solid Films 334, 35-39, 1998.

[4.46] Fenske et.al., Thin Solid Films 333-344, 130-133, 1999.

[4.47] Kluth et.al., Thin Solid Films 351, 247-253, 1999.

[4.48] Szyszka et.al., Thin Solid Films 351, 164-169, 1999.

[4.49] B. Szyszka, Thin Solid Films 351 (1999) 164-169.

[4.50] D.H. Zhang et.al., Mat. Chem. Phys. 68 (2001) 233-238.

[4.51] J. Müller et.al., Sol. Ener. Mat. Sol. Cel. 66 (2001) 275-281.

[4.52] J. Müller et.al., Thin Solid Films 392 (2001) 327-333.

[4.53] Tzolov et.al., Thin Solid Films 396, 274–279, 2001.

[4.54]   Hong et.al., J. Cryst. Growth 249, 461–469, 2003.

[4.55]   J. Müller et.al., Thin Solid Films 442 (2003) 158-162.

[4.56]   Hong et.al., Appl. Surf. Sci. 207, 341-350, 2003.

[4.57]   Szyszka et.al., Thin Solid Films 412, 179–183, 2003.

[4.58]   Fu et.al., Microel. J. 35, 383–387, 2004.

[4.59]   Oh et.al., J. Cryst. Growth 274, 453–457, 2005.

[4.60]   Lin et.al., Surf. Coat. Techno. 190, 39– 47, 2005.

[4.61]   Groenen et.al., Appl. Surf. Sci. 173, 40-43, 2001.

[4.62]   Lee et.al., J. Cryst. Growth 268, 596–601, 2004.

[4.63]   Y.-J. Kim, H.-J. Kim, Materials Letters 41 (1999) 159-163.

[4.64]   R. Groenen et.al., Thin Solid Films 392 (2001) 226-230.

[4.65]   N.R. Aghamalyan et.al., Semicond. Sci. Technol. 18 (2003) 525-529.

[4.66]   Ning et.al., Thin Solid Films 307, 50-53, 1997.

[4.67]   Sun et.al., Jour. Appl. Phys., Vol. 86, No. 1, 1 July 1999.

[4.68]   H. Kim, Thin Solid Films, 377-378 (2000) 798-802

[4.69]   R.Dolbec et.al., Thin Solid Films 419 (2002) 230-236.

[4.70]   Matsubara et.al., Thin Solid Films 431 –432, 369–372, 2003.

[4.71]   Vincze et.al., Appl. Surf. Sci. 255, 1419–1422, 2008.

[4.72]   Elam et.al., Chem. Mater. 15, 1020-1028, 2003.

[4.73]   Yang et.al., Thin Solid Films 326, 60–62, 1998.

[4.74]   Yoshino et.al., Vacuum 59, 403-410, 2000.

[4.75]   Zhang et.al., Appl. Surf. Sci. 158, 43–48, 2000.

[4.76]   Hao et.al., Appl. Surf. Sci. 183, 137-142, 2001.

[4.77]   Zhang et.al., Mat. Chem. Phys. 68, 233–238, 2001.

[4.78]   Durrani et.al., Thin Solid Films 379, 199-202, 2000.

[4.79]   Gunasekaran et.al., Phys. Stat. Sol. C3(8), 2656– 2660, 2006.

[4.80]   Lin et.al., Ceramics Int 30, 497–501, 2004.

[4.81]   Chang et.al., Thin Solid Films 386, 79-86, 2001.

[4.82]   Igasaki et.al., Appl. Surf. Sci. 169-170, 508-511, 2001.

[4.83] Song et.al., Appl. Surf. Sci. 195, 291–296, 2002.

[4.84] Brehme et.al., Thin Solid Films 342, 167-173, 1999.

[4.85] Addonizio et.al., Thin Solid Films 349, 93-99, 1999.

[4.86] Look, Mat. Sci. Engine. B80, 383–387, 2001.

[4.87] Feddern, Dissertation, Universität Hamburg, 2002.

[4.88] F. Reuß, Untersuchung des Dotierverhaltens und der mag. Eigenschaften von epitaktischen ZnO-Heterostrukturen, Dissertation, Universität Ulm, 2005.

[4.89] L. Wischmeier, ZnO-Nanodrähte: Optische Eigenschaften und Ladungsträgerdynamik, Dissertation, Universität Bremen, 2007.

[4.90] Waugh, Catalysis Let. 58, 163–165, 1999.

[4.91] Reitz et.al., J. Mol. Catalysis A, Chemical 162, 275–285, 2000.

[4.92] Choi et.al., Appl. Catalysis A, General 208, 163–167, 2001.

[4.93] Jeong et.al., Surf. Coat. Techno. 193, 340– 344, 2005.

[4.94] Cheong et.al., Thin Solid Films 410, 142–146, 2002.

[4.95] Lorenz et.al., Sol. State El. 47, 2205–2209, 2003.

[4.96] Lee et.al., Thin Solid Films 426, 94–99, 2003.

[4.97] Minami et.al., Thin Solid Films 431 –432, 369–372, 2003.

[4.98] Tominaga et.al., Vacuum 66, 511–515, 2002.

[4.99] Yamamoto et.al., Thin Solid Films 420 –421, 100–106, 2002.

[4.100] Wang et.al., Phys. Rev. Let. 90, 256401, 2003.

[4.101] Grundmann et.al., MaterialsNews, 15.08.2006.

[4.102] Pan et.al., J. El. Mat. 36 (4), 457-461, 2007.

[4.103] Yang et.al., J. El. Mat. 36(4), 498-501, 2007.

[4.104] Xue et.al., Chinese Phys. B17(6), 2240-2244, 2008.

[4.105] Grundmann et.al., http://www.uni-protokolle.de/nachrichten/text/146856, 2009.

[4.106] Jin et.al. Physica B 404, 1097–1101, 2009.

[4.107] Qiao et.al., Thin Solid Films 496, 520 – 525, 2006.

[4.108] Lin et.al., Surf. Coatings Techno. 185, 254– 263, 2004.

[4.109] Oh et.al., J. Cryst. Growth 281, 475–480, 2005.

[4.110]   Kuo et.al., J. Cryst. Growth 287, 78–84, 2006.

[4.111]   M.A. Martínez et.al., Surface and Coatings Technology 110 (1998) 68-72.

[4.112]   O. Kluth et.al., Thin Solid Films 351 (1999) 247-253.

[4.113]   Klenk et.al., Session III, FVS Workshop, 2005.

[4.114]   C. Henry, J. Appl. Phys., 51 (1980) 4494.

[4.115]   M. Prince, J. Appl. Phys., 26 (1955) 534.

[4.116]   X.W. Sun et.al., Jour. Appl. Phys., Vol. 86, No. 1, 1 July 1999.

[4.117]   Jayachandran et.al., J. Mat. Sci. Let. 20, 381– 383, 2000.

[4.118]   Lopez et.al., Semicond. Sci. Technol. 9, 2130-2133, 1994.

[4.119]   Reddy et.al., Thin Solid Films 325, 4–6, 1998.

[4.120]   Reddy et.al., J. Phys. D, Appl. Phys. 32, 988–990, 1999.

[4.121]   Thangaraju et.al., J. Phys. D, Appl. Phys. 33, 1054–1059, 2000.

[4.122]   Reddy et.al., Physica B 368, 25–31, 2005.

[4.123]   Nair et.al., Semicond. Sci. Technol. 6, 132-134, 1991.

[4.124]   Nair et.al., J. Phys. D, Appl. Phys. 24, 83-87, 1991.

[4.125]   Nair et.al., J. Phys. D, Appl. Phys. 24, 450-453, 1991.

[4.126]   Ichimura et.al., Thin Solid Films 361-362, 98-101, 2000.

[4.127]   Ristov et.al., Sol. Energy Mat. & Sol. Cells 69, 17–24, 2001.

[4.128]   Takeuchi et.al., Sol. Energy Mat. and Sol. Cells 75(3), 427-432(6), 2003.

[4.129]   Tanuševski et.al., Semicond. Sci. Technol. 18(6) 501-505, 2003.

[4.130]   Gunasecaran et.al., Sol. Energy Mat. & Solar Cells 91, 774–778, 2007.

[4.131]   Johnson et.al., Semicond. Sci. Technol. 14, 501–507, 1999.

[4.132]   El-Nahass et.al., Opt. Mat. 20, 159–170, 2002.

[4.133]   Shama et.al., Opt. Mat. 24, 555–561, 2003.

[4.134]   Reddy et.al., Appl. Phys. A 83, 133–138, 2006.

[4.135]   Devika et.al., J. Phys.: Condens. Matter 19, 306003 (12pp), 2007.

[4.136]   Ogah et.al., E-MRS Spring Strasbourg, IEEE, 2008.

[4.137]   Reddy et.al., Thin Solid Films 403 –404, 116–119, 2002.

[4.138]   Guang-Pu et.al., 1st WCPEC Hawaii, IEEE, 1994.

[4.139]	Engelken et.al., J. Electrochem. Soc. 134(11), 2696-2707, 1987.
[4.140]	Price et.al., Chem. Vap. Depos. 4(6), 222-225, 1998.
[4.141]	Sanchez-Juarez et.al., Semicond. Sci. Technol. 17, 931–937, 2002.
[4.142]	Ghosh et.al., Appl. Surf. Sci. 254, 6436–6440, 2008.
[4.143]	Parentheau et.al., Phys. Rev. B 41, 5227–5234, 1990.
[4.144]	Ibarz et.al., Chem. Mater. 10, 3422-3428, 1998.
[4.145]	Avellaneda et.al., Thin Solid Films 515, 5771–5776, 2007.
[4.146]	Chamberlain et.al., J. Phys. C, Sol. State Phys. 9, 1976.
[4.147]	Chamberlain et.al., J. Phys. C, Sol. State Phys. 10, 1977.
[4.148]	Cifuentes et.al., Brazilian J. Phys. 36, 3B, 2006.
[4.149]	Devika et.al., Semicond. Sci. Technol. 21, 1495–1501, 2006.
[4.150]	Reddy et.al., Sol. Energy Mat. & Sol. Cells 90, 3041–3046, 2006.
[4.151]	Nassary et.al., J. Alloys Comp. 398, 21–25, 2005.
[4.152]	Şahin et.al., Appl. Surf. Sci. 242, 412–418, 2005.
[4.153]	Pütz, Diplomarbeit, Universität Saarbrücken, 1996.
[4.154]	Gunasekaran et.al., Sol. Energy Mat. & Sol. Cells 91, 774–778, 2007.
[4.155]	J. Tauc, Phys. Stat. Sol. 15 (1966) 627.
[4.156]	K.L. Chopra, S.R. Das, Thin Film Solar Cells, ISBN 0-306-41141-5, Plenum Press New York, 1983.
[4.157]	Medles et.al., Thin Solid Films 497, 58 – 64, 2006.
[4.158]	Ahire et.al., Materials Research Bulletin 36, 199–210, 2001.
[4.159]	Liu et.al., Adv. Mater. 15, No. 11, 936-940, 2003.
[4.160]	Rincón, Semicond. Sci. Technol. 12, 467–474, 1997.
[4.161]	Monteiro et.al., Materials Letters 58, 119– 122, 2003.
[4.162]	Rincón et.al., J. Phys. Chem. Solids, Vol. 57, No. 12, 1937-1945, 1996.
[4.163]	Rincón et.al., J. Phys. Chem. Solids, Vol. 57, No. 12, 1947-1955, 1996.
[4.164]	Tigau, Cryst. Res. Technol. 42, No. 3, 281 – 285, 2007.
[4.165]	Messina et.al., Thin Solid Films 515, 5777–5782, 2007.
[4.166]	Salem et.al., J. Phys. D, Appl. Phys. 34, 12–17, 2001.

[4.167]   Zakaznova-Herzog et.al., Surface Science 600, 348–356, 2006.

[4.168]   Versavel, Haber, Thin Solid Films 515, 7171–7176, 2007.

[4.169]   Rodríguez-Lazcano et.al., J. Cryst. Grow. 223(3), 399-406, 2001.

[4.170]   Frumarová et.al., J. Non-Cryst. Sol. 326-327, 348–352, 2003.

[4.171]   Živković et.al., Thermochimica Acta 383, 137-143, 2002.

[4.172]   Nair et.al., Solar Energy Materials and Solar Cells 52, 313-344, 1998.

[4.173]   Khallaf et.al., Thin Solid Films, Accepted Manuscript, DOI 10.1016/j.tsf.2008.01.004, 2008.

[4.174]   Tepantlán et.al., Rev. Mexicana de Física 54(2), 112-117, 2008.

[4.175]   Ghosh et.al., Materials Letters 60, 2881–2885, 2006.

[4.176]   Castro-Rodriquez et.al., J. Cryst. Growth 306, 249–253, 2007.

[4.177]   Schreder et.al., J. Cryst. Growth 214/215, 782-786, 2000.

[4.178]   Gordillo et.al., Superficies y Vacío 16(3), 30-33, 2003.

[4.179]   Böer, Phys. Stat. Sol. (a) 40, 355, 1977.

[4.180]   Van Hoecke, Burgelman et.al., 17th Phot. Volt. Special. Conference Proceedings, 890-895, 1984.

[4.181]   Liu et.al., Thin Solid Films 431 –432, 477–482, 2003.

[4.182]   Pfisterer, Thin Solid Films 431 –432, 470–476, 2003.

[4.183]   Demtsu et.al., Thin Solid Films 516, 2251–2254, 2008.

[4.184]   Ristova et.al., Sol. Energy Mat. and Sol. Cells 53, 95-102, 1998.

[4.185]   Lee et.al., J.Korean Phys. Soc., Vol. 40, No. 5, pp. 883-888, 2002.

5 Zusammenfassung

5.1 Zusammenfassung der Ergebnisse

- **Applikation optischer und elektrischer Analysesysteme**

Bis vor zwei Jahren waren noch keine optoelektrischen Analysegeräte für die Untersuchung von Dünnschicht-Solarzellen am Lehrstuhl vorhanden. Für optische Untersuchungen wurde ein *Perkin-Elmer Lambda 750 UV/Vis/NIR-Spektrometer*, einschließlich einer 60mm, 8° *Integrations-Kugel (Ulbricht-Kugel)*, aus einer Vielzahl von Angeboten ausgewählt, gekauft, installiert und für wellenlängenabhängige Reflexions- und Transmissionsmessungen justiert.

Für elektrische Analysen (IV-Messungen) wurde ein *Hewlett Packard 4145B Semiconductor Parameter Analyzer* und ein *Keithley 2601 System SourceMeter* mit entsprechenden Meßspitzen gekauft. Um Solarzellen unter verschiedenen Beleuchtungs- und Temperatur-Bedingungen testen zu können wurde ein *Sonnensimulator mit fünf dimm- und justierbaren Halogen-Spots und einem programmierbaren Kühlsystem* entworfen. Zur Kontrolle der synthetischen sowie natürlichen Spektren wurde ein *PRC Krochmann RadioLux 111 Luxmeter* und ein PC-gesteuertes *Ocean Optics HR4000 High-Resolution (Taschen-)Spektrometer* verwendet.

- **Entwicklung theoretischer Modelle für die korrekte Beschreibung der physikalischen Phänomene zur Energiegewinnung**

Theorie zur UV/Vis/NIR-Spektroskopie: Auf der Grundlage der *klassischen Theorie elektromagnetischer Wellen* (Maxwell-Gleichungen, Poynting Theorem, Fresnel-Gleichungen, usw.) wurde ein *exaktes Modell, mit nützlichen Näherungen, zur Untersuchung von optisch transparenten und opaken Ein- wie auch Zwei-Schicht-Systemen* (Schicht und Substrat) entwickelt. Parameter wie Brechungsindex n_{Sch}, Absorptionskoeffizient α_{Sch}, Schichtdicke d_{Sch}, Wellenzahl k_{Sch}, Wellenlänge λ_{Sch}, Wellengeschwindigkeit c_{Sch}, Dielektrizitätszahl ε_{Sch}, Bandlückenenergie E_g usw. wurden damit aus UV/Vis/NIR-Reflexions- $R_{Sch}(\lambda,E)$ und Transmissionsspektren $T_{Sch}(\lambda,E)$ bestimmbar.
So erhält man beispielsweise für das vergleichsweise einfache *Ein-Schicht-System* folgende Beziehung für den Quotienten aus dem Brechungsindex der Schicht n_{Sch} und dem Brechungsindex des Mediums um die Schicht n_e ($n_{Luft} \approx 1$)

$$(5.1.1) \qquad \frac{n_{Sch}}{n_e} = \frac{\sqrt{1+T_{Sch}(R_{Sch}+T_{Sch})}+\sqrt{R_{Sch}}}{\sqrt{1+T_{Sch}(R_{Sch}+T_{Sch})}-\sqrt{R_{Sch}}}.$$

Für den Absorptionskoeffizienten gilt

(5.1.2) $\quad \alpha_{Sch} = \frac{1}{d_{Sch}} \ln\left(\frac{1}{R_{Sch}+T_{Sch}}\right),$

wobei sich die Schichtdicke d_{Sch} aus zwei Minima der Transmissionskurve $T_{Sch}(\lambda,E)$ mit den Ordnungszahlen m_1, m_2, den entsprechenden Wellenlängen λ_1, λ_2 und Brechungsindizes $n_{Sch,1}$, $n_{Sch,2}$ bestimmen lässt (für senkrechten Lichteinfall gilt: $\cos\theta_e = 1$),

(5.1.3) $\quad d_{Sch} = \frac{m_2 - m_1}{2\left((n_{Sch,2}/\lambda_2) - (n_{Sch,1}/\lambda_1)\right)\cos\theta_e}.$

Mit Hilfe des Snelliusschen Gesetzes lassen sich dann unter Verwendung von Gl. (5.1.1) weitere Parameter berechnen (für Schichten, deren Magnetismus keinen Einfluss auf die elektromagnetische Welle Licht hat, gilt: $\mu_{Sch} = \mu_e$)

(5.1.4) $\quad \frac{n_{Sch}}{n_e} = \frac{k_{Sch}}{k_e} = \frac{\lambda_e}{\lambda_{Sch}} = \frac{c_e}{c_{Sch}} = \sqrt{\frac{\varepsilon_{Sch}\mu_{Sch}}{\varepsilon_e\mu_e}} \neq 1.$

Über die komplexe Wellenzahl $k_{Sch} = k_S - jk_D$, mit dem reellen Schwingungsanteil k_S und dem imaginären Dämpfungsanteil k_D,

(5.1.5)
$$k_S = \frac{\pi\sqrt{2}}{\lambda_e}\frac{n_{Sch}}{n_e}\sqrt{\sqrt{1 + \frac{\mu_0}{\varepsilon_e}\left(\frac{\lambda_e\sigma_{Sch}}{2\pi}\right)^2} + 1} \xrightarrow{\sigma_{Sch}\to 0} \frac{2\pi}{\lambda_{Sch}},$$
$$k_D = \frac{\pi\sqrt{2}}{\lambda_e}\frac{n_{Sch}}{n_e}\sqrt{\sqrt{1 + \frac{\mu_0}{\varepsilon_e}\left(\frac{\lambda_e\sigma_{Sch}}{2\pi}\right)^2} - 1} \xrightarrow{\sigma_{Sch}\to 0} 0,$$

lassen sich alle Größen auch komplexwertig bestimmen. Der hierfür benötigte Leitwert σ_{Sch} der Schicht ergibt sich aus Schichtwiderstandsmessungen, siehe unten.
Weit aufwendiger als dieses kurz dargestellte *Ein-Schicht-System* – aber ebenso ohne mathematische Näherungen belastet – ist das entwickelte *Zwei-Schichten-System*. Dieses ist eine unverzichtbare Voraussetzung für die Analyse von Dünnschichten, da die mechanisch instabilen Dünnschichten auf tragende Substrate aufzubringen sind, welche damit auch Bestandteil des Meßobjekts sind.

Zudem wurde ein *quantentheoretisches Modell* basierend auf Potentialbarrieren verbessert, um aus den klassisch bestimmten Parametern wieder Reflexions- $R_{Sch}(\lambda,E)$ und Transmissionsspektren $T_{Sch}(\lambda,E)$ zu gewinnen.
Wiederum für ein *Ein-Schicht-System* erhält man die Reflexions- und Transmissionsraten als Funktion der Wellenzahlen k_e, k_{Sch} für das Medium bzw. die Schicht und der Schichtdicke d_{Sch} zu

(5.1.6)
$$R_{Sch} = \frac{\left(1-\left(\frac{k_e}{k_{Sch}}\right)^2\right)^2 \sin^2(k_{Sch}d_{Sch})}{4\left(\frac{k_e}{k_{Sch}}\right)^2 + \left(1-\left(\frac{k_e}{k_{Sch}}\right)^2\right)^2 \sin^2(k_{Sch}d_{Sch})},$$
$$T_{Sch} = \frac{4\left(\frac{k_e}{k_{Sch}}\right)^2}{4\left(\frac{k_e}{k_{Sch}}\right)^2 + \left(1-\left(\frac{k_e}{k_{Sch}}\right)^2\right)^2 \sin^2(k_{Sch}d_{Sch})}.$$

Auch das quantentheoretische Modell wurde für *Zwei-Schichten-Systeme* weiterentwickelt, wobei auch hier die mathematischen Zusammenhänge weit umfangreicher werden.

Abschließend wurden sowohl *Ein-Schicht* und *Zwei-Schichten-Systeme* als auch *quantentheoretisches Modell* erfolgreich mit dem bekannten *Keradec/Swanepoel Modell* [5.1, 5.2] verglichen.

Theorie zu den I(U)-Messungen: Für *elektrische Analysen (IV-Messungen)* wurden herkömmliche *Theorien auf der Grundlage der Werke von Henry* [5.3] *und Prinz* [5.4] *optimiert*. Parameter wie Leerlaufspannungen U_{oc} (open cirquit voltages), Kurzschlussströme I_{sc} (short cirquit currents), Größen des maximalen Leistungsrechtecks (U_m, I_m und P_m), Füll Faktoren FF, Wirkungsgrade η, Quanteneffizienzen Y usw. wurden, basierend auf UV/Vis/NIR- und I(U)-Messungen, bestimmt. Die *Modellierung der Strom-Spannungs Kurven* und damit die Bestimmung u.a. des Serienwiderstandes R_s und des Parallelwiderstandes R_{sh} (shunt resistance) für das Ersatzschaltbild sowie des Sättigungsstroms I_s aus den Messwerten wurden auf attraktive Weise vorgenommen.

So erhält man für Solarzellen beispielsweise die transzendente Strom-Spannungs-Beziehung

(5.1.7) $$I(U) = I_s\left(e^{q(U-R_s I(U))/kT} - 1\right) - I_L + \frac{U}{R_{sh}+R_s},$$

wobei der Serien- R_s und Shunt-Widerstand R_{sh} mit der Leerlaufspannung U_{oc}, dem Kurzschlußstrom I_{sc}, den Steigungen der I(U)-Kurve am Ort der Leerlaufspannung a_{oc} bzw. des Kurzschlußstromes a_{sc}, der Elementarladung q, der Boltzmann-Konstante k und der Temperatur T näherungsfrei zu

(5.1.8) $$R_s = -\frac{kT}{qI_{sc}}\ln\left[e^{qU_{oc}/kT} + \frac{kT}{qI_s}(a_{oc}-a_{sc})\right],$$
$$R_{sh} = \frac{2}{a_{oc}+a_{sc}-\frac{qI_s}{kT}\left(e^{qU_{oc}/kT}+e^{-qR_s I_{sc}/kT}\right)} - R_s$$

bestimmt werden können. Für den Sättigungsstrom gilt hierbei

(5.1.9) $$I_s = \frac{I_{sc}+I_L+\frac{kT}{q}(a_{oc}-a_{sc})}{e^{qU_{oc}/kT}-1}.$$

Die Theorie für *Schichtwiderstandsmessungen* wurde verbessert, um verlässliche Leitfähigkeitswerte σ_{Sch} für die untersuchten Dünnschichten zu erhalten.
So ergeben sich mit der Schichtdicke d_{Sch} und dem gemessenen ohmschen Widerstand R_{CD}, zwischen zwei Punkten C und D auf einer dünnen Schicht, der spezifische Schichtwiderstand und der Schichtwiderstand zu

(5.1.10) $$\rho_{Sch} = \frac{1}{\sigma_{Sch}} = \frac{\pi d_{Sch}}{\sqrt{2}\ln 2}R_{CD},$$

(5.1.11) $$R_{Sch} = \frac{\rho_{Sch}}{d_{Sch}} = \frac{\pi}{\sqrt{2}\ln 2}R_{CD}.$$

Basierend darauf wurde ein *Modell zur Bestimmung von Ladungsträgerdichten* n_e, n_p und *Dotierstoffkonzentrationen* n_A, n_D sowie zur Berechnung von *Beweglichkeiten* μ *und Lebensdauern* τ *von Ladungsträgern* unter Verwendung der vorhandenen Meßgeräte entwickelt.

Für die Elektronendichte n_e in einem n-dotierten Halbleiter mit der effektiven Masse m_L der Elektronen im Leitungsband, der Planckschen Konstante $\hbar$, der Boltzmann-Konstante k und der Temperatur T erhält man beispielsweise

(5.1.12) $\qquad n_e = \frac{1}{\sqrt{2}} \left(\frac{kT}{\pi \hbar^2} m_L \right)^{3/2} e^{-E_d/2kT}$.

Die von den Elektronen zu überwindende effektive Bandlücke E_d ergibt sich hierfür mit Hilfe des Wasserstoff-Modells zu

(5.1.13) $\qquad E_d \approx \frac{m_L q^4}{32 \pi^2 \varepsilon^2 \hbar^2} = \left(\frac{\varepsilon_0}{\varepsilon} \right)^2 \left(\frac{m_L}{m_0} \right) E_{ion}$.

Hierin sind ε_0 die Influenzkonstante, ε die Dielektrizitätskonstante des Materials, m_L die effektive Masse eines Elektrons im Leitungsband, m_0 dessen Ruhemasse und $E_{ion} = 13{,}6 eV$ die Ionisierungsenergie des Wasserstoffs.

- **Optische und elektrische Untersuchungen transparenter Materialsysteme – Transparent Conducting Oxides TCO's**

Isolierende wie auch leitfähige optisch transparente Materialien sind für die Produktion von Solarzellen erforderlich. Als *isolierende Substrate* wurden zwei unterschiedliche *Dia-Deckgläser*, ein *Objektträger (Mikroskopie)* und zwei *Bor-Silikat-Gläser* (BSG, Schott AF37 und AF45) miteinander verglichen. Diese Materialien auf Siliziumoxidbasis weisen innerhalb des wellenlängen- oder energieabhängigen Bereichs Transmissionsraten zwischen 89% (Objektträger) und 94% (Schott AF45) sowie Reflexionsraten von 6% bis 10% auf.
Als *leitendes (mitunter auch halbleitendes) Material* wurden gesputterte, mit Aluminium dotierte **Zinkoxid (ZnO:Al) Schichten** verwendet. Mit Hilfe von Schichtwiderstandsmessungen lassen sich über [5.5] etwa 2,8% Aluminiumgehalt in diesen Schichten nachweisen. Von besonderem Interesse war der Einfluss der Sputterparameter auf die optoelektrischen Parameter dieser TCO (Transparent Conducting Oxides) Dünnschichten. Untersucht wurden: Der *Einfluss der Position r auf dem Substrat relativ zum Depositionszentrum*, die *Bedeutung von Frequenz f* und *Beschleunigungsleistung P (Beschleunigungsspannung U)* des gepulsten Gleichstrom- bzw. Hochfrequenz (RF, 13,56 MHz) Sputterverfahrens, die Abhängigkeit von *Temperatur T* und *Druck p* innerhalb der Prozesskammer und die Wirkung der *Sputterdauer* t_{Sp} auf/für die Dünnschicht Parameter.

Einfluss der Position r: Schichtdicken d_{Sch} bzw. Sputterraten v_{Sch} nehmen für den Parametersatz aus der Legende von Abb. 5.1 mit zunehmender Entfernung vom Zentrum der Deposition (d_{Sch} = 0.95µm / v_{Sch} = 1.05nms-1) bis an den Rand des Substrats (d_{Sch} = 0.79µm / v_{Sch} = 0,88 nms-1) ab, vgl. Tab. 5.1. Die entsprechenden Brechungsindizes sind in Abb. 5.1 abhängig vom Auswerteverfahren zu sehen. Tab. 5.1 enthält zudem die entsprechenden Energien der Bandlücken.

Tab. 5.1: Schichtdicken, Depositionsraten und Bandlückenenergien (Bestimmung nach Tauc) von aluminiumdotierten Zinkoxid Schichten für zunehmende Abstände vom Depositionszentrum der Schicht.

r / cm	1,6	2,1	2,9	3,8	4,7
d_{Sch} / nm	0,95	0,90	0,87	0,81	0,79
v_{Sch} / nms^{-1}	1,05	1,00	0,97	0,90	0,88
E_g / eV	2,96	3,04	3,05	2,95	2,93

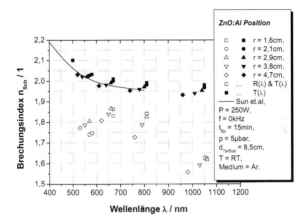

Abb. 5.1: Brechungsindizes für ZnO:Al Schichten als Funktion der Wellenlänge mit der Position, relativ zum Zentrum der Deposition, als Parameter. Zu sehen sind Werte von zwei verschiedenen Auswerteverfahren und Vergleichswerte von Sun et.al. [5.6].

Wirkung der Beschleunigungsleistung/-spannung U: Die Sputterraten steigen linear mit einer Beschleunigungsspannungen zwischen U = 400V und U = 500V an (f = 100kHz, p = 5µbar, t_{Sp} = 15min). Die Energiebandlücken bleiben unbeeindruckt davon konstant auf einem Wert von etwa E_g = 3.5eV.

Einfluss der Frequenz f: Die Depositionsrate wird für den Datensatz aus Abb. 5.1 (Position r = 1,6 cm) bei einer Frequenz von etwa f = 75kHz maximal (v_{Sch} = 1.2). Für zunehmende und abnehmende Frequenzen fällt sie etwas ab. Die Energiebandlücke zeigt die gleiche Frequenzabhängigkeit mit einem Maximum von circa E_g = 3.3eV. Die wellenlängenabhängigen Brechungsindizes sind für Schichten, die mit Gleichstrom (f = 0kHz) gesputtert wurden um fast 10% höher als für alle anderen mit gepulstem Gleichstrom (f ≠ 0kHz) gesputterten ZnO:Al Dünnschichten.

Auswirkungen des Prozesskammerdrucks p: Die Abscheideraten sind für das Daten-Cluster aus Abb. 5.1 (Position r = 1,6 cm) bei einem Druck von 5µbar maximal (v_{Sch} = 1,15). Sie nehmen für kleinere Drücke leicht und für größere Drücke stark ab. Die gleiche Abhängigkeit zeigen die Energiebandlücken mit einem Maximum bei etwa E_g = 3,25 eV. Die wellenlängenabhängigen

Brechungsindizes (n_{Sch} = 1,95 für 500nm < λ < 1000nm) werden vom Prozesskammerdruck zwischen p = 0.8µbar und p = 10µbar nicht beeinflusst.

Bedeutung der Sputterdauer t_{Sp}: Die Schichtdicken sind – wie für Sputterprozesse bekannt – etwa linear abhängig von der Sputterdauer. Für Sputterzeiten unter t_{Sp} < 5min (P = 250W, f = 50kHz, p = 3µbar) führen Ober- und Grenzflächeneffekte zu hohen Bandlückenenergien (E_g = 3.44eV), die mit steigender Schichtdicke bzw. Sputterdauer sinken.

Konzentrationen c_{O2}, c_{N2} im Prozessgas: Werden dem inerten Argongas stark reaktiver Sauerstoff oder schwach reaktiver Stickstoff zugesetzt, dann fallen die Schichtdicken d_{Sch} und Abscheideraten v_{Sch} mit zunehmender Konzentration c stark/schwach ab, steigen die wellenlängenabhängigen Brechungsindizes n_{Sch} mit der Konzentration c etwas/deutlich an und fallen die Bandlückenenergien E_g mit der Konzentration c kaum/stark ab.

Substrattemperaturen T: Schichtdicken d_{Sch} und Abscheideraten v_{Sch} fallen mit steigender Temperatur leicht ab. Brechungsindizes n_{Sch} und Dielektrizitätskonstanten ε_{Sch} weisen eine typische Wellenlängen-, aber nahezu keine Temperaturabhängigkeit auf. Mit steigender Temperatur T = RT ... 300°C steigen auch die Bandlückenenergien Eg = 3,13eV ... 3,39eV.

Schichtwiderstand σ_{Sch}: Der Schichtwiderstand der untersuchten ZnO:Al Dünnschichten liegt bei etwa σ_{Sch} = 8×10^{-3}Ωcm.

- **Optische und elektrische Untersuchungen opaker Absorbermaterialien**

Im Rahmen dieser Arbeit werden Ergebnisse für *Zinnsulfid (SnS)* und *Bismutsulfid (Bi_2S_3)* diskutiert. Ausgehend von diesen binären Sulfiden zeigten insbesondere auch viele untersuchte ternäre und quaternäre schwefelhaltige Absorbermaterialien (Sulfosalze) gute Ergebnisse. Diese sollen jedoch nicht Bestandteil dieses Buches sein.
Über optische Untersuchungen wurde der physikalische Einfluss durch die Sputtergrößen *Beschleunigungsleistung P (Beschleunigungsspannung U)* und *Frequenz f (PDC, RF, Breaktime t_{Br})* sowie durch die Umgebungsparameter *Abstand zwischen Target und Substrat d_{TarSub}, Temperatur T* und *Druck p* auf das Absorbermaterial untersucht.

Begonnen werden soll mit **Zinnsulfid (Sn_xS_y)**, einem der bekanntesten binären Sulfide mit p-Halbleiter Eigenschaften:

Beschleunigungsleistung P: Für steigende Beschleunigungsleistungen P von 13W bis 15W (f = 50kHz, p = 5µbar, d_{TarSub} = 17,1 cm) fallen die Depositionsraten v_{Sch} von 0.17nms^{-1} auf 0.14nms^{-1} und die Energien der Bandlücke E_g von 1.87eV auf 1.76eV; die Brechungsindizes bleiben konstant.

Sputterfrequenz f: Tab. 5.2 zeigt, Schichtdicken, Sputterraten und Energiebandlücken als Funktion der Sputterfrequenz f. Für Absorber Dünnschichten sind die Energien der Bandlücke E_g richtigerweise deutlich kleiner als für TCO (Transparent Conducting Oxide) Materialien wie ZnO:Al.

Analysen für Chalkogenid-Dünnschicht-Solarzellen | 187

Tab. 5.2: Schichtdicken d_{Sch}, Depositionsraten v_{Sch} und Bandlückenenergien E_g (Auswertung über Tauc [5.7]) von Zinksulfid Dünnschichten bei steigenden Sputterfrequenzen.

f / kHz	0	50	150	300	RF
d_{Sch} / nm	2,56	2,63	2,22	1,62	0,49
v_{Sch} / nms^{-1}	1,42	1,46	1,23	0,90	0,27
E_g / eV	1,85	1,85	1,84	1,82	1,73

Die wellenlängen- bzw. energieabhängigen Brechungsindizes n_{Sch} liegen zwischen 3,5 und 5,0. Sie steigen mit zunehmender Wellenlänge λ, aber auch mit zunehmender Sputterfrequenz f, an. Ändert man die Sputterfrequenz von 0kHz auf 300kHz oder von 300kHz auf RF so steigt der Brechungsindex jeweils um deutliche 10% an. Auch die wellenlängen- bzw. energieabhängigen Absorptionskoeffizienten sind für RF (f = 13,56MHz) gesputterte Sn_xS_y Schichten deutlich höher.

Sputterdauer t_{Sp}: Die wellenlängenabhängigen Brechungsindizes n_{Sch} und Absorptionskoeffizienten α_{Sch} fallen mit steigender Sputterdauer t_{Sp} ebenso wie die Bandlückenenergie E_g.

Pausendauer t_{Br}: Für gepulstes DC-Sputtern mit der Periodendauer $T = f^{-1}$ lässt sich das Rechtecksignal in die Signaldauer t_{Sig} und die Pausendauer t_{Br} (breaktime) zerlegen. Wird die Pausendauer t_{Br} von 0.5µs auf 5µs (T = 20µs = konst.) erhöht, so vergrößert dies die Energie der Bandlücke E_g von etwa 1.1eV auf 1.6eV (verwendet wurde der Parametersatz: P = 13W, p = 5µbar, d_{TarSub} = 6cm, t_{Sp} = 15min). Der Brechungsindex bleibt als Funktion der Pausendauer konstant.

Prozesskammerdruck p: Die Abhängigkeiten der Parameter vom Prozesskammerdruck p ist für Zinnsulfid Schichten ähnlich wie für ZnO:Al Dünnschichten. Die Depositionsraten (v_{Sch} = 0.57nms-1) sind für 10µbar maximal. Bandlückenenergien E_g (1.39eV ... 1,5eV) und Absorptionskoeffizienten α_{Sch} (9000cm^{-1} ... 20000cm^{-1}) steigen, Brechungsindizes n_{Sch} (3,6 ... 2,9) fallen für steigende Drücke.

Prozesstemperaturen T: Wenn die Probentemperaturen T während des Sputtervorgangs von 25°C auf 350°C steigen, bleiben Abscheideraten v_{Sch} = 0,46, Brechungsindizes n_{Sch} = 3,5, Absorptionskoeffizienten α_{Sch} = 10000cm^{-1} und Bandlückenenergien E_g = 1,39 weitgehend konstant.

Position r auf dem Substrat: Hier sind die Abhängigkeiten von den Parametern wie beim aluminiumdotierten Zinkoxid.

Abstand zwischen Target und Substrat d_{TarSub}: Eine Verdoppelung des Abstandes zwischen Target und Substrat d_{TarSub} (9.0cm, 17.1cm) führt zu einer drastischen Senkung der Abscheiderate v_{Sch} von 0.42nms^{-1} auf 0.17nms^{-1}; die Energiebandlücke E_g sinkt leicht von 1.90eV auf 1.83eV.

Von untergeordneter Bedeutung für die hier aufgezeigte Dünnschicht-Solarzellen Produktion ist **Bismutsulfid (Bi_2S_3)** als n-Halbleiter. Dies, da auch das mit Aluminium dotierte Zinnsulfid (ZnO:Al) ein n-Halbleiter ist und somit keine zufriedenstellenden pn-Solarzellen hergestellt werden können. Diskutiert wurde jedoch der Einfluss unterschiedlicher Prozesstemperaturen:

Prozesstemperaturen T: Für Temperaturen T von RT (Raumtemperatur) bis 200°C weisen reine RF gesputterte Bi_2S_3 Dünnschichten merklich abnehmende Sputterraten und deutlich zunehmende Bandlückenenergien auf (P = 20W, $T_{Sp,\ RF}$ = 15min, d_{TarSub} = 10cm), vgl. Tab. 5.3. Innerhalb des untersuchten Temperaturbereichs steigt der wellenlängenabhängige Brechungsindex um etwa 15%.

Tab. 5.3: Schichtdicke d_{Sch}, Sputterrate v_{Sch} und Energiebandlücke E_g für reines Bi_2S_3.

T / °C	RT	100	200	300
d_{Sch} / µm	31,4	10,7	7,3	21,5
v_{Sch} / nms⁻¹	34,9	11,9	8,11	23,9
E_g / eV	0,74	0,79	0,88	1,24

Schichtwiderstand σ_{Sch}: Der Schichtwiderstand der untersuchten Sn_xS_y Dünnschichten liegt im Bereich von σ_{Sch} = 5kΩcm ... 10kΩcm und ist bei Beleuchtung etwas höher.

- **Solarzellen**

Alle Solarzellen wurden komplett, in situ über ein Sputterverfahren auf Glassubstrate aufgebracht. Die Schichtenfolge bestand aus einem Molybdän Metallkontakt, einer **Zinnsulfid (Sn_xS_y) Absorberschicht**, gegebenenfalls einer Cadmiumsulfid- und einer Cadmiumchlorid Pufferschicht, einem intrinsischen und einem n-dotierten ZnO:Al Film, vgl. Tab. 5.6. Das Vakuum musste lediglich zur nasschemischen Aufbringung der Pufferschichten gebrochen werden. Ausgehend vom binären Zinnsulfid (Sn_xS_y) als Absorbermaterial zeigten insbesondere auch viele untersuchte ternäre und quaternäre schwefelhaltige Absorbermaterialien gute Ergebnisse. Diese sollen hier jedoch nicht diskutiert werden.

Tab. 5.6: Typischer Prozess für eine Sulfid Solarzelle auf Glassubstrat mit Molybdän Rückkontakt, Zinnsulfid Absorberschicht, Cadmiumsulfid Pufferschicht(, Cadmiumchlorid Pufferschicht) und Zinkoxid Deckelektroden. Die finale Salzsäurebehandlung diente einerseits zur Aufrauhung der Deckelektrode und damit als Antireflexbehandlung und andererseits zur Wasserstoffkonditionierung der Zelle. Bei Variation der Temperatur zur Herstellung der Absorberschicht entfielen CdCl Puffer und HCl Behandlung.

	Target	P / W	f/kHz	p/µbar	t_{Sp}/min	t_{Br}/µs	Medium	T / °C
Glas	Schott AF45							
Mo	Standard	250	DC	5	10	_	Ar	RT
SnS	T7-9005-D1 5945-2	Je nach Rezept (vgl. Legende der Kurven).						
CdS	$CdSO_4$ (1,2mmol/l) : NH_3 (35%) : Thioharnstoff (0,1mol/l) = 1 : 1 : 1. Die ersten beiden Chemikalien vermischen, Probe für RT, 10s eintauchen. Zugabe vom S-haltigem Thioharnstoff, Probe für RT → 80°C, 6min in Chemikalien belassen. Spülen in H_2O für RT, 10s-20s. Trocknen mit Druckluft.							
CdCl	CdCl-Pulver/H_2O Lösung (1mmol/l), Probe für RT, 1min. Trocknen mit							

Analysen für Chalkogenid-Dünnschicht-Solarzellen | 189

	Druckluft. Heizplatte bei 300°C, 1min.						
i-ZnO:Al	Standard	250	350	5	3	1	Luft	RT
n-ZnO:Al	Standard	250	50	3	10	1	Ar	RT
HCl	HCl (37%):H2O=1:100, Probe bei RT für 5s. H2O Spülen. Druckluft trocknen.						

Variiert wurden einerseits die *Frequenzen* und *Substrattemperaturen* während der Aufbringung der Absorberschicht, andererseits wurde der Einfluss einer *zusätzlichen CdCl Pufferschicht* und des *HCl Ätzens* auf die Strom-Spannungs-Kennlinie untersucht.

Sputterfrequenzen f: Insbesondere die Leerlaufspannung U_{oc} ist für das Gleichstromsputtern deutlich höher als für das gepulste Gleichstromsputtern. Damit werden auch die Größen des maximalen Leistungsrechtecks und der Wirkungsgrad η vergleichsweise groß.

Prozesstemperaturen T: Steigende Prozesstemperaturen führen zu steigenden Kurzschlußstromdichten j_{sc} und damit letztendlich auch zu einem Ansteigen der maximalen Leistungsdichte p_m und des Wirkungsgrades η der Zelle vgl. Tab. 5.7.

Tab. 5.7: Leerlaufspannung U_{oc}, Kurzschlußstromdichte j_{sc} und maximale Leistungsdichte für Solarzellen deren Sn_xS_y Absorberschicht bei unterschiedlichen Substrattemperaturen T gewachsen wurden.

Temperatur T/°C	100	200	300
U_{oc}/V	0,149	0,127	0,138
$j_{sc}/mAcm^{-2}$	0,399	0,511	0,920
$p_m/\mu Wcm^{-2}$	25,7	19,7	39,0

CdS- und CdCl Pufferschicht: Während eine CdS Pufferschicht zu einer deutlichen Erhöhung der Kurzschlußstromdichte j_{sc} und damit der maximal erzielbaren Leistungsdichte p_m führt, bringt eine zusätzliche CdCl Pufferschicht keine Verbesserung, vgl. Tab. 5.7 und Tab. 5.8.

HCl Ätzen: Das HCl Ätzen reduziert die Kurzschlußstromdichten j_{sc} und damit auch die maximale Leistung der Zelle, vgl. Tab. 5.8.

Tab. 5.8: Leerlaufspannung U_{oc}, Kurzschlußstromdichte j_{sc} und maximale Leistung für Solarzellen mit unterschiedlichen Pufferschichten sowie mit und ohne Salzsäurebehandlung.

Pufferschicht, Salzsäure	CdS	CdS, HCl	CdS/CdCl	CdS/CdCl, HCl
U_{oc}/V	0,171	0,169	220	114
$j_{sc}/mAcm^{-2}$	1,66	0,503	1,34	0,828
$p_m/\mu Wcm^{-2}$	77,5	29,5	73,9	26,1

5.2 Literatur zur Zusammenfassung

[5.1] J. Keradec, Thesis L'Université Scientifique et Médicale de Grenoble, 1973.

[5.2] R. Swanepoel, J. Phys. E: Sci. Instrum., 16 (1983) 1214.

[5.3] C. Henry, J. Appl. Phys., 51 (1980) 4494.

[5.4] M. Prince, J. Appl. Phys., 26 (1955) 534.

[5.5] H. Kim, Thin Solid Films, 377-378 (2000) 798-802

[5.6] X.W. Sun et.al., Jour. Appl. Phys., Vol. 86, No. 1, 1999.

[5.7] J. Tauc, Phys. Stat. Sol. 15 (1966) 627.

6 Anhänge

Anhang A: Exaktes Lösen eines Polynoms 3. Grades

Ein **Polynom 3. Grades** oder eine **kubische Gleichung** der Variablen x hat die Form

(A.1) $\quad Ax^3 + Bx^2 + Cx + D = 0,$

mit den Koeffizienten A, B, C und D, wobei $A \neq 0$. Für den Spezialfall B = C = 0 sind die Lösungen trivial. Die Lösung der kubischen Gleichung erfolgt in mehreren Schritten.

Als erstes empfiehlt es sich, die gesamte *Gleichung mit $27A^2$ zu multiplizieren*, um im weiteren Verlauf der Rechnung Brüche zu vermeiden. Dies ergibt die folgende Gleichung:

(A.2) $\quad 27A^3 x^3 + 27A^2 Bx^2 = -27A^2 Cx - 27A^2 D.$

Um die linke Seite von Gl. (A.2) als $(3Ax + B)^3$ schreiben zu können, bestimmt man nun die *kubische Ergänzung* dieser Gleichung. Gemäß der binomischen Formel gilt

(A.3) $\quad (3Ax + B)^3 = 27A^3 x^3 + 27A^2 Bx^2 + 9AB^2 x + B^3.$

Damit erhält man den Term $9AB^2 x + B^3$ als kubische Ergänzung. Ergänzt man diesen auch auf der rechten Seite von Gl. (A.2), so folgt

(A.4) $\quad (3Ax + B)^3 = 9AB^2 x + B^3 - 27A^2 Cx - 27A^2 D$

oder

(A.5) $\quad (3Ax + B)^3 + 3(3AC - B^2)3Ax + 27A^2 D - B^3 = 0.$

Substituiert man in dieser Gleichung $y = 3Ax + B$, sowie $b = 3AC - B^2$ und $c = 27A^2 D - 9ABC + 2B^3$, so erhält man die **reduzierte kubische Gleichung**

(A.6) $\quad y^3 + 3by + c = 0.$

Diese reduzierte kubische Gleichung enthält kein quadratisches Glied mehr, jedoch den linearen Term $3by$, so dass die Gleichung für $b \neq 0$ nicht mittels einer einzelnen Kubikwurzel gelöst werden kann. Für den Fall b = 0 ist die Lösung trivial.

Unter der Annahme, dass sich eine Lösung y der reduzierten kubischen Gleichung als Summe $y = u + v$ zweier Kubikwurzeln u und v darstellen lässt, führt sie zu

(A.7) $\quad (u+v)^3 + 3b(u+v) + c = 0$

oder nach Ausmultiplikation zu

(A.8) $\quad 3uv(u+v) + u^3 + v^3 = -3b(u+v) - c.$

Eine Lösung $y = u + v$ der reduzierten kubischen Gleichung ist gefunden, wenn zwei Kubikwurzeln u und v existieren, die das Gleichungssystem

(A.9) $\quad u^3 + v^3 = -c, \quad uv = -b$

erfüllen. Zur Lösung dieses Gleichungssystems verwendet man den *Satz von Vieta* (benannt nach dem französischen Mathematiker François Vieta): Sind ξ_1 und ξ_2 Nullstellen der quadratischen Gleichung $z^2 + \alpha z + \beta = 0$, so gilt $z_1 + z_2 = -\alpha$, $z_1 z_2 = \beta$. Substituiert man folglich $z_1 = u^3$, $z_2 = v^3$, so folgt für die Koeffizienten $\beta = -b^3$, $\alpha = c$. Die **quadratische Resolvente** ergibt sich damit zu

(A.10) $\quad z^3 + cz - b^3 = 0.$

Die Lösungen dieser quadratischen Gleichung lauten

(A.11) $\quad z_{1,2} = -\dfrac{c}{2} \pm \sqrt{\dfrac{c^2}{4} + b^3}.$

Wegen $z_1 = u^3$, $z_2 = v^3$ ergeben sich hieraus folgende Werte für u und v

(A.12) $\quad u = \sqrt[3]{z_1} = \sqrt[3]{-\dfrac{c}{2} + \sqrt{\dfrac{c^2}{4} + b^3}}, \quad v = \sqrt[3]{z_2} = \sqrt[3]{-\dfrac{c}{2} - \sqrt{\dfrac{c^2}{4} + b^3}}.$

Ist die *Diskriminante* $D = c^2/4 + b^3$ der quadratischen Resolvente *null oder positiv*, so besitzen u und v reelle Werte. Da die Kubikwurzeln dann immer reell werden, liefern y_1 bzw. x_1 in diesem Fall stets reelle Lösungen der (reduzierten) kubischen Gleichung. Falls dagegen die Diskriminante negativ ist, tritt der **Casus irreducibilis** ein, bei dem eine reelle Lösung der kubischen Gleichung nur mittels komplexer Lösungen der quadratischen Resolvente gefunden werden kann. Dieser Fall wird weiter unten näher betrachtet.
Aus dem *Fundamentalsatz der Algebra* (nach dem deutschen Mathematiker und Physiker Johann Carl Friedrich Gauß) ist bekannt, dass jede algebraische Gleichung n-ten Grades genau n reelle oder komplexe Lösungen besitzt. Das heißt, dass die kubische Gleichung 3 Lösungen

besitzt, wovon eine bereits bekannt ist. Um die beiden anderen Lösungen zu ermitteln, wendet man die **Polynomdivision** an

(A.13) $\quad (y^3 + 3by + c) : (y - y_1) = y^2 + y_1 y + (y_1^2 + 3b) + R.$

Für den Divisionsrest gilt $R = (y_1^2 + 3b)y_1 + c = y_1^3 + 3by_1 + c = 0$, da $y_1 = u + v$ die reduzierte kubische Gleichung löst. Wegen $uv = -b$ ergeben sich die beiden weiteren Lösungen y_2, y_3 der reduzierten kubischen Gleichung jetzt aus der quadratischen Gleichung

(A.14) $\quad y^2 + (u+v)y + ((u+v)^2 - 3uv) = 0.$

Für ihre Diskriminante gilt $D = ((u+v)^2/4) - ((u+v)^2 - 3uv) = -3(u-v)^2/4$. Damit ist D negativ für alle reellen u und v (ausgenommen u = v), d. h. in allen Fällen ist zwar die erste Lösung y_1 reell, jedoch die beiden weiteren Lösungen der reduzierten kubischen Gleichung konjugiert komplex. Damit ergeben sich sämtliche Lösungen aus den folgenden *Cardanoschen Formeln* (benannt nach dem italienischen Mathematiker Girolamo Cardano), in welchen u und v aus Gl. (A.12) einzusetzen sind

(A.15) $\quad \begin{aligned} y_1 &= u + v, \\ y_{2,3} &= -\frac{u+v}{2} \pm i\sqrt{\frac{3}{4}}(u-v). \end{aligned}$

Für u = v ist daher $y_2 = y_3 = -(u+v)/2$ eine doppelte reelle Nullstelle. Hiermit ergeben sich die **Lösungen der allgemeinen kubischen Gleichung** zu

(A.16) $\quad x_i = \frac{y_i - B}{3A}, \quad i \in \{1,2,3\}$

für die ursprüngliche kubische Gleichung, Gl. (A.1).

Casus irreducibilis: Besitzen u und v aus Gl. (A.12) eine *negative Diskriminante* $D = c^2/4 + b^3$, dann ist b negativ bzw. -b positiv. Damit werden die Lösungen der quadratischen Resolvente z_1 und z_2 aus Gl. (A.11) echte komplexe Zahlen. Für diesen Fall gilt

(A.17) $\quad z_{1,2} = -\frac{c}{2} \pm i\sqrt{-\frac{c^2}{4} - b^3}.$

Diese beiden Lösungen der quadratischen Resolvente sind konjugiert komplex. Sie sollen nun in Polarkoordinaten, d. h. mittels Betrag und Argument, dargestellt werden. Für den Betrag $|z| = |z_{1,2}|$ gilt

(A.18) $$|z|^2 = \text{Re}^2(z_{1,2}) + \text{Im}^2(z_{1,2}) = \left(-\frac{c}{2}\right)^2 + \left(-\frac{c^2}{4} - b^3\right) = -b^3$$

und somit

(A.19) $$|z| = (-b)^{3/2}$$

Für das Argument $\varphi = \varphi_{1,2}$ gilt

(A.20) $$\cos\varphi = \frac{\text{Re}(z_{1,2})}{|z_{1,2}|} = -\frac{c}{2(-b)^{3/2}}.$$

Damit werden die Lösungen der quadratischen Resolvente Gl. (A.17) zu

(A.21) $$z_{1,2} = |z|(\cos\varphi \pm i\sin\varphi) = (-b)^{3/2}\left(\cos\left(\frac{-c}{2(-b)^{3/2}}\right) \pm i\sin\left(\frac{-c}{2(-b)^{3/2}}\right)\right).$$

Nach der Formel von Moivre (benannt nach dem französischen Mathematiker Abraham de Moivre) ergibt sich die n-te Wurzel einer komplexen Zahl, indem aus ihrem Betrag die n-te Wurzel gezogen und ihr Argument durch n geteilt wird. Somit ergeben sich analog zu Gl. (A.12) u und v mit Gl. (A.21) zu

(A.22) $$u = \sqrt[3]{z_1} = \sqrt{-b}\left(\cos(\varphi/3) + i\sin(\varphi/3)\right), \quad v = \sqrt[3]{z_2} = \sqrt{-b}\left(\cos(\varphi/3) - i\sin(\varphi/3)\right).$$

damit sind nicht nur z_1 und z_2 konjugiert komplex, sondern auch ihre Kubikwurzeln u und v. Über die *Cardanoschen Formeln*, Gl. (A.15), in welchen u und v aus Gl. (A.22) einzusetzen sind, erhalten wir hier

(A.23) $$\begin{aligned} y_1 &= u + v = 2\sqrt{-b}\cos(\varphi/3), \\ y_{2,3} &= -\frac{u+v}{2} \pm i\sqrt{\frac{3}{4}}(u-v) = -2\sqrt{-b}\left(\cos(\varphi/3) \pm \sqrt{3}\sin(\varphi/3)\right) \end{aligned}$$

Auch hier ergeben sich die **Lösungen der allgemeinen kubischen Gleichung**, Gl. (A.1), über Gl. (A.16).

Anhang B: Exaktes Lösen eines Polynoms 4. Grades

Ein **Polynom 4. Grades** oder eine **quartische Gleichung** der Variablen x hat die Form

(B.1) $\quad Ax^4 + Bx^3 + Cx^2 + Dx + E = 0,$

mit den Koeffizienten A, B, C, D und E, wobei $A \neq 0$. Für B = D = 0 handelt es sich um eine *biquadratische Gleichung*. Ist zudem C = 0 handelt es sich um ein *Kreisteilungspolynom*. Die Lösungen dieser beiden Spezialfälle sind trivial.
Nach dem *Fundamentalsatz der Algebra* (nach dem deutschen Mathematiker und Physiker Johann Carl Friedrich Gauß) lässt sich die Gleichung bis auf die Reihenfolge der Faktoren eindeutig in die Form

(B.2) $\quad (x - x_1)(x - x_2)(x - x_3)(x - x_4) = 0$

bringen, wobei x_1, x_2, x_3 und x_4 die – nicht notwendigerweise verschiedenen – vier Lösungen der Gleichung sind.
Da die allgemeine Lösungsformel eines Polynoms 4. Grades unübersichtlich ist, wird die allgemeine Gleichung schrittweise in speziellere, äquivalente Formen überführt. Zunächst wird die Gleichung mit der *Substitution*

(B.3) $\quad x = y - \dfrac{B}{4A}$

dahingehend vereinfacht, dass der kubische Koeffizient *B* verschwindet, und gleichzeitig der führende Koeffizient durch Division der gesamten Gleichung durch *A* auf *1* gesetzt wird. Durch Einsetzen von Gl. (B.3) in Gl. (B.1) folgt die **reduzierte Normalform**

(B.4) $\quad y^4 + cy^2 + dy + e = 0,$

wobei

(B.5) $\quad c = -\dfrac{3B^2}{8A^2} + \dfrac{C}{A}, \quad d = \dfrac{B^3}{8A^3} - \dfrac{BC}{2A^2} + \dfrac{D}{A}, \quad e = -\dfrac{3B^4}{256A^4} + \dfrac{B^2 C}{16A^3} - \dfrac{BD}{4A^2} + \dfrac{E}{A}.$

Im Folgenden kann also angenommen werden, dass der Koeffizient dritten Grades Null ist. Für d = 0 ist die Lösung trivial.
Nach dem italienischen Mathematiker *Lodoviko Ferrari* wird nun folgender *Ansatz* für die exakte Lösung von Gl. (B.4) gemacht.

(B.6) $\quad \begin{aligned} & (y^2 + \gamma)^2 - (\delta \cdot y + \varepsilon)^2 = 0 \\ \Rightarrow \; & (y^2 + \gamma)^2 = (\delta \cdot y + \varepsilon)^2. \end{aligned}$

Die Koeffizienten γ, δ und ε aus Gl. (B.6) unterscheiden sich i.a. von c, d und e aus Gl. (B.4) und Gl. (B.5). Aus dem Ansatz von Ferrari (Gl. (B.6)) jedoch ergeben sich die Lösungen direkt. Zieht man auf beiden Seiten von Gl. (B.6) die Wurzel, dann erhält man nach Berücksichtigung der sich durch die Fallunterscheidungen ergebenden Vorzeichen folgende **vier Lösungen**

(B.7) $$y_{1,2} = +\frac{\delta}{2} \pm \sqrt{\left(\frac{\delta}{2}\right)^2 - \gamma + \varepsilon}, \quad y_{3,4} = -\frac{\delta}{2} \pm \sqrt{\left(\frac{\delta}{2}\right)^2 - \gamma - \varepsilon}.$$

Noch zu bestimmen bleiben die drei Koeffizienten γ, δ und ε als Funktion der Koeffizienten c, d und e. Dazu multiplizieren wir Gl. (B.6) aus und machen einen Koeffizientenvergleich mit Gl. (B.4), dies ergibt folgendes 3x3-Gleichungssystem

(B.8) $$c = 2\gamma - \delta^2, \quad d = -2\delta\varepsilon, \quad e = \gamma^2 - \varepsilon^2.$$

Auflösen z.B. nach γ führt auf folgendes **Polynom 3. Grades**

(B.9) $$\gamma^3 + \left[-\frac{c}{2}\right]\gamma^2 + \left[-e\right]\gamma + \left[\frac{ce}{2} - \frac{d^2}{8}\right] = 0.$$

Durch Lösung von Gl. (B.9) lassen sich über Gl. (B.8) die Koeffizienten γ, δ und ε berechnen. Mit diesen kann man dann nach Gl. (B.7) $y_{1,2,3,4}$ bestimmen. Über Gl. (B.3) erhält man letztendlich die gesuchten $x_{1,2,3,4}$-Werte.

Anhang C: Perkin Elmer Lambda 750 UV/Vis/NIR Spektrometer

Hardware – Perkin Elmer Lambda 750: Abb. C.1 zeigt einen Schnitt durch das UV/Vis/NIR Spektrometer Lambda 750 von Perkin Elmer. Es ermöglicht Messungen im ultra-violetten (UV), im sichtbaren (Visible) und im nahen infraroten (NIR) Wellenlängenbereich des Sonnenspektrums. Die beiden Lampen an den Positionen [1] erzeugen Licht im Wellenlängenbereich von zumindest 200nm bis 3300nm. Hierbei ist die Deuteriumlampe für den kurzwelligen und die Wolframlampe für den langwelligen Anteil zuständig.

Der über eine erste Blende freigesetzte Lichtstrahl wird über ein Hohlspiegelsystem durch das gesamte Gerät geführt. Diese Hohlspiegel bestehen aus poliertem Glas (BK7), das mit Aluminium bedampft wurde.

Auf den Positionen [2] befinden sich drehbar gelagerte holographische Gittermonochromatorsysteme mit jeweils zwei unterschiedlichen Monochromatorgittern. Diese Gitter mit unterschiedlichen Gitterkonstanten werden bei einer Wellenlänge von etwa 850nm gewechselt, d.h. um etwa 180° gedreht, so dass das jeweils andere Gitter verwendet werden kann. Auf diese Weise lassen sich sowohl für den kurz- als auch für den langwelligen Bereich des optischen Spektrums einzelne Wellenlängen separieren. Diese werden dann während einer Messung, ausgehend von der größten Wellenlänge im NIR Bereich bis zur kleinsten Wellenlänge im UV Bereich, entsprechend der Schrittweite $\Delta\lambda$ sequentiell durchschritten. Die Auflösung beträgt im UV-Bereich 0,05nm bis 5,00nm und im NIR-Bereich 0,02nm bis 20,0nm.

Der nunmehr monochromatische Lichtstrahl wird über eine Blende auf der Position [3] im Strahldurchmesser begrenzt. Auf Position [4] befindet sich ein Depolarisator, der die Polarisation des Lichtstrahls durch das Hohlspiegelsystem wieder korrigiert.

Der Strahlzerhacker (Strahlchopper) auf Position [5] zerteilt den Strahls in jeweils 20ms lange Segmente für den Referenzstrahl und den Probenstrahl. Diese können dann separat über die auf den Positionen [6] liegenden Polarisations- und Fokussierungseinrichtungen optimal justiert werden. In dem hier verwendeten Gerät konnte auf diese Polarisations- und Fokussierungseinrichtungen anwendungsbedingt bislang verzichtet werden.

An den Positionen [7] befinden sich Referenzproben- und Probenhalter für Küvetten (die i.a. mit Flüssigkeiten gefüllt sind) und für planare Glassubstrate (die i.a. transparent beschichtet sind). Deren wellenlängenabhängige Transmissionsraten können mit einem Standarddetektor an Position [8] gemessen werden. Die Haltevorrichtungen für wellenlängenabhängige Reflexions- und Transmissionsmessungen an transparent beschichteten, planaren Glassubstraten befinden sich direkt an der hierfür benötigten Integrationskugel (Ulbricht-Kugel), vgl. Abb. C.2. Diese kann an Stelle des Standarddetektors auf Position [8] montiert werden. Die Integrationskugel enthält den Detektor und ist auf ihrer Innenseite mit dem Kunststoff Spektralon beschichtet, der sehr gute Reflexionseigenschaften besitzt.

Software – Perkin Elmer UV-WinLab: Das UV/Vis/NIR Spektrometer wird über einen Computer mit der Software UV-WinLab gesteuert. Diese Software weist zahlreiche Kontroll- und Kalibrationsprogramme für das Spektrometer auf. Zentraler Kontrollmechanismus ist hierbei die monatliche Kalibrierung des Geräts, insbesondere der Lampen, Monochromatoren und Detektoren. Hierbei wird auch die Bestückung des Geräts mit unterschiedlichen Hardwarekomponenten berücksichtigt.

Meßprogramme mit voreingestellten festen Werten, für z.B. Schrittweiten $\Delta\lambda$ der wellenlängenabhängigen Spektren, können als sog. Methoden gespeichert und jederzeit wieder für Messungen verwendet werden.
Alle Meßergebnisse werden in einem Datenbanksystem erfasst und verwaltet.

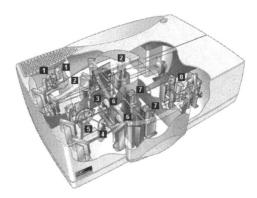

Abb. C.1: Schnitt durch das UV/Vis/NIR Spektrometer. Zu sehen sind [1] die Deuterium- und Wolfram-Halogenlampen zur Erzeugung von Licht im Wellenlängenbereich zwischen 200nm und 3300nm, [2] die holographischen Gittermonochromatoren in doppelter Ausführung zur Filterung einzelner Wellenlängen aus dem kurz- und dem langwelligen Bereich des optischen Spektrums. Die Auflösung beträgt im UV-Bereich 0,05nm bis 5,00nm und im NIR-Bereich 0,02nm bis 20,0nm, [3] die Blende zur Einstellung des Strahldurchmessers, [4] der Depolarisator zur Depolarisierung des durch die Hohlspiegeloptik polarisierten Lichts, [5] der Strahlchopper (Strahlzerhacker) zur zeitlichen Aufteilung des Strahls in den Referenzstrahl und den Probenstrahl, [6] die Polarisations- und Fokussierungseinrichtung zur optimalen Strahljustierung, [7] der Referenzproben- und der Probenhalter und [8] der Photomultiplier (Photonenvervielfacher) mit temperaturstabilisiertem (Peltier-Elementen) PbS-Detektor.

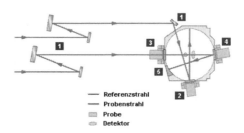

Abb. C.2: Aufbau der Integrationskugel (Ulbricht-Kugel) welche an Stelle des Detektors (Abb. C.1 [8]) verwendet die Messung von Transmissions- und Reflexionsspektren ermöglicht. Zu sehen sind [1] das Hohlspiegelsystem zur kontrollierten Strahlführung, [2] der Probenhalter für die Referenzprobe, [3] der Probenhalter für Transmissionsmessungen, [4] der Probenhalter für Reflexionsmessungen und der Lichtpfadverschluss für Transmissionsmessungen sowie [5] der Lichtpfadverschluss für den Probenstrahl.

› Analysen für Chalkogenid-Dünnschicht-Solarzellen | 199

Anhang D: Strom-Spannungs-Meßplatz mit Sonnensimulator

Hardware – I(U)-Meßplatz mit Sonnensimulator: Abb. D.1 zeigt den Strom-Spannungs-Meßplatz mit Sonnensimulator. Die Solarzelle (Position [1]) ist über goldene Federspitzen und Triaxialleitungen (Position [2]) mit dem Strom-Spannungs-Meßgerät (Position [3]) verbunden. Mit dem Mantelleiter der Triaxialleitungen ist der elektrische Meßaufbau weitestgehend gegen externe elektrische und magnetische Störfelder abgeschirmt; die beiden Zentralleiter ermöglichen die Zusammenführung von Versorgungs- und Meßleitung direkt an der Meßspitze, wodurch der Meßfehler minimiert wird. Als Meßgerät dient ein Keithley 2601 System Source Meter, das über einen USB (Universal Serial Bus) Anschluss von einem Rechner gesteuert und ausgelesen wird.
Die derart gemessenen Strom-Spannungs-Kennlinien (I(U)-Kennlinien) wurden sowohl unter Ausschluss von Licht (Abdeckung mit einem lichtdichten Tuch) als auch beleuchtet durchgeführt. Als Lichtquellen dienten entweder die Sonne zur Mittagszeit oder der Sonnensimulator (Position [4]). Der Sonnensimulator besteht aus fünf separat schaltbaren, dimmbaren und in ihrer Position variierbaren Halogen Spot-Lampen, deren Spektrum in Summe dem des Sonnenlichts annähernd entspricht. Die Temperatur im Gehäuse dieser künstlichen Lichtquelle wurde mit Hilfe eines Luftkühlungssystems auf nahezu Raumtemperatur gehalten. Der Abstand zwischen Lichtquelle und Meßobjekt ist hier zwischen 10cm und 80cm variierbar. Zur Messung der Beleuchtungsstärke beider Lichtquellen diente das PRC Krochmann RadioLux 111 Lux-Meter (Position [5]). Die Abhängigkeit der Lichtintensität von der Wellenlänge, d.h. das Beleuchtungsspektrum, wurde mit dem Spektrometer Ocean Optics 4000 abgeschätzt (Position [6]). Auch dieses Spektrometer konnte über eine USB Leitung mit einem Rechner bedient werden.
Da elektrische Prozesse insbesondere in halbleitenden Materialien stark temperaturabhängig sind, wurden die zu untersuchenden Schichten und Solarzellen auf einem temperierbaren Probenhalter vermessen (Position [7]). Mit Hilfe von Peltier-Elementen, dem Temperaturregelgerät Peltron 400/15 RS (Position [8]) und einer Wasserkühlung (Position [9]) konnte der Probenhalter auf Temperaturen zwischen -20°C und +40°C stabilisiert werden. Im Allgemeinen wurde das Meßobjekt auf 25°C gehalten.
Der Probenhalter befand sich auf einer massiven Eisenplatte um einerseits mechanische Schwingungen während einer Messung gering zu halten und andererseits den Magnetfüßen der Meßspitzenhalter sicheren Halt zu verleihen (Position [10]). Dies war auch nötig, da der Meßtisch im Sinne einer senkrechten Sonneneinstrahlung auf die Meßproben um Winkel zwischen 0° und 90° gekippt werden konnte.

Software – Keithley LabTracer 2.0: Das auf LabView basierende virtuelle Labor LabTracer 2.0 von Keithley ermöglicht das gleichzeitige, computergesteuerte bedienen von bis zu acht Keithley Meßgeräten. Hier wird LabTracer 2.0 lediglich für die rechnergestützte Datennahme mit einem Meßgerät verwendet, dem Keithley 2601 System Source Meter.
Durch Auswahl dieses Meßgeräts aus einer Meßgerätedatenbank werden dessen Grundeinstellungen geladen. Diese können dann in Abhängigkeit vom gerätespezifischen Parameterraum und dessen Toleranzen an die meßtechnische Notwendigkeit angepasst werden. Ein Datencenter ermöglicht die mathematische Verknüpfung gemessener Werte und damit eine

Auswertung der Meßergebnisse. Die Meßergebnisse können graphisch oder tabelliert angezeigt und abgespeichert werden. Hierfür stehen verschiedene Datenformate zur Verfügung.

Software – Ocean Optics SpectraSuite: Die Ocean Optics SpectraSuite wird zur Steuerung des Ocean Optics UV/Vis/NIR Spektrometers verwendet. Hiermit lässt sich gleichzeitig die Lichtintensität (in willkürlichen Einheiten) als Funktion der Wellenlänge im Wellenlängenbereich von 200nm bis etwa 1100nm bestimmen. Über die Software können zahlreiche Einstellungen vorgenommen werden, wie beispielsweise die Wahl der Integrationszeit für einen Meßvorgang. Es besteht in begrenztem Maße auch die Möglichkeit Spektren zu simulieren. Messungen und Simulationen lassen sich auf adäquate Datenträger sichern.

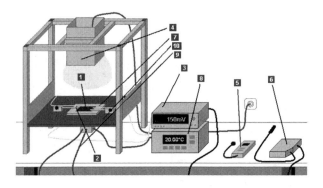

Abb. D.1: Strom-Spannungs-Meßplatz (I(U)-Meßplatz) mit Sonnensimulator. Zu sehen sind [1] die zu messende Solarzelle, [2] die positionierbaren Meßspitzen und Spitzenhalter mit Magnetsockel, [3] das computergesteuerte I(U)-Meßgerät (Keithley 2601 System Source Meter), [4] der Sonnensimulator (fünf justierbare Halogen Spot-Lampen mit Luftkühlungssystem), [5] das Lux-Meter (PRC Krochmann RadioLux 111) zur Messung der Beleuchtungsstärke, [6] das Spektrometer (Ocean Optics 4000) zur Abschätzung des wellenlängenabhängigen Spektrums der Beleuchtung, [7] der temperierbare Probenhalter mit [8] dem Temperaturregelgerät (Peltron 400/15 RS) und [9] der Kühlwasserversorgung sowie [10] der massive, kippbare Meßtisch aus Eisen.

Anhang E: Verbindungen, ausschließlich mit Zink Zn und Sauerstoff O, entsprechend der Inorganic Crystal Structure Database ICSD 2009/1

Name	Summenformel	Raumgruppe	C Code
Zinc Oxide, Zincite	Zn_1O_1	P63MC	26170
Zinc Oxide	Zn_1O_1	P63MC	29272
Zinc Oxide, Zincite	Zn_1O_1	P63MC	31052
Zinc Oxide, Zincite	Zn_1O_1	P63MC	31060
Zinc Oxide, Zincite	Zn_1O_1	P63MC	34477
Zinc Oxide - Hp	Zn_1O_1	FM3-M	38222
Zinc Oxide, Zincite	Zn_1O_1	P63MC	41488
Zinc Oxide, Zincite	Zn_1O_1	P63MC	52362
Zinc Oxide - Hp	Zn_1O_1	FM3-M	57156
Zinc Oxide, Zincite	Zn_1O_1	P63MC	57450
Zinc Oxide, Zincite	Zn_1O_1	P63MC	57478
Zinc Peroxide	Zn_1O_2	PA3-	60763
Zinc Oxide, Zincite	Zn_1O_1	P63MC	65119 ... 65122
Zinc Oxide	Zn_1O_1	P63MC	67454
Zinc Oxide	Zn_1O_1	P63MC	67848
Zinc Oxide	Zn_1O_1	P63MC	67849
Zinc Oxide, Zincite	Zn_1O_1	P63MC	76641
Zinc Oxide	Zn_1O_1	P63MC	82028
Zinc Oxide	Zn_1O_1	P63MC	82029
Zinc Oxide	Zn_1O_1	P63MC	94002
Zinc Oxide	Zn_1O_1	P63MC	94004
Zinc Oxide - Lp, Zincite	Zn_1O_1	P63MC	154486
Zinc Oxide - Hp, Zincite	Zn_1O_1	P63MC	154487 ... 154490
Zinc Oxide	Zn_1O_1	P63MC	155780
Zinc Oxide, Zincite	Zn_1O_1	P63MC	157132
Zinc Oxide, Zincite	Zn_1O_1	P63MC	157724

Zinc Oxide – Wurzite-type	Zn_1O_1	P63MC	161836
Zinc Oxide	Zn_1O_1	F4-3M	647683

Anhang F: Verbindungen, ausschließlich mit Zink Zn, Sauerstoff O und Aluminium Al entsprechend der Inorganic Crystal Structure Database ICSD 2009/1

Name	Summenformel	Raumgruppe	C Code
Zinc Dialuminium Oxide, Gahnite	$Zn_1Al_2O_4$	Fd-3mZ	9559
Zinc Dialuminium Oxide, Gahnite	$Zn_1Al_2O_4$	Fd-3mS	24494
Zinc Dialuminium Oxide, Gahnite	$Zn_1Al_2O_4$	Fd-3mZ	26849
Zinc Dialuminium Oxide, Gahnite magnesian	$Zn_1Al_2O_4$	Fd-3mS	26856
Zinc Aluminium Ox. (0.3/2.4/4), Gahnite (Al-rich)	$Zn_{0.3}Al_{2.4}O_4$	Fd-3mZ	39473
Zinc Dialuminium Oxide, Gahnite	$Zn_1Al_2O_4$	Fd-3mS	56118
Zinc Dialuminium Oxide, Gahnite	$Zn_1Al_2O_4$	Fd-3mZ	75091
Zinc Dialuminium Oxide, Gahnite	$Zn_1Al_2O_4$	Fd-3mZ	75098
Zinc Dialuminium Oxide, Gahnite	$Zn_1Al_2O_4$	Fd-3mZ	75628
Zinc Dialuminium Oxide, Gahnite	$(Zn_{0.984}Al_{0.016})(Zn_{1.984}Al_{0.016})O_4$	Fd-3mZ	75629
Zinc Dialuminium Oxide, Gahnite	$(Zn_{0.976}Al_{0.024})(Zn_{1.976}Al_{0.024})O_4$	Fd-3mZ	75630
Zinc Dialuminium Oxide, Gahnite	$(Zn_{0.964}Al_{0.036})(Zn_{1.964}Al_{0.036})O_4$	Fd-3mZ	75631
Zinc Dialuminium Tetraoxide, Gahnite	$(Zn_{0.95}Al_{0.05})(Zn_{1.95}Al_{0.05})O_4$	Fd-3mZ	75632
Zinc Dialuminium Tetraoxide, Gahnite	$(Zn_{0.9643}Al_{0.0357})(Zn_{1.9643}Al_{0.0357})O_4$	Fd-3mZ	75633
Zinc Dialuminium Oxide, Gahnite	$Zn_1Al_2O_4$	Fd-3mZ	94155 ... 94183
Zinc Dialuminate (III), Gahnite	$Zn_1(Al_2O_4)$	Fd-3mZ	157692
Dialuminium Zincate	$Al_2(Zn_1O_4)$	Fd-3mS	609005

Anhang G: Verbindungen, ausschließlich mit Zink Zn, Sauerstoff O, Stickstoff N und Aluminium Al entsprechend der Inorganic Crystal Structure Database ICSD 2009/1

Für $Zn_xN_yAl_z$ und $Zn_wO_xN_yAl_z$ existieren keine Einträge in der ICSD 2009/1.

Anhang H: Verbindungen, ausschließlich mit Zinn Sn und Schwefel S, entsprechend der Inorganic Crystal Structure Database ICSD 2009/1

Name	Summenformel	Raumgruppe	C Code
Tin Catena-Trithiostannate	S_3Sn_2	PNAM	15338
Tin Sulfide	S_1Sn_1	PNMA	24376
Tin (IV) Sulfide	S_2Sn_1	P3-M1	29012
Tin Sulfide	S_1Sn_1	PMCN	30271
Tin Trithiostannate	S_3Sn_2	PNMA	31995
Tin Sulfide	S_1Sn_1	PBNM	41739
Tin Sulfide	S_1Sn_1	PNMA	41750
Tin (IV) Sulfide - 2h	S_2Sn_1	P3-M1	42566
Tin (IV) Sulfide	S_2Sn_1	P63MC	43003
Tin (IV) Sulfide	S_2Sn_1	P3-M1	43004
Tin Sulfide	S_1Sn_1	F4-3M	43409
Tin Sulfide - Ht	S_1Sn_1	CMCM	52106
Tin Sulfide	S_1Sn_1	FM3-M	52107
Tin Sulfide - Lt	S_1Sn_1	PNMA	52108 ... 52110
Tin Sulfide	S_1Sn_1	C2MB	67442
Tin Sulfide	S_1Sn_1	C2MB	79129
Tin Tin (IV) Sulfide	S_3Sn_2	PNMA	97513
Tin (IV) Sulfide	S_2Sn_1	P3-M1	100610 ... 100612
Tin Sulfide - Beta,Ht	S_1Sn_1	CMCM	100672
Tin Sulfide	S_1Sn_1	PBNM	106028 ... 106030
Tin Sulfide	S_1Sn_1	PNMA	156130
Tin Sulfide (2/1)	S_2Sn_1	P-3M1	650992
Tin Sulfide	S_1Sn_1	CMCM	651004
Tin Sulfide	S_1Sn_1	PNMA	651008
Tin Sulfide	S_1Sn_1	FM-3M	651015
Tin Sulfide	S_1Sn_1	PNMA	651018
Tin Sulfide, Herzenbergite	S_1Sn_1	PNMA	651019
Tin Sulfide	S_3Sn_2	PNMA	653956

Anhang I: Verbindungen, ausschließlich mit Bismut Bi und Schwefel S, entsprechend der Inorganic Crystal Structure Database ICSD 2009/1

Name	Summenformel	Raumgruppe	C Code
Bismuth Sulfide	Bi_2S_3	PBNM	30775
Bismuth (II) Sulfide	Bi_1S_1	B2MM	67650
Bismuth (II) Sulfide	Bi_1S_1	FM2M	69495
Bismuth Sulfide	Bi_1S_1	F2MM	79515
Bismuth Sulfide	Bi_2S_3	PBNM	89323 ... 89325
Bismuth Sulfide	Bi_2S_3	PNMA	153946 ... 153953
Dibismuth Trisulfide	Bi_2S_3	PNMA	171570
Bismuth Sulfide, Bismuthinite	Bi_2S_3	PNMA	171863 ... 171865
Bismuth Sulfide	Bi_2S_3	PMCN	201066
Bismuth Sulfide	Bi_2S_3	PNMA	617028

7 Schlagwortverzeichnis

A / Ä

Absoptionsbandkantenenergie	48, 56, 94
Absorber	123, 141, 159, 161
Absorption, Schicht	36, 57, 62
Absorptionsgrad	32
Absorptionskoeffizient	32, 53, 54, 55
Absorptionskoeffizient, Schicht	37, 62, 73
Absorptionsspektrum	113, 150
Akzeptorniveau	97
Algebra, Fundamentalsatz der	192, 195
Alterung	117, 127
Amplitudenkoeffizient	14, 69
Amplitudenkoeffizient, komplex	18
Amplitudenreflexionskoeffizient	14, 15, 16, 69
Amplitudentransmissionskoeffizient	14, 15, 16, 69
Analyseverfahren	123
Atomic Layer Deposition, -Epitaxy	127, 142
Aufdampfverfahren	127, 142
Aufenthaltswahrscheinlichkeit	78
Auswerteverfahren	129

B

Bandgap Engineering	121, 138, 186
Bandlücke	48, 56, 94
Bandlücke, Abschätzung	56, 149
Bandlücke, Absorbermaterial	162
Bandlücke, direkt	48
Bandlücke, effektiv	97
Bandlücke, indirekt	54
Bandstruktur, isotrop, parabolisch	92
Beleuchtungsstärke	111, 117, 162
Bernoullische Differentialgleichung	34
Beweglichkeit	99
Bilanzgleichung	22, 36, 56
Bilanzgleichung, Ladungsträgerdichten	96
Bipolar Diode	103
Biquadratische Gleichung	195
Bismutsulfid	156, 187, 206
Blauverschiebung	51

Bohrsche Radien	97
Boltzmann Verteilung	50, 92
Brechungsindex	12
Brechungsindex, Änderung	54
Brechungsindex, Betrag	42
Brechungsindex, Imaginärteil	43
Brechungsindex, komplex	42
Brechungsindex, Realteil	43
Brechungsindex, Schicht	40, 63, 72
Brechungsindex, Schicht, Näherung	40, 41
Brechungsindex, Schicht, opak	40, 41
Brechungsindex, Schicht, transparent	40, 41
Brewster-Winkel	18, 19, 27
Brownsche Molekularbewegung	154
Brush Plating	141
Burstein-Moss Verschiebung	51

C

Cadmiumchlorid, Puffer	170, 189
Cadmiumsulfid, Puffer	167, 170, 189
Cadmiumtellurid, Puffer	167
Cardonsche Formeln	193, 194
Casus irreducibilis	193
Compton Streuung, Photonenstreuung	52

D

DeBroglie, Welle-Teilchen Dualismus	77
Depositionsratenprofil	129
Depositionszentrum	129
Dia-Deckgläser	125
Dielektrizitätskonstante	12, 21, 28, 85, 98
Dielektrizitätskonstante, Schicht	42
Dielektrizitätskonstante, zeitabhängig	33
Diodenkennlinie	104
Donatorniveau	98
Dotierstoffkonzentration	96, 97, 98
Dotierung	98, 127, 142
Drehimpuls Quantisierung	97
Driftgeschwindigkeit	101
Druck	127, 134, 151, 185, 187
Drude Modell	101
Dunkelstrom(dichte)	105, 107

E

Effektive Massen	95
Eindringtiefe	44
Einfallswinkel	12, 16

Ein-Schicht-System	34, 68, 77
Ein-Schicht-System, erweitert	56, 60
Elektrischer Feldvektor	13, 15, 16, 23
Elektrische Suszeptibilität	28
Elektrisches Dipolmoment	28
Elektrisches Feld	84, 87, 101
Elektrochemische Badabscheidung	141, 156, 167
Elektrolytische Abscheidung	127
Elektromagnetische Welle	11
Elektromagnetische Welle, Volumen, Material	21
Elektromagnetische Welle, Grenzfläche	11
Elektronen, freibeweglich	114
Elektronenstrahlabscheidung	127
Energieerhaltung	48, 52, 77
Energieniveaus	50, 91
Energie(stromflächen)dichte	23

F

Fabry-Perot Extrema	47, 81
Fehlerdiskussion	126, 161
Fermi Faktor	51
Fermi-Dirac Integral	91
Fermi-Dirac Verteilung	49, 50, 54, 91
Fermi-Energieniveaus, (Quasi-)	50, 93, 96
Fermi-Kugel	93
Ferrari, Ansatz nach	195
Fluss	52
Franz-Keldysh Effekt	55
Frequenz	132, 146, 162, 185, 186, 189
Fresnelsche Gleichungen	16, 38, 69
Füllfaktor	109, 170

G

Gasphasenabscheidung, CVD	127, 142, 156
Gepulster Gleichstrom	132, 146, 162, 185, 186
Getterwirkung, Pumpe	134, 142, 152
Glas	123, 126
Glas, Bor-Silikat- (BSG)	126
Grenzfläche	13, 14, 21, 34, 125
Grenzflächenstrukturen	125
Grenzflächenzustände	127

H

Halbleiter, dotiert	95
Halbleiter, intrinsisch	91
Heisenbersche Unbestimmtheitsrelation	49

Hellstrom(dichte)	105, 107, 188
Hochfrequenz	146

I

Impulserhaltung	48, 52
Induktionskonstante	12, 21, 28
Influenzkonstante	12, 21, 28
Integralsatz von Gauß	78
Integrations-Kugel (Ulbricht-Kugel)	36, 125, 181, 197
Ionisierungsenergie	98
Isotrope Medien	12, 23, 84, 86
Isotrope Bandstruktur	91, 98

K

Kathodenzerstäubung, Sputtern	127, 142, 167
Keradec, wellenlängenabh. Transmission	68
Keradec/Swanepoel Modell	67, 83
Klein-Nishina Wirkungsquerschnitt	52
Knotenpunktregel	104
Konstant-Beleuchtungs (CI) Messungen	117
Konstant-Spannungs (CV) Messungen	117
Konstant-Strom (CC) Messungen	117
Kontinuitätsgleichung	21, 79
Kreisteilungspolynom	195
Kubische Ergänzung	191
Kubische Gleichung	191
Kurzschlußstrom(dichte)	105, 107, 161

L

Ladungsträgerdichte, spezifisch	51
Lambertsche W-Funktion	105
Lambertsches Gesetz	32, 52
Laserablation	127
Leerlaufspannung	105, 107, 161
Leistungsbilanz	26
Leistungsrechteck	107, 108, 170, 188
Leitfähigkeit	86, 87, 88, 100
Leitungsband	48, 91
Licht, unpolarisiert	26
Licht, polarisiert	12, 20, 26, 197
Lichtbestrahlung, Sonne	110, 161
Lichteinfall, senkrecht	27, 34, 61, 67
Lichtgeschwindigkeit, Schicht	42
Luftmasse (Air Mass)	110
Lumineszenzstrom(dichte)	103, 114

M

Magnetische Flußdichte	21
Magnetische Suszeptibilität	28
Magnetischer Feldvektor	13, 15, 21
Magnetisches Moment	27
Magnetisierung	27
Magnetismus	16
Maschenregel	104
Maxwell Gleichungen	21, 28, 84
Mehr-Als-Zwei-Schichten-Systeme	67
Meßfehler	126, 161
Meßgeräte	123, 125, 161
Minkowskischer Vierervektor	77
Moivre, Formel von	194

O / Ö

Objektträger	125
Ohmsches Gesetz	28, 85, 99

P

Parallelwiderstand, Shunt	106, 108
Pauli Prinzip	49, 92
Permeabilität	12, 21, 28
Phasendrehung	16
Phasenverschiebung	11, 19, 27, 70
Photon	44, 48, 110, 114
Plancksches Wirkungsquantum	49, 77
Plasmaverfahren	127
pn-Übergang	103, 105
Polarisation	13, 14, 26
Polarisationsvektor	27
Polarisationswinkel	20, 27
Polynom, 3. Grad	191
Polynom, 4. Grad	62, 195
Polynomdivision	193
Potentialbarriere	80, 81, 90
Potentialtopf	80
Poynting Theorem	22
Produktionsverfahren	123, 127, 142, 156
Prozessgaszusätze	88, 98, 101, 102, 135, 164
Puffer-Schicht	167, 170, 189

Q

Quadratische Resolvente	192
Quantenausbeute, -effizienz	114

…	…
Quantenmechanisches Modell, Ein-Schicht	77
Quantenmechanisches Modell, Zwei-Schichten	82
Quartische Gleichung	195

R

…	…
Rampen-Beleuchtungs (RI) Messungen	117
Rampen-Spannungs (RV) Messungen	117
Rampen-Strom (RC) Messungen	117
Rand- bzw. Anschlußbedingungen	80, 82
Raum, reziprok	91
Raumenergiedichte	23
Raumgruppe	122
Raumladungsdichte	21
Rechteck maximaler Leistung(sdichte)	107, 108, 170
Rechtecksignal	146
Reflexion, Schicht	36, 57, 80, 83
Reflexionsgrad, -rate	23, 80, 83
Reflexionskoeffizient	14, 38, 69
Rohstoffe	122
Ruhemasse	95, 97

S

…	…
Salzsäure Behandlung	170
Sättigungsstrom(dichte)	103, 107
Schichtdicke	46, 72, 131, 144
Schichtwiderstand	86, 87, 88, 109, 183
Schichtwiderstand, dicke Substrate	88
Schott-Gläser, AF37, AF45	125
Schrödinger Gleichung	77
Schrödinger Gleichung, zeitabh.	77
Schrödinger Gleichung, zeitunabh.	79
Serienwiderstand	103, 106, 183
Shockley-Gleichung	103
Shunt, Parallelwiderstand	103, 106, 183
SILAR-Methode	142
Silizium	37, 42, 45
Snelliussches Brechungsgesetz	12, 25, 41, 63
Sol-Gel Technologie	127
Solvothermal Process	156
Sonnensimulator, Spektrum	167, 170, 199
Spektrometer, UV/Vis/NIR	197
Spektrum, Sonne	110, 162
Spray Pyrolysis	127, 142, 156, 167
Stoßzeit	99
Strahlungsenergieflußdichte	23
Strahlungsleistung	23
Streuwinkel	52

Strom(dichte)-Spannungs Kennlinie	105, 107
Stromflächendichte	23
Strom-Spannungs Meßplatz	199
Strukturformel	122
Substrat, amorph	127
Substrat, kristallin	127
Substrat, organisch	127
Substrat, Parameter	34, 67, 77
Sulfide	121, 141, 186, 205, 206
Sulfosalze	122
Superpositionsprinzip	85
Swanepoel, Absorptionskoeffizient	73
Swanepoel, Brechungsindex	72

T

Tauc Plot	55
Tauc Regel	55
Telegraphengleichungen	29
Temperatur	89, 104, 127, 138, 153, 156, 167, 186, 187, 189
Temperaturbehandlung, Tempern, Annealing	117, 123, 127, 176
Theoretische Modelle	11, 103, 119, 181
Totalreflexion	18, 19, 27
Transmission, Schicht	34, 56, 63, 80, 82
Transmissionsgrad, -rate	23, 32, 68, 80, 82
Transmissionskoeffizient	14, 15, 16, 68
Transparente, leitende Oxidschicht (TCO)	127, 184, 201, 203, 204
Tunneln	80, 90

U / Ü

Übergang, Bilanz- bzw. Ratengleichung	51
Übergang, spontan	51
Übergang, stimuliert	51
Übergangswahrscheinlichkeit	51
Umweltverträglichkeit	122
Urbach Plot	55
Urbach Regel	55
UV/Vis/NIR Spektroskopie	34, 123, 125, 141, 181, 184

V

Valenzband	48, 94
Van-der-Pauw Gleichung	86
Van-der-Pauw Methode	84, 100
Verschiebungsdichte	21, 28, 84
Verstärkung	53
Verstärkungskoeffizient	53

Schlagwortverzeichnis

Verteilungsfunktion, Absorption	50
Verteilungsfunktion, Emission	50
Vier-Spitzen-Messung	84, 86
Vier-Spitzen-Methode, klassisch	86, 100
Vieta, Satz von	192

W

Wahrscheinlichkeitsstromdichte	79
Wärme	111
Wasserstoffatom, Modell	97
Welle-Teilchen-Dualismus, DeBroglie	77
Wellenfunktion, Zustände	78, 79, 82
Wellengeschwindigkeit	12, 28, 42, 63
Wellenlänge	12, 42, 63
Wellenlänge, Schicht	12, 42, 63
Wellenvektor	12, 42, 63
Wellenzahl	12, 42, 63
Wellenzahl, Dämpfung	31, 42
Wellenzahl, Schicht	12, 42, 63
Wellenzahl, Schwingung	31, 42
Wendepunkt	56, 149
Widerstand, spez.	86, 87, 88, 183
Wirkungsgrad	109, 170, 183
Wirkungsquerschnitt	52

Z

Zinkoxid	124, 127, 184
Zinkoxid, Beschleunigungspannungsabh.	133, 185
Zinkoxid, Positionsabh.	127, 184
Zinkoxid, Prozessgaszusätze	88, 98, 101, 102, 135, 186
Zinkoxid, Prozesskammerdruckabh.	59, 64, 73, 134, 151, 185
Zinkoxid, Schichtwiderstand	158, 186
Zinkoxid, Sputterdauerabh.	131, 186
Zinkoxid, Sputterfrequenzabh.	55, 81, 132, 185
Zinkoxid, Temperaturabh.	138, 186
Zinnsulfid	123, 141, 159, 161, 186, 188
Zinnsulfid, Abstand Target Substrat	142, 187
Zinnsulfid, CdCl Pufferschicht	170, 189
Zinnsulfid, CdS Pufferschicht	167, 170, 189
Zinnsulfid, Pausenzeitabh.	149, 187
Zinnsulfid, Positionsabh.	142, 187
Zinnsulfid, Prozessgaszusatzabh.	164
Zinnsulfid, Prozesskammerdruckabh.	151, 187
Zinnsulfid, Schichtwiderstand	159, 188
Zinnsulfid, Solarzellen	161
Zinnsulfid, Sputterdauerabh.	143, 187
Zinnsulfid, Sputterfrequenzabh.	75, 146, 162, 186, 189

Zinnsulfid, Sputterleistungsabh.	150, 186
Zinnsulfid, Targetzusatzabh.	164
Zinnsulfid, Temperaturabh.	153, 167, 187, 189
Zustände, Elektronen	49, 50, 51
Zustände, isoliert	50
Zustände, kombiniert	49, 51
Zustände, Löcher	50
Zustandsdichte, Elektronen	50, 91
Zustandsdichte, intrinsisch	91
Zustandsdichte, Löcher	50
Zwei-Schichten-System	61, 82
Zwei-Spitzen-Messplatz	88, 199
Zwei-Spitzen-Methode	88, 100